과학은 없다

2012년 8월 17일 초판 1쇄 발행
지은이 · 맹성렬
펴낸이 · 박시형
기획 · 김범수 | 책임편집 · 이성빈 | 디자인 · 이정현

경영총괄 · 이준혁
마케팅 · 권금숙, 장건태, 김석원, 김명래, 탁수정
경영지원 · 김상현, 이연정, 이윤하
펴낸곳 · (주)쌤앤파커스 | 출판신고 · 2006년 9월 25일 제406-2012-000063호
주소 · 경기도 파주시 회동길 174 파주출판도시
전화 · 02-3140-4600 | 팩스 · 02-3140-4606 | 이메일 · info@smpk.kr

ISBN 978-89-6570-085-2 (03400)

과학은 없다

UFO에서
초심리 현상까지,
과학이 아직
밝혀내지 못한 세상

— 맹성렬 지음 —

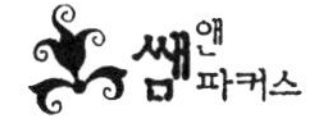

| 목차 |

1996년 7월 6일 미국 노스 캐롤라이나North Carolina 주 그린스보로Greensboro의 한 호텔, 연단에 서서 'You know'를 연발하며 자신의 새로운 세계관을 설파하는 그의 얼굴에선 시종일관 미소가 그치지 않았다. 세계 최대의 UFO 연구단체 MUFON이 개최한 국제 컨퍼런스에서 열정적으로 연설하는 하버드대 의과대학 존 맥John Mack 교수의 표정은 재미있는 놀이공원에 놀러가 즐거워하는 아이 같았다. 당시 MUFON의 한국대표로 컨퍼런스에 참석해 그 연설을 직접 들은 나의 눈에 아직도 그의 모습이 선하다. 그로부터 2년 전에 출간된 그의 저서《피랍Abduction》은 칼 세이건Carl Sagan을 비롯한 세계의 많은 주류 과학자들을 분노케 했고, 이 때문에 그는 하버드 대의 청문회에 회부될 뻔했다. 도대체 어떤 책이기에 그런 소동이 벌어졌던 것일까?

《피랍》에서 그는 현재의 유물론적 세계관을 전면 부정하고 영적 세계의 존재를 동등하게 인정해야 하며, UFO를 비롯하여 초능력, 유령, 미스터리 서클 등 이른바 심령현상이라고 일컫는 모든 것들이 실재한다고 천명했다. 심지어는 중세의 심령적 세계관을 옹호하는 듯한 대목도 있다.

정말로 현재의 유물론적 세계관이 잘못된 것일까?

존 맥 교수는 UFO 현상에 관심을 갖기 전까지 자신의 전공분야인 정신분석 분야에서 세계적인 명성을 떨치던 학자였다. 또한 뛰어난 저술가로 제1차 세계대전의 영웅 '아라비아의 로렌스'를 정신분석적 측면에서 조명한 전기로 1977년 퓰리처상을 수상했다. 오랫동안 미 공군의 UFO 조사 자문역을 수행하며 UFO에 관해서 존 맥과 대척점에 서 있던 칼 세이건 교수도 1977년에 퓰리처상을 수상했다는 점에서 둘 사이의 인연은 기이하게 느껴진다.

그렇게 비주류 과학의 기수로 활약하던 그는 2004년 영국 런던에서 한 음주운전자의 과실로 인해 유명을 달리했다. UFO 연구자들, 나아가서 심령주의자들에게 그는 매우 중요한 정신적 지주였기에 당시의 충격은 매우 컸으며, 그가 피살되었다는 음모론이 나돌기도 했다.

몇 해 전《물은 답을 알고 있다》라는 책이 국내에 출간되어 교양과학 베스트셀러 목록에 오랫동안 머무른 일이 있었다. 이 책은 막 얼기 시작한 물에 특별한 글을 보여주거나 말을 해주면 그 내용에 따라 얼음결정의 모양이 달라진다는 내용을 사진을 곁들여 쓴 책인데, 일반 상식으로는 말이 되지 않는 책이 버젓이 교양과학 베스트셀러가 된 것이다.

그러자 KAIST 정재승 교수는 〈한겨레〉에 이 책에 대한 신랄한 서평을 써냈고, 책을 펴낸 출판사 대표가 이에 반론을 제기하는 등 신문지상에서 한바탕 싸움이 일어났다. 그 책의 내용을 과학적으로 증명해보라는 정재승 교수의 요구에 출판사 사장은 오히려 정재승 교수에게 그것이 비과학적이라는 것을 증명하라고 주문했다. 이때 내가 토론에 끼어들었다. 나는 우선 결정 사진들이 진짜라는 증거는 저자와 출판사 측에서 제공해야 한다며 정 교수를 편든 다음, 다른 한편으로 그의 학문적 편협성을 꼬집었다.

그는 앞선 논쟁에서 '칭찬한 밥과 욕한 밥의 변화'에 대한 자신의 실험을 소개하면서 아무런 변화도 발견할 수 없었다고 했다. 나는 이와 똑같지는 않지만, 사실상 개념이 유사한 실험들이 실제로 초심리학이라는 학문의 차원에서 이루어지고 있음을 밝히면서 정 교수가 이런 시도를 희화화戱畵化하는 것은 현대 주류 과학의 오만함으로 비칠 수 있다고 지적했다. 이런 인연으로 나중에 정재승 교수는 자신이 기획책임을 맡은 《우주와 인간 사이에 질문을 던지다》라는 옴니버스 형식의 책에 초심리학에 관한 내 글이 실리도록 주선해주었다.

여기서 내가 정재승 교수와의 인연을 언급한 것은 초심리학이라는 학문의 위상에 대한 독자들의 이해를 돕기 위해서다. 사실 《물은 답을 알고 있다》는 학술적으로 별 가치가 없는 흥미위주의 책이다. 하지만 그 책에서 말하는 것과 비슷한 내용을 학문적으로 연구하는 학자들이 있고, 우리는 이들을 초심리학자라고 부른다. 초심리학은 초상현상 또는 심령현상이라고 일컫는 현상들을 연구하는 분야 중에서 주류 과학에 필적할 만한 수준까지 검증된 학문이다.

아직도 주류 과학자들은 초심리학을 사이비 과학이라고 부르고 있지만, 1969년에 저명 학술지인 〈사이언스Science〉를 출간하는 미국 과학진흥협회(AAAS, American Association for the Advancement of Science)에 미국의 초심리학회가 정식으로 가입되어 어느 정도 위상을 확보했다. 그럼에도 이를 바라보는 주류 학계의 시선은 여전히 차갑다. 상황이 이렇다 보니 UFO나 미스터리 서클, 초능력, 그리고 유령 현상과 같은 초상현상을 연구하는 이들은 여지없이 사이비 과학자 취급을 받는 형편이다.

여러분은 UFO, 초능력, 그리고 유령이 존재한다고 생각하는가? 현대의 주류 과학은 이 모든 것의 존재를 부정하며 이런 것들에 관심을 갖고 연구하는 사람을 사이비 학자로 몰아세운다. 그러나 이 주제들은 이미 대중적으로 상당한 관심의 대상이 되었다. 물론 대중은 과학적으로 잘 훈련된 과학자들에 비해 논리력과 해석력이 크게 떨어지며, 따라서 허황된 얘기에 쉽게 동조하는 경향이 있다. 그러나 나는 비록 과학의 영역에 발을 붙이고 있지 못하더라도 대중의 관심을 끄는 사안이라면 학문적 대상으로 연구할 만한 가치가 충분하다고 생각한다.

무엇보다 중요한 사실은 현재의 주류 과학계가 정해놓은 과학과 비과학의 경계선이 매우 유동적이라는 점이다. 오늘날 우리가 알고 있는 수많은 과학적 지식도 불과 100년 전에는 과학의 영역에 발을 들일 수 없었지만, 이제는 누구나 당연시하는 상식이 되어버렸다. 그런데도 오늘날 우리가 '초상적'이라고 규정지으면서 비과학으로 분류하는 사안들이 미래에 과학의 경계선 안에 포함될 수 없다고 누가 감히 장담할 수 있을까?

이 책에서 나는 현대 주류 과학의 입장에서는 '아웃사이더'나 마찬가지인 UFO와 미스터리 서클, 초능력과 죽음 뒤의 삶을 논할 것이며, 이들이 향후 과학의 경계선 안으로 들어올 가능성을 검토할 것이다. 하지만 나는 "당신이 아는 과학은 모두 허구다!"라고 말하고 싶지는 않다. 내가 던지고자 하는 메시지는, 아직까지 제대로 밝혀지지 않은 것은 무조건 과학이 아니라고 말하며 인류의 사고를 일정한 틀 안에 가두려 하는, 역사에서 반복되어온 오류를 걷어내자는 것이다.

창조는 파괴를 필요로 한다. 태어나려는 자는 하나의 세계를 파괴해야만 한다. 나는 이 책을 통해 최첨단 주류 과학에 갇힌 현대인의 상상력을 무한대로 넓혀주고 싶다. 주류 과학계가 애써 외면하는 초상현상을 탐구하는 일은 과학의 재도약을 준비하는 첫 번째 작업이다. 이 작업은 우리 스스로 머릿속에 그어놓은 상상력의 한계를 확장하는 일이기도 하다. 인류가 그 한계를 넘어서지 못한다면 인간에게 주어진 가장 축복된 재능은 빛을 보지 못하고 녹슬어버릴 것이다.

여러 가지 초상적 현상이 근시일 내에 당당히 과학의 영역에 발을 들일 가능성은 그리 높지 않을지도 모른다. 하지만 그 과정에서 인류의 지성, 그리고 상상력은 지금과 비교할 수 없을 만큼 넓게 뻗어나가리라 나는 믿는다. 고백하건대 나는 과학 그 자체보다 이 책을 읽는 당신에게 더 관심이 많다. 이 책을 통해 당신의 시야가 더욱 넓어지기를 바라 마지않는다.

맹성렬

UFO: Unidentified Flying Object

2011년 8월 16일 오전, 학교 연구실로 걸려온 두 통의 전화가 그간 멀어져 있던 UFO에 대한 내 관심을 되살려 놓았다. 첫 번째 전화는 대전 유성에서 한 가정주부가 휴대전화로 촬영했다는 UFO 동영상의 진위를 판별해달라는 MBC 기자의 요청이었고, 두 번째는 자신이 직접 찍은 UFO 동영상을 감정해달라는 경기도 수원에 소재한 대기업 과장 B씨의 전화였다. 그날 오후, MBC 기자가 연구실에 찾아와 그 동영상에 대한 나의 코멘트를 촬영해 갔다. 그리고 이 내용은 다음날 'MBC 뉴스데스크'에 보도되었다. 동영상에 나온 물체는 과연 진짜 UFO였을까? 나는 UFO 목격자들도 다수 인터뷰했고, 관련 방송에도 많이 출연했지만 UFO 존재에 대해서는 말을 아껴왔다. 하지만 이젠 현대 과학의 틀에 얽매이지 않고 모든 것을 솔직하게 털어놓아야 할 것 같다.

PART 1

UFO,
종교라 하기엔 너무도 현실적인

UFO를 만난 사람들

——— 매우 가까이에서 UFO와 접촉했던 이들의 언행에는 확실히 종교적인 측면이 숨어 있다. 그들은 외계인들로부터 지구와 인류의 구원에 대한 임무를 부여받았다. 예수의 첨단 우주과학 버전인 셈이다. 이처럼 UFO 접촉자들은 과학과 종교를 뒤섞어 우주과학 시대의 취향에 맞는 새로운 종교운동을 펼치고 있다. 이들은 정말로 외계인들과 만나고 있는 것일까?

2011년 8월 16일 오전, 학교 연구실로 걸려온 두 통의 전화가 그동안 멀어져 있던 UFO에 대한 나의 관심을 되살려 놓았다. 첫 번째 통화는 대전 유성에서 한 가정주부가 휴대전화로 촬영했다는 UFO 동영상의 진위를 판별해달라는 MBC 기자의 요청이었고, 두 번째는 자신이 직접 찍은 UFO 동영상을 감정해달라는 경기도 수원에 소재한 대기업 과장 B씨의 전화였다.

그날 오후, MBC 기자가 연구실에 찾아와 그 동영상에 대한 나의 코멘트를 촬영해 갔다. 그리고 이 내용은 다음날 'MBC 뉴스데스크'에 보도되었다. 그런데 영상에 나온 물체는 과연 진짜 UFO였을까? 밤중에 나타난 불빛이 UFO인지를 판정하려면 다양한 측면을 고려해 여러 방면으로 조사를 해야 한다. 하지만 속보를 중요시하는 매스컴의 속성 때문에, 나로서도 야광충일 가능성이나 야간 비행훈련 중인 전투기일 가능성 등 몇몇 중요한 부분만 검토한 후에 다소 긍정적인 코멘트를 던질 수밖에 없었다.

방송이 나가고 이틀이 지난 8월 19일 저녁, 나는 서울에서 B씨를 만났다. 그는 자신이 UFO를 자주 목격하며, 심지어는 UFO를 불러낼 수도 있다고 말했다. 하지만 UFO는 일반인들의 눈에 잘 보이지 않고, 자신과 자신이 지정하는 소수의 눈에만 나타나 보인다고 했다. 이른바 전형적인 UFO 접촉자였던 것이다.

나는 이미 이런 말을 하는 사람들을 여러 차례 만났었고, 그들 주변에 일종의 신앙 집단이 형성된 사실을 알고 있었기에 상당히 조심스러운 태도로 그를 대했다. 그러나 그는 이전의 '접촉자'들과 달리 동영상이라는 물질적 증거를 나에게 제시했다.

그리고 그의 동영상에는 UFO 전문가로서 매우 주목할 만한 특성을 보이는 광구光球 형태의 UFO가 담겨 있었다. 그날 이후로 UFO에 대한 나의 태도는 상당 부분 바뀌었다. 이전에 쓴 책 《UFO 신드롬》에서 나는 UFO와의 접촉이나 UFO 피랍 사례들은 매우 주관적인 체험이기 때문에 객관적 증거로 받아들일 수 없다는 입장을 고수했지만, 그 사건을 접하면서 내 안에서 UFO에 대한 주관성과 객관성의 경계가 무너져버린 것이다.

그로부터 한 달 반이 지난 10월 3일 개천절 오후, 나는 다시 한 번 MBC TV 기자에게서 걸려온 전화를 받았다. UFO를 추적하여 촬영하는 UFO 헌터로 유명한 허준 씨가 그날 낮 광화문 상공에서 UFO 편대를 촬영했는데, 이에 대해 어떻게 생각하느냐는 이야기였다. 8월 17일 뉴스데스크에 방송된 영상 속의 불빛들은 바람이 부는 방향을 따라 움직이고 있었으며, 상호간의 간격도 거의 일정하게 유지되었기에 풍등風燈이라고 주장해도 그다지 반박할 여지가 없었다. 하지만 그날 허준 씨가 촬영한 동영상에 나타난 물체들은 서로 다른 속도와 방향으로 위치를 이동하고 있었다. 이는 바람에 흘러가는 부유 물체가 아니라 지향점을 가지고 인위적으로 움직이는 비행체임이 확실했다.

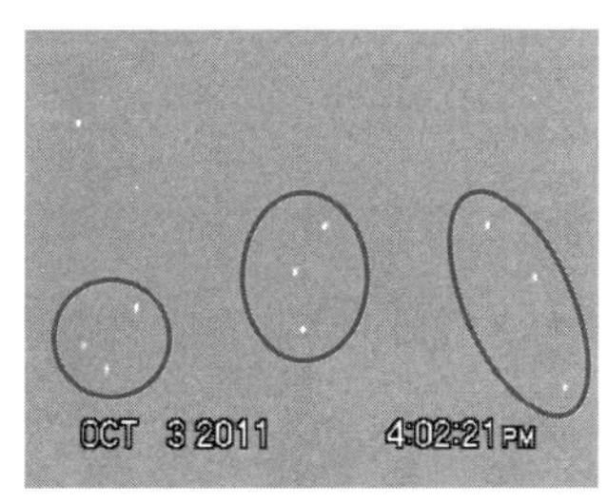

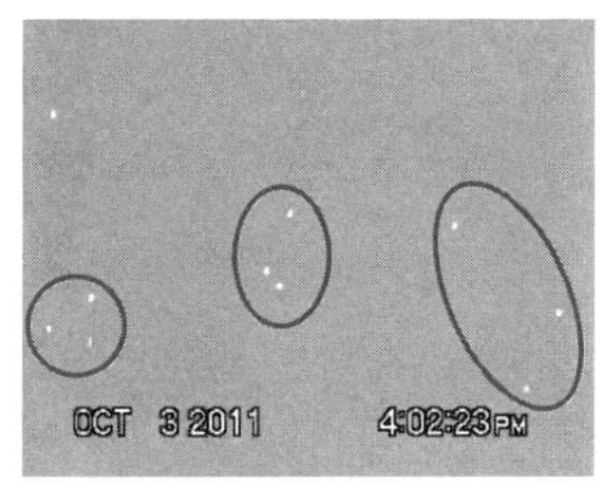

■ 2011년 10월 3일 UFO 헌터 허준 씨가 촬영한 광화문 상공의 UFO 편대. 각각의 비행체가 자유의지를 가진 것처럼 서로 다른 속도와 방향으로 움직이고 있다.

나는 기자에게 내가 보고 느낀 그대로를 이야기했고, 그날 MBC 뉴스데스크에서 그 전화 인터뷰 음성이 방송될 거라고 기대했다. 하지만 그날 방송에는 뜻밖에도 지난번에 찍었던 인터뷰 동영상의 일부만이 보도되었다.

나는 UFO와 연관된 목격자들도 다수 인터뷰했고, UFO와 관련해서 방송에도 많이 출연했지만 항상 UFO 자체에 대해서는 말을 아껴왔다. 하지만 이젠 더 이상 현대 과학의 틀에 얽매이지 말고 모든 것을 솔직하게 털어놓아야 할 것 같다.

— UFO 신드롬, 우주과학 시대의 신흥종교 운동?

오늘날 누군가가 "UFO는 정말로 존재하는가?"라고 묻는다면 이는 십중팔구 '외계인이 타고 다니는 우주선으로서의 UFO'에 대한 질문일 것이다. 'UFO=외계인의 우주선'이라는 등식이 당연한 것처럼 여겨지게 된 데는 인류를 우주로 나아갈 수 있게 해준 첨단 우주과학의 영향이 크다. 만일 중세 시대에 UFO가 나타났다면 사람들은 분명 이를 신이나 악마의 소행이라고 믿었을 것이다.

물론 UFO가 외계에서 오고 있다는 명백한 증거가 없는 상황으로 볼 때 UFO가 외계인의 우주선이라는 믿음은 칼 세이건의 지적처럼 현대에 나타난 새로운 신화라고 볼 수 있다. 이런 믿음은 SF 영화에 크게 영향받고 있으며, UFO와 관련된 것처럼 보이는 사람들과도 밀접한 관계에 놓여 있다.

'UFO 접촉자'라고 불리는 사람들은 자신들이 UFO를 타고 온 외계인들과 접촉하고 있고, 그들로부터 인류구원의 사명을 부여받았다고 주장하며 우주과학 시대에 걸맞은 신흥종교 운동을 일으키고 있다. 《UFO 신드롬》에서 나는 이 같은 UFO 종교운동을 중세 시대의 '전투적 메시아니슴(military messianism)'과 비교하며 UFO 현상의 종교적 특성을 분석했다.[1]

과거에 이런 신흥종교의 주창자들이 자신이 신으로부터 지구종말에 대한 예언을 듣고 인류구원의 사명을 부여받았다는 주장을 내세웠다면, 오늘날 첨단 우주과학 시대의 신흥종교 주창자들은 외계인으로부터 인류구원의 사명을 부여받았다고 주장한다. 만일 이런 주장이 사실이라면 이는 인류의 역사를 송두리째 뒤집어놓을 대사건임에 틀림없다. 그들은 대체 어떤 경위로 외계인들의 선택을 받고 그들과 접촉을 하는 것일까? 그들의 이런 주장을 증명해줄 결정적인 증거나 증인이 있기는 할까?

중세 시대에 전투적 메시아니즘을 일으킨 종교 지도자들이 어느 정도 세력을 확보할 수 있었던 이유는 그들이 초능력자들이었기 때문이라고 전해진다. 그들은 병자를 치유하고 갖가지 기적을 일으켰다고 한다.[2] 그런데 현대의 UFO 접촉자들도 자신에게 그런 능력이 있다고 주장한다.

— 스위스 농부 빌리 마이어에게 외계인이 알려준 것들

외계인과의 접촉 체험으로 가장 유명세를 탄 사람은 스위스의 농부로 알려진 에드바르트 빌리 마이어Edward Billy Meier다. 1937년생인 그는 다섯 살이 되던 1942년경부터 UFO를 자주 목격했다. 그는 상당히 오랫동안 텔레파시 형태로 UFO 외계인에게 교육을 받았고, 평행우주나 플레이아데스성단에서 온 UFO 외계인들과 접촉했으며, UFO를 직접 타보기도 했다고 주장한다.

빌리 마이어가 외계인들과의 텔레파시 대화로 얻은 방대한 지식 중에는 인류의 기원에 대한 이야기가 있다. 그 메시지에 의하면 수천만 년 전 거문고자리에 살던 외계문명 '야훼'가 은하계 식민지를 건설했으며, 그중 일부 과학자들이 지구에 건너와 생명을 싹틔우고 인류의 진화를 도왔다. 외계로부터 온 이른바 '신'들은 10만 년 전까지 우리 태양계를 통치하다 멸망했고, 몇몇 생존자들이 3만 3,000년 전에 다시 돌아와 지구에 '아틀란티스Atlantis'와 '무Mu'라는 도시를 건설했다. 그 후 외계로부터 온 신들과 지구 원주민들 사이에 전쟁과 혼혈이 일어났고, 결국 예수가 탄생한 시점을 전후로 그들은 완전히 지구를 떠나 플레이아데스성단으로 돌아갔다고 한다.

UFO 외계인들에 의하면 빌리 마이어는 전생에 구약 시절의 이스라엘 예언자였으며, 이 특별한 시대에 다시 태어난 것은 또다시 예언자의 역할을 하기 위해서다.[3] 이런 얘기는 무대가 우주공간으로 확대되었다는 점만 제외하면 전투적 메시아니즘이나 기독교를 기반으로 한 중세 신흥종교 운동가들의 교리와 다를 바가 하나도 없다.

— 빌리 마이어 UFO 사진의 진실

여기까지가 얘기의 전부였다면 그는 그저 또 하나의 이단 신흥종교 운동가 취급밖에 받지 못했겠지만, 그는 외계인과 UFO의 선명한 사진들, 그리고 실감나게 움직이는 UFO의 비행 장면이 담긴 비디오테이프를 제시해서 세계적인 유명인사가 되었다.

하지만 그가 찍었다는 외계의 여인이 사실은 모델이라는 주장이 제기되었고, 그의 우주센터에 날아 들어온 우주선 빔 십Beam Ship도 조작되었다는 논란에 휩싸였다.[4] 그리고 결정적으로 그의 전 부인이 그 UFO는 쓰레기통 뚜껑을 이용해서 만든 가짜라고 폭로해버렸다.

그렇다면 빌리 마이어는 별 볼일 없는 협잡꾼에 불과한 것일까? 그러나 그를 사기꾼으로 몰아세우는 태도도 옳지만은 않다. 미 공군 정보장교 출신의 UFO 연구가인 웬델 스티븐스Wendelle Stevens의 조사에 의하면,

1976년에 빌리 마이어가 일행과 함께 숲 근처를 거닐다가 갑자기 외계인들의 부름을 받고 접촉을 해야겠다며 숲속으로 사라지는 일이 몇 차례 있었다. 이때 남겨진 일행은 멀리서 노란 빛 덩어리를 목격했고, 그중 한 명은 이 빛을 촬영했다고 한다.[5] 이 빛의 정체는 과연 무엇이었을까? UFO 사진을 조작할 정도의 손재주를 가진 그라면 이런 빛까지도 치밀한 준비를 통해 연출해낼 수 있었을까?

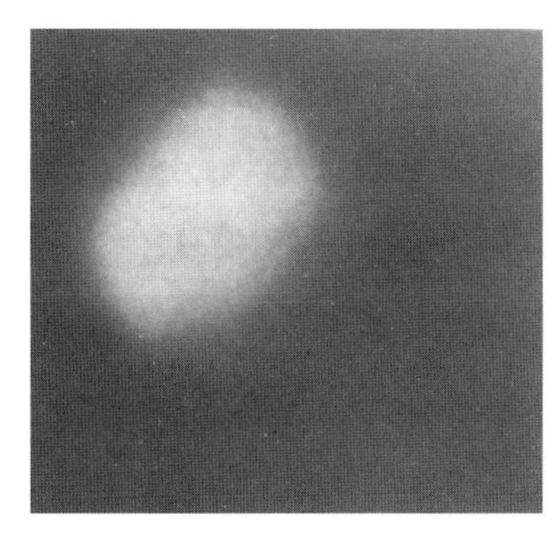

■ 빌리 마이어가 숲속에서 접촉했다는 빛 덩어리
© Wendelle C. Stevens, Photo archives publishing

외계인들과의 교류는 몰라도, 최소한 빌리 마이어가 신비한 능력을 갖고 있다는 점에 대해서는 많은 이들이 동의한다. 그를 찾아간 방송국 인터뷰어 앞에서 그는 금속에 자신의 지문을 새겨 넣는가 하면, 식탁에 못을 놓고 20cm쯤 위에서 손을 동그랗게 만들어 마치 강한 자석으로 잡아당기듯 못을 꼿꼿이 세우는 묘기를 보여주었다고 한다. 브릿 엘더즈Brit Elders라는 인터뷰어가 마이어에게 언제부터 그런 능력이 생겼느냐고 묻자 그는 '아주 어릴 때부터'라고 답했다.

그가 보여준 또 하나의 놀라운 초능력은 금속을 녹이는 시범이었다. 그가 손님들 앞에서 티스푼으로 잔 속의 커피를 젓다가 티스푼을 들면서 살짝 흔들자 스푼 전체가 녹아서 그의 손을 타고 식탁으로 방울방울 떨어져 내렸다고 한다.[6]

물론 그가 보여준 묘기들은 기본적인 마술 매뉴얼에 들어 있는 내용

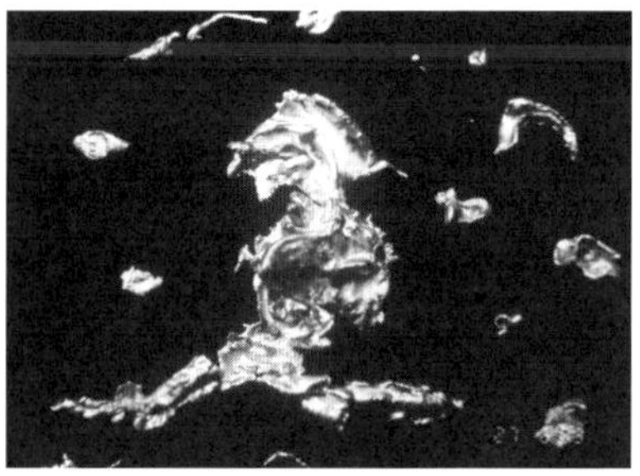

■ 빌리 마이어의 우주센터에 날아든 UFO 빔 십(왼쪽)과 그가 외계인에게서 받았다고 주장하는 금속조각(오른쪽)

이기에 이를 확실한 초능력의 증거로 받아들이기는 어렵다. 엄밀하게 제어된 실험실이 아닌 자신의 거실에서 시범이 이루어져 속임수가 쓰였을 가능성을 배제할 수 없기 때문이다.

그렇다면 이 모든 것은 빌리 마이어와 그의 추종자들이 꾸며낸 이야기일까? 빌리 마이어의 UFO 접촉을 증명하는 증거 중 사진이나 동영상 외에 널리 소개된 것으로 그가 외계인에게서 받았다는 금속조각이 있다. IBM의 마르셀 보겔Marcel Vogel 박사는 이 금속조각을 분석했지만 성분이나 형태로 보아 외계에서 제조된 것으로 단정하기는 어렵다고 결론지었다.

그런데 그 후에 놀라운 일이 발생했다. 그는 이 금속조각을 동료 UFO 연구가 리처드 하인즈Richard Hains 박사에게 보여주려고 잘 보관해두고 있었는데, 그가 하인즈에게 보여주기 전에 금속조각이 감쪽같이 사라졌다는 것이다.[7] 이는 어쩌면 그의 초능력이나 외계인과의 접촉을 증명하는 좀 더 그럴듯한 사례일 수 있다. 실제로 '우주로부터 입수된 이상한

물체'가 분석을 의뢰하면 '소멸'해버리는 사건은 종종 초심리학 연구자들에 의해 보고되기 때문이다.[8]

빌리 마이어가 자신의 초능력을 좀 더 객관적이고 과학적인 방법으로 공개하고 있지 않기 때문에 그의 진실성에 대해서는 여전히 많은 의문이 제기되고 있는 형편이다. 하지만 다양한 실험을 통해 확실한 초능력자로 전 세계에서 인정받고 있는 또 한 명의 대표적인 UFO 접촉자 유리 겔러Uri Geller의 사례를 살펴본다면 UFO 접촉의 진실에 좀 더 가까이 다가갈 수 있을 것이다.

— UFO 광선을 맞고 초능력을 얻은 유리 겔러

1949년 겨울 어느 날, 당시 세 살이던 유리 겔러는 집 앞 정원에서 놀다가 하늘로부터 찢어지는 듯한 고음을 내며 자신에게 다가오는 은색의 현란한 빛 덩어리를 목격했다. 그 순간 그는 뒤로 넘어졌고, 이마에 격심한 통증을 느끼며 기절했다.[9] 이 부분은 빌리 마이어가 5세에 최초로 UFO를 목격했을 당시의 정황과 매우 흡사하다.

그 사건 이후 겔러는 초능력을 갖게 되었다. 그는 여섯 살이 되던 1952년에 자신이 초능력을 갖고 있다는 사실을 처음으로 발견했다. 어느 날 그는 수업시간이 빨리 지나가기를 바라며 연신 시계를 들여다보았는데, 그러자 그의 시계가 30분이나 빨리 돌아갔다. 이런 일은 그 뒤에도 여러 차례 반복됐고, 겔러는 자신에게 시계바늘을 자유자재로 움직이도록 하는 능력이 있음을 깨달았다.

이후 겔러는 미래의 일을 미리 알아낸다거나 몇 분간의 집중만으로 잠긴 문을 여는 등 점점 초능력을 발휘하기 시작했다. 그는 30세가 되기 전까지 초능력을 제외하면 비교적 평범한 청소년기를 보냈고, 청년기에는 아랍 연합과의 6일 전쟁에 참가했다가 부상을 입고 제대했다. 그 후 패션모델로 일하면서 밤에는 자신의 초능력을 밑천으로 나이트클럽에서 초능력을 시연하는 생활을 이어가던 중, 그는 운명적으로 귀인을 만나게 된다.[10] 그 귀인은 바로 안드리야 푸헤리치Andrija Puharich였다.

— 유리 겔러는 정말 후바 별에서 파견된 메신저일까?

《유리 겔러 : 나의 이야기Uri Geller: My Story》에 의하면 겔러는 1971년 그의 초능력에 관심을 가진 미국의 저명한 신경생리학자이자 초심리학자 안드리야 푸헤리치를 만났다. 그 만남을 통해 겔러의 유일한 멘토가 된 푸헤리치는 겔러를 만나기 훨씬 전부터 외계인의 우주 조직에 대한 믿음을 갖고 있었고, 그 스스로 외계인들과의 간접적인 접촉을 시도한 적이 있었다.[11]

겔러가 자신이 외계인들과 관련되어 있다는 사실을 알게 된 것은 푸헤리치로부터 역행최면(逆行催眠, 과거의 기억을 떠올리게 하는 최면술) 요법을 받으면서다. 그는 최면상태에서 스펙트라Spectra라는 외계인의 메시지를 전하기 시작했다. 그 외계인은 겔러가 인류를 돕기 위해 자신들에 의해

■ 미국의 초심리학자 안드리야 푸헤리치(오른쪽)와 유리 겔러(왼쪽)

지구에 파견되었다고 주장했다. 그 외계인은 지구에서 수천 광년 떨어진 후바Hoova라는 별에서 왔는데, 자신의 우주선이 800년 전부터 지구의 궤도를 돌고 있었으며, 자신이 이스라엘에 특히 관심을 갖는 것은 그들이 맨 처음 착륙한 곳이기 때문이라고 했다.[12]

유리 겔러가 정말로 외계인과 만나고 있다는 객관적 증거로 그가 제시한 UFO 사진이 있다. 어느 날 비행기를 타고 가던 겔러의 머릿속에 문득 사진기가 떠올랐다. 그는 이것이 UFO를 찍으라는 신호임을 간파하고 창밖을 향해 무작정 셔터를 눌렀다. 촬영 당시 그의 눈에는 UFO가 보이지 않았는데, 나중에 사진을 인화해보니 UFO가 세 대나 찍혀 있었다. 그런데 이 사진에 나타난 UFO들은 다소 일그러져 있어 통상적인 비행체에서 나타나는 대칭성을 찾아볼 수 없었고, 외곽선도 매우 불규

■ 1972년 독일에서 유리 겔러가 촬영한 UFO

칙했다.[13] 몇몇 UFO 목격자들은 염사(念寫, thoughtography) 능력으로 UFO를 촬영한다고 하는데, 유리 겔러의 사진에서도 이런 점이 엿보인다. 염사 능력이란 염력(PK, psychokinesis)의 일종으로 인화지에 자신이 생각하는 무언가가 새겨지도록 만드는 능력을 말한다.

— UFO에서 유리 겔러가 받은 것

초상현상 중에는 테이프에 기록되는 유령의 음성이라는 것이 있다. 유리 겔러에게도 유사한 일들이 발생했다. 통화 내용을 녹음하기 위해 전화기에 설치한 녹음기 버튼이 저절로 눌러져 스펙트라의 금속성 목소리가 녹음되곤 했던 것이다. 유리 겔러는 자신의 초능력으로 녹음기 버튼이 눌러졌을 가능성을 인정하면서도, 외계인의 음성이 녹음된 일은 도저히 이해하지 못하겠다고 했다. 그는 자신이 염사 사진을 찍고, 수저를 구부리고, 텔레파시를 구사하는 것은 외계인과의 접촉과는 전혀 다른 성질의 문제라고 자신의 책에 적었다. 하지만 과연 외계인과의 접촉을 다른 것들과 완전히 별개의 사안으로 볼 수 있을까?

유리 겔러의 UFO 접촉 체험은 1971년 12월에 이루어진 그의 비물질화 실험과 관계된다. 푸헤리치가 주관한 이 실험에서 그는 나무 상자 안에 있는 볼펜을 순간이동(teleportation)으로 사라지게 하려고 했지만, 나중에 확인해보니 볼펜 전체가 아닌 볼펜심만 사라졌다고 한다. 그 직후 겔러는 텔아비브Tel Aviv의 동쪽 외곽으로 가야겠다고 생각했고, 그날 밤 거기서 UFO를 만났다.

푸헤리치 외에 또 다른 이와 함께 공터에 도착한 그는 마치 스트로브(strobe, 스틸 카메라의 촬영에 쓰이는 전자 플래시) 불빛처럼 단속적으로 점멸하는 백청색 빛을 보았다. 겔러는 나머지 두 사람을 차 근처에 머무르게 하고 혼자서 그 불빛을 향해 나아갔다. 불빛에 가까이 다가갈수록 그는 점점 최면상태에 빠져드는 느낌을 받았으며, 모든 것이 모호하고 희미하게 보이기 시작했다.

그는 거기서 조종간 같은 물체를 보았다고 생각하지만, 정말 그런 것이었다고 자신 있게 말하지는 못한다. 이 체험에서 겔러는 외계인이 자신의 손에 무언가를 쥐어주는 느낌을 받았고, 그 순간 그는 UFO 바깥에 나와 있었다. 그는 곧바로 자신의 손을 확인해보았는데, 손 안에는 비물질화 실험에서 사라진 바로 그 볼펜심이 있었다.[14]

이 이야기의 주요 모티브에는 UFO를 근거리에서 접촉한 빌리 마이어의 체험과 매우 유사한 구석이 있다. 이런 체험은 오직 유리 겔러에게만 일어났고, 나머지 일행들은 밝은 불빛만 볼 수 있을 뿐 그 구체적인 형태를 보지 못한 것이다. 또한 최근접 체험자인 유리 겔러조차도 UFO에 접근하면서 몽롱한 최면상태에 빠져 자신이 어떤 체험을 했는지 제대로 인식하지 못했다.

결국 UFO 접촉 체험에서 벌어진 일들을 명백하고 객관적으로 파악할 수는 없다. 1980년 겨울 영국에 소재한 미군 핵기지 근처의 렌들샴Rendlesham 숲에서 다수의 군인이 체험한 UFO와의 근거리 접촉 또한 이런 경우인데, 이 점에 대해서는 4장에서 좀 더 심도 있게 살펴보도록 하겠다.

자기 자신도 무슨 일이 있었는지 알지 못하는 이 같은 상황에서 유리 겔러의 초능력은 우주선을 타고 나타나는 외계인의 존재를 입증할 수 없으며, 오히려 외계인이 존재한다는 주장 자체의 객관성을 훼손하는 쪽에 가깝다고 할 수 있다.

— 기만의 전령, 혹은 우주적 영매

매우 가까이에서 UFO와 접촉했던 이들의 언행에는 확실히 종교적인 측면이 숨어 있다. 빌리 마이어와 유리 겔러의 예에서처럼 그들은 외계인들로부터 지구와 인류의 구원에 대한 임무를 부여받았다. 예수의 첨단 우주과학 버전인 셈이다. 이처럼 UFO 접촉자들은 과학과 종교를 뒤섞어 우주과학 시대의 취향에 맞는 새로운 종교운동을 펼치고 있다. 이들은 정말로 외계인들과 만나고 있는 것일까?

UFO 연구가 제롬 클라크Jerome Clarck는 UFO 접촉자들이 인류에게 오래 전부터 익숙한 환시幻視로 특징지어지는 전형적인 종교 체험을 한다고 주장한다. 그런데 그는 이 모든 체험이 접촉자의 머릿속에 자리한 무의식 안에서 일어난다고 본다. 따라서 제3자는 아무리 노력해도 접촉자가 외계인들과 만나는 장면을 볼 수 없으며, 단지 최면에 빠져 그들로부터 받았다는 진부한 메시지를 인류에게 대단히 중요한 것이라면서 혼자 중얼거리는 접촉자를 볼 뿐이라고 그는 말한다.[15]

이런 주장이 옳다면 빌리 마이어는 자신의 신조를 좀 더 대중적으로 전파하기 위해 동영상과 사진을 조작하고 있는지 모른다. 그리고 비교적 진솔한 태도로 기술한 유리 겔러의 자서전은 대체로 제롬 클라크의 주장을 지지하는 듯 보인다.

종교학자인 로버트 엘우드 2세Robert Ellwood Ⅱ 교수 또한 모든 종류의 UFO 접촉이 정신적인 현상이라고 주장한다. 접촉자들은 영매 역할을 하며, 초기의 히에로파니(hierophany, 성스러움의 발현)를 별개로 한다면 비행접시와의 접촉은 영매 의식이나 무의식중에 일어나는 필기행위를 통해 표현된다는 것이다. 그들 중 몇몇은 종교운동을 일으키며, 그들의 의례와 표현 형식은 전형적인 심령주의를 반영한다고 그는 지적한다.[16]

엘우드 교수가 말하는 히에로파니는 원래 종교 용어로 '성스러운 현상의 물질적 발현' 정도로 해석할 수 있는데, 외계인 접촉자들과 관련해서 나타나는 초기의 대표적인 히에로파니는 물론 UFO다. 어쩌면 접촉자들은 일반인들보다 더 자주 UFO를 목격하는 재능이 있거나, UFO가 언제쯤 나타날지 예측하는 신비한 능력의 소유자들인지도 모른다. 또 그들이 제시하는 증거들은 그들이 뛰어난 초능력자라는 사실과 결부해 설명할 수 있다. 그들은 염사 능력을 이용해 자신이 생각하는 UFO의 모습을 자유자재로 인화지에 새기고, 금속으로 물질화(materialization)할 수 있는지 모른다. 하지만 그들이 금속으로 된 UFO나 살과 피를 가진 외계인들과 직접 만난다는 결정적인 증거는 없다. 그렇다면 그들이 제시하는 외계인들로부터의 메시지에는 얼마나 많은 진실이 담겨 있을까?

UFO 접촉자들이 모두 기만의 전령이라고 주장한 UFO 연구가 자크 발레. 그는 UFO와 탑승자가 다른 차원에서 오는 초월적인 존재라는 가설을 주장하기도 했다.

이른바 '우주의 형제'들로부터 오는 메시지는 우주와 인류의 기원, 그리고 머지않은 미래에 찾아올 종말과 구원에 대한 내용을 담고 있다. 하지만 그 메시지들의 세부적인 내용은 모두 조금씩 다르다. 이런 점 때문에 UFO 연구가 자크 발레Jacques Vallee는 접촉자들을 가리켜 '기만의 전령들(Messengers of Deception)'이라 불렀다.[17]

어쩌면 엘우드의 말처럼 UFO 접촉자들은 우주적 차원의 영매들일지도 모른다. 고전적인 영매들은 주로 죽은 자들의 영혼을 통해 초능력을 부여받았다고 주장하며 주변에서 일어나는 소소한 사실들을 막힘없이 알아맞힌다. 그런데 이 우주적 차원의 영매들은 먼 우주에서 온 외계인들을 통해 초능력을 획득했다고 주장하며 종말과 인류구원에 대한 메시지를 이야기한다.

하지만 종말론은 오래전부터 중세 시대의 전투적 메시아니즘과 같은 신흥종교 성립의 주요 레퍼토리가 되어왔기에 별로 신선한 충격을 주지는 않는다. 그래서 그들은 종종 증거 사진을 조작하고 매스컴을 활용해 이를 선전하는 듯하다. 이처럼 UFO 현상에 매우 강하게 녹아들어 있는 종교적인 요소, 그리고 접촉자들에게서 나타나는 초상현상 등은 UFO 내부로의 납치를 체험한 이들의 증언에서도 두드러지게 나타난다.

포스 카인드, 외계인에게 붙잡혀간 사람들

—— '포스 카인드'란 외계인에 의한 납치를 지칭하는 말로, 천문학자이자 UFO 전문가인 알렌 하이네크 박사가 분류한 외계인 접촉의 세 단계 보다도 더욱 공포스럽고 끔찍한 경우를 말한다. 미국 인디애나 주에서 살고 있던 데비 조단도 이상한 사건을 겪으면서 이 같은 UFO 소동의 한가운데에 서게 된다.

— 광구에 감전된 데비 조단

2009년 미국에서 개봉된 '포스 카인드The Fourth Kind'는 외계인으로 추정되는 자들에 의해 UFO 내부로 납치된 사람들의 미스터리한 이야기를 다룬 영화다. 내용은 완전한 픽션이지만, 할리우드 최고의 여전사로 손꼽히는 밀라 요보비치Milla Jovovich가 주연을 맡은 이 영화는 다큐멘터리를 연상케 하는 충격적인 음성자료와 촬영장면, 그리고 내용의 신빙성을 높여주는 짜임새 있는 구성으로 많은 관객의 눈길을 끌었다.

'포스 카인드'란 '제4종 근접 조우(close encounters of the fourth kind)', 즉 외계인에 의한 납치를 지칭하는 말이다. 천문학자이자 UFO 전문가인 알렌 하이네크Allen Hynek 교수는 UFO와의 근접 조우 형태를 3가지로 분류했는데, 나중에 연구자들에 의해 4번째 근접 조우 형태인 피랍 사례가 이에 포함되었다.

1983년 6월 30일, 미국 인디애나Indiana 주 카플리 우즈Copley Woods에서 두 아들과 부모와 함께 살고 있던 데비 조단Debbie Jordan도 매우 이상한 사건을 겪으면서 이 같은 UFO 피랍 소동의 한가운데에 서게 된다.

그녀는 그날 부엌에서 바깥을 내다보고 있다가 이상한 빛을 발견했다. 그 불빛은 마당 건너편에 있는 창고 쪽에서 나는 것 같았고, 그녀는 창고로 가서 문을 잠갔다. 뭔가 이상하다는 생각이 들긴 했지만 그녀는 크게 개의치 않고 이웃집에 아르바이트를 하러 갔다.

이웃집에서 한창 일을 하던 도중, 집에 있던 그녀의 어머니로부터 전화가 왔다. 창고에 무언가가 있는 것 같다는 것이었다. 그러자 그녀의 머릿속에 조금 전에 보았던 불빛이 떠올랐고, 부리나케 집으로 달려간 그녀는 막연한 공포에 떨고 있는 어머니의 모습을 보았다.

데비는 아버지의 엽총을 들고 개와 함께 창고 쪽으로 다가갔다. 창고를 열고 내부를 살폈지만 이상한 점도 없었고, 누가 들어온 흔적도 없었다. 의아해하며 점검을 마친 그녀는 창고에서 나오다가 문득 아이들을 떠올리고는 집 안으로 뛰어 들어갔다. 아이들은 다행히 무사했지만, 이번에는 어머니가 문제였다. 어머니가 넋이 나간 듯한 모습으로 꼼짝도 하지 않고 서 있던 것이었다. 데비는 어쩔 줄 몰라 하다가 자기도 모르게 "이제 모든 게 괜찮을 거예요."라고 말했고, 그러자 어머니는 요술에서 풀려난 것처럼 정상적으로 움직이기 시작했다.

그러고 나서 그녀는 일을 마저 하기 위해 이웃집으로 갔는데, 그들은 데비가 오랫동안 아무 연락도 없어 막 경찰에 신고를 하려던 참이었다고 말했다. 그녀는 자그마치 2시간을 창고에서 보냈던 것이다. 하지만 그녀는 거기서 어떤 일이 있었는지 도저히 기억해낼 수 없었다. 게다가 다음날에는 눈이 퉁퉁 부어오르더니 아예 앞을 볼 수 없게 되어버렸다.

그래서 의사를 찾아갔더니 의사는 그녀에게 용접하는 모습이나 태양을 직접 본 것이 아니냐고 물을 뿐이었다. 그 뒤로도 그녀의 증세는 수주일간 지속되었고, 증세가 가라앉은 후에도 그녀는 줄곧 후유증에 시달려야 했다.

한편 그날 그녀가 창고에 데리고 갔던 개에게도 이상증상이 나타나기 시작했다. 온몸에 털이 빠지고 등에 검은 물혹 같은 무언가가 생겼으며, 눈에는 백태가 끼고 심지어 이빨도 모조리 빠져버린 것이다. 그 개를 본 수의사는 개가 암에 걸린 것 같다며 증세가 극도로 빠르게 진행되어서 전혀 손을 쓸 수가 없다고 했다. 개가 더 이상 고통 받지 않도록 해야 한다는 의사의 말에 데비는 안락사에 동의했다.

엎친 데 덮친 격으로 얼마 후 데비의 몸에도 심한 통증이 찾아왔다. 온몸이 너무나도 아파 데비는 자신도 개처럼 암에 걸려 죽는 게 아닌지 걱정해야 했다. 도대체 그날 그녀와 개에게 어떤 일이 일어난 것일까?

사건 일주일 후 데비의 어머니는 당시 부엌에서 접시를 닦다가 문득 농구공만 한 빛 덩어리가 떠다니는 것을 보았다고 기억해냈다. 그녀는 빛 덩어리가 점점 작아지더니 사라져버렸다고 증언했다. 비슷한 얘기는 몇몇 이웃에게서도 들을 수 있었다. 그들은 사건 당일에 하얗게 빛나며 근처 숲 속을 떠다니는 농구공 크기의 빛 덩어리 수백 개를 보았다고 증언했다. 그렇다면 단지 빛 덩어리가 떠다닌 것이 이야기의 전부란 말인가? 그 빛은 어쩌면 자연적으로 발생한 일종의 구전(球電, 번개나 천둥에 의한 방전 현상으로 생기는 빛 덩어리)일지도 모른다. 데비와 그녀의 개는 강한 전하를 띤 구전에 감전되었고, 그래서 심한 상처를 입었다는 설명도 가능하다. 하지만 데비의 체험은 그리 단순하지만은 않았다. 그녀의 집 뜰에 이상한 둥근 자국이 생겨난 것이다.

사건 이후 일주일 동안은 아무도 그 자국에 관심을 기울이지 않았다. 그러던 어느 날, 데비가 뜰에서 바비큐를 해먹으려고 일가친척을 불러 요리를 준비하던 와중에 그녀의 조카가 자국을 발견하고 소리를 질렀다. 자국은 이중으로 형성되어 있었다. 중심에 직경 2.5m가량의 뚜렷한 자국이 나 있고, 거기에 직경 6m의 다소 희미한 자국이 겹쳐져 있었다. 이는 마치 직경이 2.5m인 에너지를 내뿜는 둥근 물체가 내려앉아 아래쪽의 잔디를 태워 없애고 그 에너지가 사방으로 퍼져 주변의 잔디에도 영향을 준 듯한 모습이었다. 이를 보는 순간 데비의 어머니는 "이건 UFO가 착륙한 자국이야!"라고 소리쳤고, 데비는 '이게 웬 헛소리지?' 라고 생각했으나 곧 그날의 기억들이 되살아나면서 엄습하는 공포를 느꼈다.

시간이 지나자 데비는 점차 기억을 회복할 수 있었는데, 다음과 같은 그날의 기억은 어머니나 주변 이웃들이 본 빛 덩어리와 뜰에 생긴 둥근 자국이 무엇인지를 어느 정도 알 수 있게 해주었다.

점검을 마치고 창고에서 나오려던 데비는 갑자기 온몸에 불이 붙은 것 같은 화끈거림을 느꼈다. 그녀는 너무 놀라 허겁지겁 창고 밖으로 나왔는데, 이번엔 전하를 띤 매우 밝은 무언가가 그녀의 어깨에 부딪혔다. 그녀는 벼락을 맞아본 적이 없었지만, 그 순간 '벼락을 맞으면 이런 느낌이겠구나'라는 생각이 들었다. 어깨에 받은 충격은 배와 사지, 머리로 전달되었고, 그녀는 온몸이 떨리는 것을 느꼈다. 그녀는 몸이 마비된 것처럼 꼼짝할 수가 없었고, '이제 죽는구나' 하는 생각만 들 뿐이었다. 잠시 후 떨림이 가라앉았으나 그녀는 여전히 움직일 수 없었고, 마치 카메라 플래시를 보고 있는 듯 눈앞이 잘 보이지 않았다. 하지만 그녀는 앞에 누군가가 있다는 것을 감지할 수 있었고, 그 누군가는 그녀에게 '고통을 느끼게 해서 유감이다'라고 말했다.

어떻게 창고 바깥으로 나왔는지는 모르겠지만 아무튼 그녀는 바깥뜰에 서 있었고, 그녀의 앞에서는 농구공만 한 빛 덩어리가 그녀의 키만 한 높이에서 위아래로 두둥실 움직이고 있었다. 마치 그녀를 살펴보는 것처럼. 잠시 후 그 빛 덩어리는 뜰 한편에 착륙해 있던 약 3m 높이의 계란 모양을 한 우주선 안으로 사라졌다.

그때 그녀는 6명의 사람을 보았다. 그들은 마치 아이처럼 작은 난쟁이들이었지만 머리만큼은 유난히 커보였다. 여기까지가 데비가 기억해낸 전부로, 그녀가 체험한 2시간 중 약 15분에 해당한다. 그러면 나머지 1시간 45분은 어떻게 된 것일까?

데비는 이 끔찍한 체험 이후 몇 년 동안이나 악몽에 시달렸다. 그녀는 자다 말고 일어나 잠든 아이들을 지켜보면서 누군가를 기다렸다. 하지만 자기가 도대체 누구를 기다렸던 것인지는 그녀 자신도 기억해낼 수 없었다. 그녀는 이런 생활을 수년간 지속하다가 결국 UFO의 외계인들에게 납치당한 사람들을 전문적으로 연구해 명성을 떨치고 있던 뉴욕의 전위 미술가 버드 홉킨스Budd Hopkins에게 도움을 청하기로 했다.[18]

— 침략자들, 성과 생식의 모티브

데비 조단 사건은 1987년 UFO 피랍 연구가 버드 홉킨스가 자신의 논픽션 《침략자들Intruders, The Incredible Visitations at Copely Woods》을 통해 소개하면서 가장 대표적인 UFO 피랍 사건으로 부각되었다. 이 책에서 버드 홉킨스는 데비 조단이라는 본명 대신 캐시 데이비스Kathie Davis라는 가명을 사용했다. 홉킨스는 그녀에게 정밀 의료검사를 받도록 했고, 역행최면으로 그녀가 기억해내지 못한 1시간 45분 동안에 무슨 일이 일어났는지 확인해보았다.

그 결과, 그녀에게 그런 일이 일어난 것은 1983년 그때가 처음이 아니라는 사실이 밝혀졌다. 그녀가 10대였을 때 난쟁이 외계인들에게 끌려가 우주선 안의 둥근 방에서 신체검사를 받은 후 강간을 당해 임신에 이른 충격적인 사건이 있었던 것이다! 몇 개월 후 외계인들은 그녀를 다시 납치해서 혼혈 유아를 자궁에서 빼내갔다.

실제로 데비는 10대 후반에 그녀의 담당 의사가 자신에게 임신했다고 말했다가 얼마 후에 더 이상 임신 상태가 아니라고 한 사실을 기억하고 있었다. 그녀는 당시 이 사건을 이상하게 생각하면서도 무심코 지나쳤었다. 외계인이 태아를 빼앗는 장면에 이르자 그녀는 최면상태에서 아기를 데려가지 말라고 울부짖었다.[19]

그녀는 이처럼 이상한 유산流産을 경험하긴 했지만, 그 후 평범한 가정을 이루고 두 아들의 어머니가 되어 정상적인 삶을 살고 있었다. 그러다 1983년에 또다시 외계인들에게 납치되었는데, 최면요법으로 밝혀진 바에 의하면 그때 그들이 그녀를 전에 잃어버렸던 아기와 만나게 해주었다. 데비는 최면상태에서 당시 상황을 이렇게 묘사했다.

"…어린 소녀가 2명의 난쟁이에게 이끌려 방 안으로 들어왔다. 소녀는 4세쯤으로 보인다. 그들과는 닮지 않았지만 우리와도 다르다. 아주 크고 푸른 눈에 귀엽고 작은 코, 잘생긴 작은 입…. 핑크빛 입술과 파란 눈을 제외하면 온몸이 새하얗다. 아주 예쁜 아이이다. 그들은 아이를 내 앞으로 데려왔다. 나는 그 아이를 너무 안고 싶어 울면서 호소했다. 아이를 데려오고 싶었지만 그들은 그 아이가 우리의 세계에서 살 수 없을 거라고 말했다."

그녀는 결코 자신의 아이를 안아볼 수 없었다. 대신 작고 주름진 다른 아기가 안겨졌다. 이 아기는 유난히 똑똑한 것처럼 보였다. 그녀는 본능적으로 이 아기를 가슴에 안았다. 그동안 외계인들은 그녀의 행동을 주시하고 있었다.[20]

■ 데비 조단이 UFO에 피랍되어 목격한 순백의 소녀

홉킨스는 데비가 외계인의 혼혈 실험에 참가했다고 해석했다. 그가 조사한 다른 수십 건의 피랍 사례에서 정자나 난자를 채취당하는 체험이 보고되었으며, 피랍자들은 종종 특수 보육 시설에 가지런히 놓인 다수의 혼혈 유아들을 목격했다고 털어놓았기 때문이다. 데비의 경우처럼 임신한 줄 알고 있었는데 다시 조사해보니 아니었다는 식의 의사출산疑似出産 경험에 대한 보고도 다수 있다. 홉킨스는 이런 체험들은 외계인이 지구에서 인간을 대상으로 유전적인 실험을 하고 있다는 증거라고 주장했다.[21]

물론 이에 대한 반론도 있다. 미국의 정신과 의사 앤 드루펠Ann Drufel은 이런 체험이 강간이나 기타 정신적 외상을 겪은 여성들이 종종 호소하는 가임신假姙娠 체험과 같은 종류라고 말했다. 즉 외계인의 등장은 순전히 일시적인 정신 착란 상태에서 겪는 환각이나 악몽일 뿐이며, 이때 피랍 체험자에게 실제로 임신을 한 사람에게서 나타나는 모든 생리적 증상이 발생하여 의사들이 오진을 하게 되는 것일 수 있다는 얘기다.[22]

그러나 이런 주장은 역행최면에서 드러나는 많은 증거를 일방적으로 무시한다는 문제가 있다. 물론 홉킨스의 주장을 액면 그대로 받아들이기도 어렵다. 그런데 오래전부터 전해오는 민담 중에 이와 비슷한 모티브를 가진 것이 있다. 난쟁이 요정들에게 아이들이 납치되거나 아이들이 요정 아기로 뒤바뀐다는 식의 이야기다.

'엘프elf'라 불리는 난쟁이들에 의해 어디론가 납치되었다가 다시 돌아온 사람들에 대한 이야기는 근대 이전의 유럽에 내려오는 아주 전형적인 민담이었다.[23] 한편 아일랜드를 비롯한 유럽 여러 지방의 민담에는 요정들에 의한 아이들의 납치와 관련된 내용이 자주 등장한다. 이른바 '바꿔치기(changeling)'라는 것으로, 자신의 아이를 납치해가는 대신 요정 아기를 놓고 간다는 이야기다.[24]

바뀐 아기의 모습이 너무 흉측해서 자신의 아이가 맞는지 아닌지 고민하다가 아기를 죽이겠다고 협박하면 요정들이 납치해간 아기를 잽싸게 돌려준다는 이야기도 있다. 이 이야기는 영국에서 19세기까지 널리 믿어지고 있었다. 이의 변형된 사례로 자신의 잃어버린 아이를 찾기 위해 요정의 나라로 가는 엄마에 대한 민담도 있다. 천신만고 끝에 요정 아기들의 보모로 들어가서 아이들을 돌보다가 그중에서 자신의 아이를 찾아내 무사히 집으로 돌아온다는 것이 그런 민담의 줄거리다.

데비 조단의 이야기는 이런 민담의 첨단 우주과학 시대 버전으로 보인다. 잃어버린 아이와 요정 세계에 상응하는 신비의 영역, 즉 UFO 내부에서 아이와 조우한 사건이 바로 그것이다. 그 소녀는 난쟁이 외계인들이 키우는 순백의 소녀다.

그런데 이는 디즈니 영화를 통해 널리 알려진 동화 《백설공주와 일곱 난쟁이들》의 핵심 모티브가 아닌가? 이 동화는 그림Grimm 형제가 편집한 요정 이야기에 바탕을 두고 있다. 이는 오래전부터 구전되어오던 여러 종류의 민담을 각색한 이야기로, 원작은 아마도 난쟁이 요정들에게 유괴되어 키워진 아이들에 대한 내용을 담고 있었을 것이다. 이 아이들은 영원히 인간 세계로 돌아올 수 없다고 믿어졌다. 원래 예닐곱씩 무리지어 몰려다니는 난쟁이 요정들은 민담에서 주로 도둑들로 알려져 있으며 음식을 훔치거나 아기, 예쁜 여인을 납치하는 것으로 믿어졌다.[25]

민담과 현재의 UFO 피랍 체험이 이런 공통적인 모티브를 가진다는 사실은 민속학 연구의 중요한 단서로 볼 수 있다.

— 베티 앤드리슨 루카 사건

베티 앤드리슨 루카Betty Andreasson Luca 사건은 외계인들에게 납치된 사례 중 가장 많은 조사가 이루어진 사건으로, 최면요법 전문가들이 대거 투입되어 그 결과도 가장 신빙성이 있다고 판정되었다.

외계인 피랍 사건은 대개 피랍자가 혼자 있을 때 일어나지만 베티의 경우는 낮 시간에 일가족이 함께 있다가 선택적으로 납치된 경우다. 그래서 이 사례는 외계인 피랍의 객관적 측면을 조사하는 데 있어 매우 특별하고 흥미로운 사례로 꼽힌다.

이 사건은 1967년 1월 저녁 미국 매사추세츠Massachusetts 주 애시번햄Ashburnham의 한 가정에서 일어났다. 당시 베티 앤드리슨은 부엌에서 저녁을 준비하는 중이었고, 그녀의 일곱 자녀와 부모는 거실에서 식사를 기다리고 있었다. 그런데 6시 30분경, 갑자기 집의 조명이 꺼지면서 부엌 창을 통해 바깥으로부터 빨간 불빛이 비쳤다. 아이들은 집 안이 어두워지자 무서워했고, 베티는 거실로 가서 아이들을 달래주어야 했다.

바깥에서 비추는 불빛의 정체를 살펴보기 위해 부엌에 들어온 그녀의 아버지는 창밖을 보고 기절초풍했다. 이상하게 생긴 난쟁이 5명이 집을 향해 뛰어오고 있었기 때문이다. 그가 정신을 제대로 추스를 새도 없이 그 난쟁이들은 나무로 만든 부엌문을 스르르 통과해서 집 안으로 침입했다. 그러자 식구들의 몸이 모두 마비되어버렸고, 다들 꼼짝할 수 없게 되었다.

난쟁이들은 베티에게 텔레파시로 의사를 전달하기 시작했다. 그들은 키가 150cm 정도 되었고, 마치 서양배와 같은 모양의 머리와 커다란 눈을 갖고 있었다. 그들은 파란색의 일체복을 입고 커다란 허리띠를 매고 있었다. 그들을 처음 봤을 때 그녀는 공포에 떨었지만 곧 평정을 되찾았고, 심지어 그들에게 친근감까지 느꼈다. 외계인들은 베티를 뒤뜰에 착륙한 우주선으로 인도했다. 우주선은 직경 6m가량의 전형적인 UFO 모습을 하고 있었다.

그 우주선은 일종의 소형 연락선으로, 베티와 외계인 일행을 싣고 좀 더 큰 시가cigar 형태의 모선母船을 향해 날아갔다. 모선에서 베티는 신체검사를 받았다. 곧이어 그녀는 불사조를 암시하는 듯한 영상을 보았다. 이런 영상을 지켜보면서 그녀는 황홀경에 빠졌다. 그때 어디선가 목소리가 들리면서 자신이 마치 예수의 아버지라는 뉘앙스의 이야기를 했다. 베티는 그를 신이라 믿고 절제할 수 없는 감격에 복받쳐 큰 소리로 울면서 감사하다고 말했다.[26]

대략 4시간의 납치 체험이 끝나자 베티는 두 명의 외계인에게 이끌려 집으로 다시 돌아왔는데, 그때까지도 나머지 식구들은 넋이 나간 상태였다. 외계인들은 가족들의 최면상태를 풀어주고는 집을 떠났다.

베티는 나중에 그 외계인들이 특정한 시기가 될 때가지 그녀의 머릿속에서 피랍에 대한 기억이 사라지도록 최면을 걸었다고 밝혔다. 그래서 최면요법을 사용하기 전까지 그녀는 전기가 차단되고, 붉은 빛이 부엌 창문을 통해 비치고, 외계인들이 부엌문을 통과해 들어오는 장면까지밖에 기억하지 못했다. 그런 이상한 사건을 겪기 전까지 베티는 독실한 크리스천이었고, UFO에 대한 이야기를 들어본 적도 관심을 가져본 적도 없었다고 한다. 따라서 그녀는 그 체험을 종교적인 것으로 받아들였다. 하지만 나중에 그녀는 그 체험이 외계인과 관련된 것이었다는 사실을 받아들였다고 한다.

— UFO 안에서 경험한 종교적 황홀경

사건이 있은 지 7년쯤 후에 미 공군에서 다년간 UFO 연구 자문을 맡은 알렌 하이네크 박사가 설립한 CUFOS(Center for UFO Studies)에서 한 설문 조사가 실시되었다. 베티는 이 설문에 응답하며 자신의 체험을 보고했는데, 처음에는 그 내용이 너무 황당무계하다는 이유로 그다지 중요하게 취급되지 않았다.

그녀의 사건은 한동안 방치되었다가 1977년 이 보고서에 관심을 보인 UFO 연구자 레이먼드 파울러Ramond Fowler가 조사에 나서면서 UFO 연구자들의 주목을 받았다. 그리고 천체물리학자, 전자공학자, 우주항공 공학자, 통신 전문가, 최면요법 전문가, 정신분석 의학자, UFO 연구자 등이 팀을 이뤄 1년 동안 이 사건에 대한 면밀한 조사를 진행했다.

베티는 성격분석(character-reference check), 2차례의 거짓말탐지기 조사, 정신분석 면담, 그리고 14회에 걸친 역행최면 검사를 받았다. 결과는 놀라웠다. 그녀와 딸이 겪은 UFO 체험은 세부적인 부분까지 거의 일치했다. 이 사건은 500여 페이지 분량의 보고서로 정리되었는데, 이 보고서에 따르면 베티와 그녀의 딸은 자신들에게 정신적인 이상이 없으며, 자신들의 모든 체험이 현실에서 실제로 일어났다고 굳게 믿고 있었다. 파울러는 이 내용을 편집하여 《앤드리슨 사건The Andreasson Affair》이라는 책으로 출간했다.

파울러가 조사한 결과, 외계인 접촉자들이 어린 시절부터 외계인들과 조우하듯이 베티도 13세 때부터 외계인들과 만나왔음이 밝혀졌다. 그때 그녀가 만난 외계인들은 눈과 머리통이 큰 난쟁이 외계인이 아니라 흰 망토를 걸친, 키가 2m 남짓 되고 흰 피부와 금발 또는 백발을 가진 존재들이었다. 이런 모습은 전형적인 기독교의 천사 모습인데, 베티는 이들을 '장로들(the Elders)'이라고 불렀다. 이는 요한계시록에 등장하는 신의 보좌를 둘러싼 천사들에 대한 기독교적인 호칭이다.

레이먼드 파울러의 조사 결과 앤드리슨 부인의 피랍은 30년 동안이나 계속된 것으로 드러났으며, 이는 총 4권의 책으로 정리되었다. 그런데 후속 조사에서 어느 시점부터는 베티가 육체적 피랍이 아닌 일종의 유체이탈에 의한 피랍을 체험했다는 사실이 드러났다. 외계인들은 그녀의 영혼만을 그들의 우주선으로 인도했던 것이다. 또 초기에는 천사 같은 존재들이 신비로운 지하 또는 지상으로 그녀를 납치했지만, 1967년부터는 난쟁이 외계인들이 우주선으로 그녀를 납치해갔다고 한다. 그 우주선에는 '장로'들이 거주하고 있었고, 난쟁이들은 그들의 하수인이었다.

베티는 우주선으로 납치되었던 언젠가 장로들에게 왜 자신이 이런 체험을 해야 하느냐고 물었다. 그 천사 같은 존재는 '네가 축복받았다는 사실을 기억하지 못하느냐'라면서 어떤 영상을 보여주었는데, 거기에는 베티가 아주 어렸을 때 교회에서 간증을 하고 자신이 하느님의 쓰임을 받을 수 있게 해달라고 기도하는 장면이 나타났다. 그 대목에서 갑자기 목사가 방언을 하기 시작했고, 목사의 부인이 깜짝 놀라 뛰어나와 베티에게 다가가 그녀의 머리에 손을 얹자 그녀도 방언을 하기 시작했다. 그러자 목사가 그녀의 방언을 다음과 같이 해석해주었다고 한다. "너는 이제 모든 것을 가졌다. 너는 뭇 여성 중 최고의 축복을 받을 것이다."

이는 분명 베티의 기억에 또렷이 남은 어린 시절 자신의 간증을 보여주는 장면이었다. 그런데 그들이 다시 보여준 영상에서는 뭔가가 달라져 있었다. 베티와 목사, 그리고 목사 부인 등 몇몇 사람의 뒤에 후광이 비치고 있었으며, 원래 없던 2명의 외계인 장로가 각각 목사와 목사 부인의 뒤에 서 있었다. 베티가 간증을 마치자 목사 뒤의 장로가 목사의 어깨에 손을 올려놓았고, 그러자 목사가 방언을 시작했다. 목사 부인의 경우도 마찬가지였다. 목사가 방언을 시작하자 목사 부인이 놀라서 펄쩍 뛰었는데, 이때 다른 장로가 그녀의 귀에 뭔가를 속삭였다. 이 장면을 보고 나자 베티는 당시 일어났던 기적 같은 일들이 모두 이 외계인 장로들에 의해 의도되었다는 사실을 깨달았다.

이 체험은 거기서 가장 위대한 분을 만나러 가면서 절정을 맞았다. 베티와 장로, 그리고 난쟁이 외계인들은 비행접시를 타고 빛으로 가득 찬 장소에 들어섰다. 그들의 위쪽에는 빛의 근원으로 향하는 거대한 문이 있었고, 그들은 모두 이 빛의 근원을 향해 나아갔다. 순수한 빛의 세계로 진입하면서 그들의 발걸음은 점점 빨라졌다. 역행최면 상태에 있던 그녀는 바로 이 대목에서 황홀경에 빠졌으며, 이를 지켜보던 입회자들은 그녀의 놀라운 변화에 깊은 인상을 받았다.

이윽고 베티와 장로, 그리고 난쟁이 외계인들은 모두 빛의 몸으로 변화했다. 베티는 밀려오는 감격을 참지 못하고 울부짖었다. "오! 너무나도 큰 사랑이, 너무나도 큰 평화가 충만해요. 나는 빛에 감싸여 그것과 섞이고 있어요. 오! 이것이 모든 것, 모든 것이에요…. 이 모든 경이, 아름다움, 사랑, 그리고 평화를 뭐라고 표현할 길이 없네요."

■ 빛이 쏟아져 나오는 공간으로 들어가는 베티 일행. 왼쪽부터 난쟁이 외계인, 장로, 베티

그리고 잠시 후 자신이 그 자리를 떠나야 한다는 사실을 깨달았을 때 베티는 서럽게 울기 시작했다.

"아! 나는 이제 가야 해요. 다른 사람들도 이런 체험을 보고, 이해하고, 알아야 하니까요."

일행은 다시 빛에서 나와 원래의 형태로 돌아왔고, 장로는 베티에게 신비스러운 체험의 증표로 작은 빛 덩어리를 3개 주었다. 그녀는 비행접시를 타고 난쟁이 외계인의 호위를 받으며 집으로 돌아왔다. 자신의 육체가 잠든 남편 옆에 누워 있는 것을 보고 그 안으로 들어감으로써 그녀의 체험은 끝났다.[27]

— 현대판 잔 다르크

데비 조단의 여동생이자 UFO 피랍 체험자인 캐시 미첼Kathy Mitchell은 자신이 수백 년 전에 살고 있었다면 이상한 존재들과 교류한다는 이유로 마녀로 몰려 불타 죽었을 것이라고 했다.[28]

아닌 게 아니라 다소 이단적인 종교적 메시지를 담고 있는 베티의 이야기는 중세 시대의 마녀재판에 관한 이야기를 떠올리게 한다. 주류 학자들은 중세의 마녀재판이 순전히 사회 심리학적인 요인이나 정치적 의도에서 행해진 것이었다고 말한다. 하지만 몇몇 사례에서는 그런 식으로 설명 불가능한 상황이 감지되며, 우리가 쉽게 이해하기 힘든 이상한 체험을 한 사람들이 정말로 존재했음을 알 수 있다.

특히 유체이탈을 통해 이상한 세계에 다녀오는 체험은 마녀들에게 전형적으로 일어나는 일이었으며, 그들은 종종 다른 사람들의 눈에 보이지 않는 존재와 대화를 나누기도 했다. 그 대표적 인물로 잔 다르크Jeanne d'Arc를 꼽을 수 있는데, 그녀는 13세 때 프랑스 동부 동레미Domrémy에 위치한 요정의 숲에서 천사들과 조우하면서 초능력을 획득한 것으로 알려졌다. 그녀는 그 천사에게서 조국 프랑스를 구하라는 사명을 부여받았고, 17세라는 어린 나이에 오를레앙Orleans 전투의 승리자가 된다.

그 후 그녀는 마녀사냥에 휘말려 재판을 받게 되었는데, 그 자리에서 그녀는 광휘와 함께 나타나는 존재들에 대해 말하면서 재판을 받는 도중에도 그들이 자신의 눈에 나타나 보인다고 증언했다. 물론 그곳에 있던 다른 사람들은 그런 존재를 볼 수 없었다.[29]

이런 상황은 베티가 어렸을 때 교회에서 겪은 상황과 너무나 흡사하다. 문제는 잔 다르크가 말하는 신의 계시에 정통 기독교와는 다른 이단적 요소가 있었다는 점이다. 그것이 화근이 되어 결국 그녀는 화형에 처해지는 운명을 맞았다.

가톨릭 교단은 1909년에 잔 다르크를 성자로 추대함으로써 그녀에게 면죄부를 주긴 했지만, 그전까지 그녀의 정체에 대한 신학적 논쟁은 끊이지 않았다. 베티가 만일 중세에 태어나서 똑같은 재판을 거쳤다면 그녀는 자신이 받은 유사 기독교적인 메시지들로 인해 죽음을 면치 못했을 것이다.

— 근사 체험과 집단 환각, 그리고 UFO 피랍 체험

베티가 유체이탈로 UFO에 가서 빛의 존재를 만나는 체험이 '근사 체험(near death experience)'과 비슷하다는 주장이 조셉 케릭Joseph Kerrick에 의해 제기되었다. 근사 체험이란 임상학적인 임종 상태에 빠졌다가 다시 살아난 사람들이 임종 때에 겪은 일이다. 베티가 만났다는 빛의 절대자는 많은 근사 체험자들이 공통적으로 조우한 존재와 아주 똑같다. 이런 체험은 역사를 통틀어 성인들이나 신비주의자들에 의한 황홀경 체험에서 반복적으로 나타났던 가장 기본적인 심령 체험에 속한다.[30]

이쯤 되면 여러 정황적 증거에도 불구하고 주류 과학의 입장에서 볼 때 베티의 증언이 상당 부분 주관적이라고 판정할 수밖에 없다. 그렇다면 외계인에 의한 피랍 체험은 이처럼 주관적인 것들뿐일까?

코네티컷 대학 심리학과의 케네스 링Kenneth Ring 교수는 세계적으로 UFO와 외계인에 대한 굳은 믿음 체계가 구축된 오늘날, 시대에 뒤떨어진 천사와 악마들 대신 우주복을 입은 외계인 모습의 현대적인 원형들이 나타나고 있다고 지적한다.

그에 의하면 외계인들에 의한 피랍은 무당들에 의한 일종의 '영적 여행(shamanic journey)'으로, 고전적인 신비세계로의 여행이 고도로 발달한 과학문명 시대에 이르러 먼 우주의 별나라로 가는 여행으로 대치된 것이다. 그는 현대 문명에서도 인류 본연의 종교적 충동이 존재하며, 따라서 외계인과의 만남은 구원에 대한 전통적인 종교적 이미지와 결합하여 나타난다고 말한다.[31]

■ 납치된 베키를 안고 있는 외계인

그의 주장은 외계인에 의한 피랍은 일종의 환각 체험이며 전통적인 종교 체험과도 맥을 같이 한다는 말로 요약된다. 하지만 베티의 체험은 그런 범주에 속한다고 단정하기 어렵다. 그녀의 딸 베키Becky 또한 베티와 유사한 체험을 했다고 증언했기 때문이다. 물론 그들의 체험이 '집단 환각(collective hallucination, 암시와 분위기로 유도되는 집단적인 환각 체험)'이라고 주장할 수도 있다. 이는 베키의 체험이 그녀의 어머니 베티에 의해 유도되었다는 뜻인데, 그녀의 이야기를 들어보면 그렇게 결론짓기 애매한 부분이 있다. 역행최면 상태에서 베키는 베티가 말했던 '장로'들을 만 3세 때부터 보았다고 털어놓았다. 역행최면을 통해 세 살배기 어린아이로 돌아간 그녀는 당시의 상황을 다음과 같이 묘사했다.

"어두운 밤에 침실로 밝은 빛 덩어리가 들어왔어요. 하얗고 노란 그 빛은 '아름다운 사람'으로 변했어요. … 나는 들려서 높이 날아올라 집 밖으로 나왔어요. … 바깥은 어둡고, 아래로 나무들이 보여요."

그리고 그녀는 자신이 '아름다운 사람'에게 안겨서 평온한 느낌을 만끽하는 장면을 기억해냈다.[32] 여기서 중요한 사실은 자신의 어머니 베티가 '장로'라는 상당히 종교적인 용어로 지칭하는 존재를 그녀는 자신의 주관적인 느낌에 따라 '아름다운 사람'이라고 불렀다는 사실이다. 만일 베티가 베키에게 모종의 환각을 유도했다면 베키의 증언에서도 종교적인 신조가 드러났겠지만, 그녀의 이야기엔 그런 뉘앙스가 전혀 없었다.

게다가 침실에서 납치된 베키의 체험은 집안으로 스며든 광구의 출현이나 지붕을 뚫고 하늘로 날아오르는 일 등 많은 측면에서 베티보다는 미국의 또 다른 피랍자 휘틀리 스트리버Whitley Strieber의 체험에 훨씬 가깝다.[33] 물론 스트리버의 체험도 종교적 특성이 강하다는 점에서는 베티의 체험과 유사하다. 하지만 베키의 체험은 자신과 가까운 어머니가 아닌 스트리버의 체험과 더욱 비슷했으며, 이는 그녀의 체험이 단순한 집단 환각이 아니라는 점을 시사한다.

초심리학의 관점에서 바라본 UFO 체험

—— UFO에 피랍되었던 베티 앤드리슨 루카와 그녀의 가족들은 폴터가이스트 현상, 유체이탈 체험, 유령 체험, 초능력 체험, 예지적인 꿈 체험, 그리고 광구 체험 등의 초심리 현상을 수시로 겪었다고 한다. UFO를 가까이서 접촉한 사람들은 정말로 초능력을 가지고 있을까? UFO 체험은 그저 초능력의 산물에 불과한 것일까?

— UFO 체험에 숨어 있는 초심리적 요인

UFO 접촉이나 UFO 피랍 체험은 비교적 멀리서 UFO를 목격하는 경우와 구분하여 UFO 최근접 체험이라고 명명할 수 있다. 우리는 앞서 빌리 마이어나 유리 겔러와 같은 UFO 접촉자들이 초능력을 소유하고 있다는 사실을 확인했다. 그렇다면 같은 최근접 체험자인 피랍자들에게도 그런 능력이 있는 것은 아닐까? 실제로 UFO로 피랍되는 사람 중 상당수가 영매 능력을 가지고 있으며, 초심리적 자질 또한 높다는 연구결과가 있다.[34]

지금까지 살펴본 대표적인 피랍자들에게서 이런 초심리적 자질은 매우 두드러지게 나타난다. 버드 홉킨스의 《침략자들》에도 데비 조단에 관한 사례가 등장하지만, 거기에는 두 가지 중요한 진실이 빠져 있다. 데비 조단뿐 아니라 여동생 캐시 미첼 또한 UFO 체험을 했다는 사실과 그들의 가족에게 오래전부터 폴터가이스트Poltergeist 현상이 일어나고 있었다는 점이다. 폴터가이스트 현상이란 집 안에 있는 물건이 저절로 움직이거나 이상한 두드림 소리가 나고 전등불이 저절로 점멸되는 등의 초상현상을 말한다.

홉킨스는 아마도 우주선을 타고 나타나는 진짜 외계인들에게 여성들이 납치되고 있으며, 이것이 지극히 성적인 행위일 것이라는 논점을 확실하게 부각시키기 위해 여동생의 이야기도 생략하고 논점을 흐릴 수 있는 폴터가이스트 현상도 배제한 것처럼 보인다. 하지만 나중에 두 자매가 함께 쓴 《납치되었다!Abducted!》에는 그들과 가족에게 염력, 폴터가이스트, 공중부양, 텔레파시, 유령 체험, 근사 체험 등 온갖 초심리 현상이 나타났었다는 사실이 자세히 소개되었다. 예를 들어 데비는 어려서부터 자신이 유리 겔러처럼 살짝 손만 대도 금속 수저를 휠 수 있었다고 애기한다.[35]

또 본격적인 UFO 최근접 체험이 일어나기 10년 전부터 집 안에서 두드림 소리가 나는 현상, 물건들이 갑자기 없어진 후 엉뚱한 장소에 다시 나타나는 현상, 재떨이가 저절로 두 쪽으로 갈라지거나 전구가 폭발하고 창문이 저절로 열렸다 닫혔다 하는 현상이 반복되었다. 어떤 때에는 물건들이 저절로 날아다니기도 했다. 그녀들의 어린 여동생은 층계에서 여성의 유령을 목격하기도 했다. 이런 현상은 일반적인 폴터가이스트 현상과 마찬가지로 두 자매가 결혼해서 분가해 나간 집에서까지 그들을 쫓아 다녔다.[36]

베티 앤드리스 루카에게도 데비 조단과 비슷한 상황이 벌어졌다. 그녀를 전문적으로 연구한 레이먼드 파울러는 처음에는 베티에게 일어나는 초상현상에 별로 관심을 두지 않았다. 하지만 그녀가 자기 주변에 일어나는 이상한 일들에 대해 계속 이야기하자 이를 심각하게 받아들이고,

그녀에 대한 후반 저술인 《앤드리슨 사건: 제2막The Andreasson Affair: Phase Two》과 《앤드리슨의 유산The Andreasson Legacy》에서 이 문제를 본격적으로 다루었다. 그의 조사에 의하면 앤드리슨 부인과 그녀의 가족들에게 폴터가이스트 현상, 유체이탈 체험, 유령 체험, 초능력 체험, 예지적인 꿈 체험, 그리고 광구 체험 등이 수시로 일어나고 있었다.[37]

— 초심리학으로 UFO 체험을 설명하다

미국의 정신병리학 의사인 베르톨트 에릭 슈바르츠Berthold Eric Schwarz 박사는 UFO 현상에 텔레파시나 투시, 예지(precognition), 염력, 원격조종, UFO와 그 탑승자의 물질화·비물질화, 순간이동, 병의 발생과 치유 등 복잡다단한 초심리 현상이 도사리고 있다고 말한다. 그리고 접촉자나 피랍자와 같은 UFO 최근접 체험자들을 자세히 조사해보면 가계家系에 오래전부터 전해 내려오는 유령 체험, 폴터가이스트 현상, 또는 접신의 대물림이 나타나 보인다는 사실 또한 지적한다.

그는 만일 이들이 UFO의 사진이나 외계인의 목소리가 담긴 오디오테이프를 증거로 내놓는다면 그것들은 모두 자발적 초심리 현상의 산물임에 틀림없을 것이라고 한다. 그러면서 비록 UFO와의 주관적 접촉이라는 설명을 탐탁지 않게 생각할 사람이 많겠지만, 초심리 가설을 배제하고서는 접촉자들이나 다른 최근접 체험자들에 대한 적절한 설명은 불가능하다고 말한다.[38]

캐나다 토론토 대학의 조지 오웬George Owen 교수는 UFO 현상을 초심리적으로 해석하는 대표적인 연구자다. 그는 전지전능한 외계인에 의한 인류의 구원, UFO에 의한 영혼의 구원, UFO를 매개로 한 고인故人들과의 만남 등 오래전부터 종교적 환상이나 환영으로 해석되던 것들이 UFO 접촉에서 똑같은 패턴으로 나타나고 있음을 지적한다. 결국 UFO를 타고 나타나는 존재들은 기독교의 천사들과 놀라울 정도로 비슷하다는 것이다.[39] 우리는 이런 사실을 앞서 소개한 앤드리슨 부인의 사례에서 확인했다.

오웬 교수는 모든 종교적 체험에 초심리적 현상이 게재되어 있다고 믿기 때문에 UFO 현상 역시 초심리 현상의 일종으로 분류한다. 그는 UFO 최근접 체험자들은 폴터가이스트 체험자들과 마찬가지로 감정적 혼란 상태가 최고조에 달한 시점에 UFO로 납치되거나 신적인 존재 같은 외계인들과 만나는 체험을 하는 것이라고 지적하며, UFO를 보았다는 지점에서 나뭇가지가 부러지거나 둥근 자국이 생기는 현상은 모두 이런 가설로 설명할 수 있다고 한다.

그는 나아가 UFO 목격이 전투적 메시아니즘에서 나타나는 신이나 성모 마리아 현현顯現과 동일한 범주에 속하는 체험이라고 하면서, 과거에 종교적으로 해석되던 사건들이 오늘날에는 과학적으로 해석되고 있다고 말한다. 하지만 그런 체험의 본질은 초심리 현상이며, 그 때문에 우리가 상상하는 외계인의 행적을 훨씬 초월하는 기적적 양상들이 나타난다는 것이다.[40]

— 자발적 초심리 이론의 한계

지금까지 UFO 접촉과 피랍이라는 최근접 체험에 대해 소개하면서 이런 체험에 초심리적인 영향이 존재한다는 사실을 알아보았다. 그런데 이런 극단적인 사례가 아님에도 초심리적 체험을 하는 경우가 있다. 레이더와 동영상에 모두 UFO가 포착된 중요한 사건이 1978년 12월 31일 뉴질랜드 상공에서 있었다. 이때 촬영된 UFO는 백열전구를 한꺼번에 10만 개 이상 켜놓은 만큼 밝았던 것으로 계산되었다.[41]

그런데 비행기를 타고 이동하며 이 UFO의 동영상을 촬영한 퀸틴 포가티Quintin Fogarty 일행은 기내에서 초상적인 현상을 경험했다고 주장했다. UFO를 촬영하던 시점에 기내로 광구가 들어왔다는 것이다. 그 사건 이후 그는 종종 초상적 체험에 시달렸다고 한다.[42]

UFO 체험이 초심리적 현상과 관계있다는 주장은 어느 정도 설득력 있는 듯하다. 그렇다면 UFO 그 자체가 초심리 현상의 일부인 것일까? 슈바르츠나 오웬의 이론은 UFO 현상이 순전히 체험자들의 자발적 초능력에 의해 일어난다고 이야기한다. 물론 그들의 주장처럼 UFO 출현에 수반되는 여러 현상을 자발적 초능력으로 설명할 수는 있다. 하지만 UFO 자체를 초능력의 산물로 보기엔 문제가 있다.

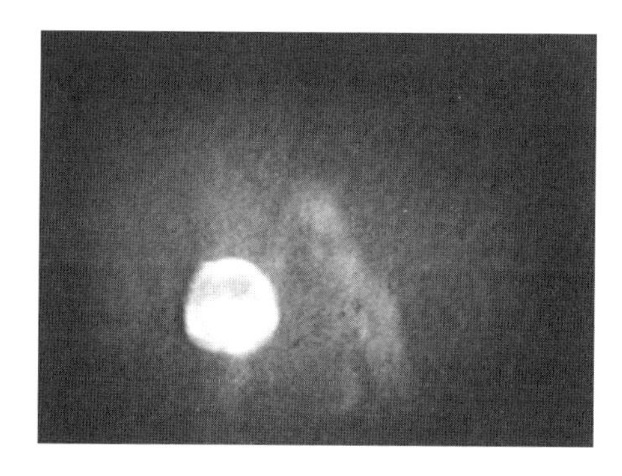

1978년 뉴질랜드 상공에서 촬영된 광구형 UFO

종교학자 엘우드가 특별히 '히에

로파니'라고 명명한 UFO에는 확실히 물리적 측면이 숨어 있으며, 뉴질랜드의 사례처럼 일반적인 초심리 현상에서보다 훨씬 많은 에너지를 발산한다. 문제는 이렇게 큰 에너지를 자발적 초심리 현상에서 이끌어낼 수 있느냐는 점이다.

세계적인 정신 분석학자 카를 구스타프 융Carl Gustav Jung은 말년에 《비행접시들Flying Saucers》이라는 제목의 책을 저술할 정도로 UFO 현상에 관심이 많았다. 그는 책 전반에 걸쳐 UFO가 구원을 상징하는 종교적인 원형(原形, archetype)이라는 심리학적 설명을 전개하고 나서, 말미에 UFO의 물리적 실재에 대해 간단히 논의하며 UFO 현상의 본질이 초심리적인 것인지 여부를 다음과 같이 언급했다.

"초심리학(심령학) 분야에서 물질화는 매우 친숙한 현상이다. 하지만 이런 현상이 일어나기 위해서는 중량을 가진 물질(엑토플라즘, ectoplasm)을 배출할 영매가 한 명 이상 있어야 하며, 그것도 아주 가까이에 있어야만 한다. … 물질적 성질을 띤 매우 높은 에너지에 충만한 정신적 현상이 영매로부터 멀리 떨어진 채 스스로 하늘 높이에서 나타나 보일 수 있다는 주장은 우리가 이해할 수 있는 한계를 초월한 것이다."[43]

영매에게서 나타나는 엑토플라즘 현상이나 염력 등에 대해서는 4부에서 자세히 다룰 예정인데, 카를 융은 이런 현상이 실제로 일어난다고 굳게 믿었다. 그래서 그는 심령현상에 관련된 자신의 지식을 동원하여 UFO 현상을 설명하려 했는데, 그의 결론은 위에서 말했듯이 부정적인 것이었다. 지금까지 살펴보았듯이, 비록 UFO 최근접 체험이 초심리적 현상과 밀접하게 관련된 것 같아 보여도 그 자체를 초심리 현상의 일부라고 보기엔 문제가 있다. 그렇다면 과연 UFO 최근접 체험의 본질은 무엇일까?

UFO 체험, 전자기파에 의한 망상인가?

——— 수색대원들은 구전처럼 보이는 UFO가 지면에서 30cm쯤 떠서 부유하는 장면을 목격했고 이것은 곧 세 개의 실린더로 분리되었는데, 각각의 실린더에는 머리만 크고 몸집이 작은 외계인들이 타고 있더라는 것이었다. 이를 바라보던 수색대원들은 모두 최면에 걸린 것 같은 느낌을 받았다고 한다. 그런데 이 사건의 체험자들이 이구동성으로 주장하는 바는 그들이 강한 전기적 자극에 노출되었다는 사실이다.

— 렌들샴 숲에 착륙한 UFO

UFO 접촉이나 UFO로의 피랍 체험은 주로 개인적인 사례, 혹은 추종자들이나 가족 간에만 공유된 사례가 대부분이기 때문에 객관적으로 접근하기에 한계가 있다. 그리고 피랍 사례가 우리가 보통 생각하는 UFO 목격 체험과 같은 것인지, 아니면 유사하지만 다른 현상인지도 정확히 알 수 없다.

사실 나는 《UFO 신드롬》을 쓸 때만 해도 이런 최근접 체험은 공군 조종사들이나 관제요원들에 의해 비교적 먼 거리에서 목격되는 사례와는 구분되는 현상이라 생각했고, 그래서 책 제목에 '정확히 실체를 알 수 없지만 여러 유사 증상이 한꺼번에 나타나는 현상'을 의미하는 '신드롬'이라는 용어를 사용했다.

그런데 그 후 다양하고 면밀한 연구·조사를 거치면서 그 모든 현상을 동일한 것으로 보아도 무방하다는 믿음을 갖게 되었다.

나에게 그런 믿음을 불어넣은 사례는 바로 1980년 영국에서 발생한 렌들샴 숲 사건이다. 이 사건에는 핵기지를 지키는 군인들이 다수 관련되어 있는데, 이들 중에는 최근접 체험을 한 사람들이 있으며 그들의 증언에는 마치 접촉자나 피랍자들의 증언을 연상시키는 듯한 내용이 포함되어 있다.

에드워드 애시폴Edward Ashpole이라는 영국의 UFO 연구가는 자신의 저서 《UFO 현상The UFO Phenomena》에서 최고의 UFO 사건으로 1980년 말 영국에서 발생한 렌들샴 숲 UFO 사건을 꼽았다.

렌들샴 숲은 벤트워터스Bentwaters와 우드브리지Woodbridge의 공군기지 사이에 위치한다. 이곳은 1980년대 서유럽에서 가장 중요한 나토(NATO, 북대서양조약기구)의 전략적 요충지였으며, 우드브리지 기지는 당시 미 공군이 임대해 핵기지로 사용하고 있었다.

1980년 말 며칠에 걸쳐 그곳에서 일어났던 사건은 미군의 핵기지 부사령관이 직접 관련되었고, 그 밖에 양국의 다수 군인들이 현장을 목격했다는 점에서 아직까지도 매우 중요하고 신뢰할 만한 사례로 거론되고 있다.

1980년 크리스마스 날이었다. 한밤중에 영국 남부 서섹스Sussex 주의 주민들은 유성 같은 물체가 여러 조각으로 쪼개져 날아가는 것을 목격했다. 그리고 영국 동부 노퍽Norfolk 주 와튼Wharton의 영국 공군 레이더 기지에서는 미확인 비행물체가 서섹스 주 상공에서 이동하여 렌들샴 숲으로 추락하는 정황을 포착했다.[44]

이 미확인 비행물체는 다음날인 26일 새벽 3시경에 우드브리지 미 공군기지를 순찰하던 두 명의 미국 헌병 짐 페니스턴Jim Penniston 상사와 존 버로스John Burroughs 상사에게 목격되었다. 그들은 기지 동쪽 문 밖 숲에서 비쳐오는 강한 섬광을 목격했고, 곧 그 둘을 포함한 세 명의 수색조가 조사에 나섰다. 현장으로 다가가는 동안 그들은 날카로운 여성의 비명 같은 소리를 들었다. 현장에 도착했을 때 그들은 높이 2m가량의 이상한 원뿔형 물체가 땅에 착륙해 있는 것을 목격했다.

원뿔의 꼭대기에서는 빨간 빛의 강한 섬광이 뻗어 나오고 있었다. 그 물체에 가까이 접근할수록 그들은 시간의 흐름이 지연되고 주변 환경이 이상하게 변함을 느꼈다. 또 주변의 공기는 정전기로 대전되어 있는 것 같았고, 피부가 짜릿해지는 느낌을 받았다. 그들이 가까이 다가가자 그 UFO는 지금까지 본 어느 비행체보다도 훨씬 빠른 속도로 날아가 버렸다.[45]

그들은 대체 무엇을 본 것일까? 그들의 보고에는 강한 전자기적 영향이 존재했다는 사실이 언급되었는데, 이는 수색조가 UFO에 다가가던 시각에 인근 농장의 동물들이 미친 듯이 안절부절 못하다가 갑자기 조용해지는 이상한 행동을 반복했다는 사실에도 부합하는 듯하다.[46]

27일자 〈더 타임스The Times〉에는 '밝은 빛의 원인은 유성(Meteor as Cause of Bright Lights)'이라는 제목의 기사가 실렸다. 영국 공군의 공식 성명을 인용한 이 기사는 영국 남동부에서 목격된 밝은 빛은 유성이나 인공위성의 잔해가 공중에서 쪼개지면서 나온 것이라고 주장했다. 이 내용은 다음해 1월 영국 천문협회의 뉴스레터에도 실렸다.[47]

만일 렌들샴 숲속에서 미군들의 최근접 체험이 없었다면, 이는 섬광

■ 영국 남동부에 위치한 렌들샴 숲

에 대한 가장 합리적인 해명으로 받아들여질 수 있다. 하지만 그들의 최근접 체험을 고려하면 구전체球電體가 폭풍에서 떨어져 나와 렌들샴 숲에 낙하했다는 주장이 훨씬 그럴듯하다. 이러한 구전체 가설은 목격자들의 정신이 몽롱해지거나 동물들이 이상한 반응을 보인 것을 설명할 수 있기 때문이다. 그런데 최근접 목격자인 병사들은 그 UFO가 인공적으로 조종되는 것 같다고 보고했다. 자연현상인 구전체는 인공적인 움직임을 보이지 않는다.

언론에 가장 많이 알려진 설명은 그것이 9.6km가량 떨어진 인근의 등대 불빛이라는 주장이다. 렌들샴 숲이 해수면보다 수십m나 높기 때문에 등대 불빛이 숲의 지면 가까이에 비쳤다는 이야기다.[48] 물론 등대 불빛은 미리 정해진 속도에 따라 일정 방향으로 움직이기 때문에 인공적으로 조종된다고 할 수 있다. 하지만 먼 곳에서 비추는 등대 불빛이 목격자들에게 강력한 전자기적 영향을 미치지는 못한다.

게다가 26일 아침 UFO가 지면 가까이 머물러 있었다고 추정되는 장소에서 착륙 자국이 발견되었다. 우드브리지 미 공군기지 부사령관이었던 찰스 할트Charles Halt 중령은 상부에 제출한 보고서에 12월 28일 깊이 4cm, 폭 15cm 정도의 자국이 3개 발견되었으며, 29일 그 인근에 대한 방사능 측정이 이루어졌다고 적었다. 그러나 그 결과에 대해서는 상반된 주장이 있다.[49]

— 미 공군 부사령관 할트 중령의 육성 테이프가 공개되다

12월 29일 새벽, 할트 중령은 UFO가 다시 출현했다는 긴급 보고를 받았다. 26일 새벽의 사건을 보고받고 흥미를 갖고 있던 그는 직접 수색대를 꾸려 조사에 나섰다. 그는 당시의 긴박하고 생생한 상황을 휴대용 녹음기로 녹음했으며, 그 일부가 미국 정보 공개법에 의해 공개되었다. 당시의 상황을 정리하면 다음과 같다.

수십 명의 수색대원은 빨간 태양 같은 물체가 렌들샴 숲에서 빛나는 것을 목격했다. 더욱 접근해보니 UFO는 움직이면서 단속적으로 발광하고 있었다. 그 UFO에서 약 140m 떨어진 지점까지 접근한 그들은 작열하는 빛에 공포감마저 느꼈다. 그 물체는 반짝이는 용광로 쇳물방울 같은 것을 주변에 튀기고 있었다. 잠시 후 그 물체는 소리 없이 폭발하더니 5개의 하얀 물체로 분리되었고, 곧 시야에서 사라졌다.

잠시 후 하늘에서 별을 닮은 3개의 UFO가 관측되었다. 그 UFO들은 급한 예각회전을 하면서 매우 빠른 속도로 무엇인가를 찾는 듯 움직이고 있었다. 그것들은 각각 빨강, 녹색, 청색 빛을 내고 있었다. 이 물체는 처음엔 길쭉한 타원형이었지만 어느 순간 완벽한 구체로 바뀌었다. 그러더니 대열을 지어 이동했는데, 그중 한 물체가 지면에 깔때기 형태의 빛을 비추었다. 그들은 이 물체들이 레이더에도 잡히는지 확인하기 위해 무전기로 기지에 연락을 취했고, 공군기지 본부에서도 깔때기 빛을 비추는 물체를 보고 있다고 말했다. 그 물체들은 2시간 정도 공군의 핵무기 저장고 근처 상공에 머물렀다.[50]

당시 수색대의 일원이었던 래리 워렌Larry Warren은 나중에 할트 중령의 공식 보고서에 언급되지 않은 아주 충격적인 사실을 폭로했다. 수색대원들은 구전처럼 보이는 UFO가 지면에서 30cm쯤 떠서 부유하는 장면을 목격했고 이것은 곧 3개의 실린더로 분리되었는데, 각각의 실린더에는 머리만 크고 몸집이 작은 외계인들이 타고 있더라는 것이었다. 이를 바라보던 수색대원들은 모두 최면에 걸린 것 같은 느낌을 받았다고 한다.[51] 이는 유리 겔러의 최근접 체험과 매우 비슷한 경우다.

— 목격자 짐 페니스턴의 후유증

언론사들이 렌들샴 숲 사건을 어떤 식으로 보도했든, 한 가지 확실한 것은 그것이 목격자들에게 일생 동안 안고 살아가야 하는 후유증을 남겼다는 사실이다. 그중에서도 26일 최근접 조우에 관련된 짐 페니스턴의 후유증이 특히 심했는데, 공식적으로는 어떤 중대한 사건도 일어나지 않은 것으로 되어 있었기에 그는 특별한 치료를 받을 수 없었다. 그는 불면증에 시달렸으며, 내이內耳에 이상이 생겼다.

10년쯤 후에야 그 증상은 림프액의 압력이 증가하는 희귀 난치병인 '메니에르 병(Meniere's disease)'인 것으로 밝혀졌다. 하지만 이 희귀병이 렌들샴 숲 사건과 직접적으로 관계있다는 사실을 입증할 방법은 없었다. 그럼에도 짐 페니스턴은 그 병이 불면증이나 다른 정신적 장애와 마찬가지로 UFO 최근접 조우의 후유증이라고 확신하면서, 이를 자신이 가까이에서 UFO를 목격했던 수십 분간의 기억이 상실되었다는 사실과 결부했다.

결국 그는 1994년 역행최면을 받았고, 그 결과 그가 인간의 모습을 한 존재와 조우했으며, 그 존재들은 자신들이 미래에서 왔다고 말했다는 사실이 확인되었다.[52] 게다가 최근에는 그들이 짐에게 6페이지 분량의 2진수 암호를 텔레파시로 알려주었다고 주장했다. 이 암호를 풀려는 시도는 아직까지도 계속되고 있다.[53]

짐 페니스턴의 사례는 최근접 체험자들을 모두 '기만의 전령들'이라고 한 자크 발레의 주장을 다시 한 번 상기시킨다. 이번에는 UFO가 외계

1페이지

01000101010110000101000000100110001001111010100100100000101010100010

01001010011110100110010011110100011101001000010101010100110101000001

010011100100100101010100010110010011011001101100110110011100000110001

0011000000110000

2페이지

00110101001100100011000000111001001101000011001000110101001100110011

00100100111000110001001100110011000100110011001100010011001000110110

00111001010101110100001101001111010011100101010001001001001010011110

3페이지

01010101010011110101010101010100110101000110010011110101001001010000010

01100010000001010011100100010101010100010000010101001001011001010000

0010100010001010110010000010100111000011100100010010000110

4페이지

0100011001001110101010101010101001001010100010010000100001101001111010

01111010001000100100101001110010000010101010001000101010000110100110

110100111001010100010010010100111001010101010011110101010001010101010

10001010100111001000011011000101010100000101001001000010010001010101

0011001001111010100100

5페이지

01000101

■ 짐 페니스턴이 외계인에게서 받았다고 주장하는 2진수 암호. 독자 여러분도 해독에 도전해보기 바란다.

저 멀리에서뿐 아니라 인류가 멸종 직전에 처한 수만 년 후의 미래에서도 오고 있다고 하니, 도대체 무엇을 믿고 무엇을 믿지 말아야 할지 점점 더 헷갈리는 대목이다.

— UFO 최근접 체험에 나타나는 강한 전자기 에너지

렌들샴 숲 사건에서 체험자들이 이구동성으로 주장하는 바는 그들이 강한 전기적 자극에 노출되었다는 사실이다. 영국의 UFO 연구가 제니 랜들즈Jenny Randles는 렌들샴 숲 사건에 연루된 최근접 체험자들을 조사하고서 이들이 번쩍거리는 불빛과 안개처럼 흐릿한 형태를 목격했으며, 주변에 형성된 전자기장에 의해 강한 에너지에 노출되었고, 이에 따른 정신적 왜곡을 경험했다고 결론지었다. 이런 목격자들의 체험은 당시 주변의 동물들이 보여준 이상한 행동과도 밀접한 관계가 있다고 그녀는 판단했다.

가장 신뢰할 만한 UFO 최근접 체험에서 체험자들은 이처럼 강한 전자기파에 노출된다. 그런데 이런 특성은 앞에서 논의한 세 명의 대표적인 피랍자들에게서도 공통적으로 나타난다. 데비 조단은 창고에서 구전과 맞닥뜨리면서 강한 전기적 충격을 받았다. 베티 앤드리슨 루카도 공중을 떠다니는 광구를 수차례나 목격했다. 이를 근거로 피랍 체험이 미지의 빛, 즉 전자기파에 의해 일어나는 현상이며, 체험자들이 묘사하는 장면은 상당히 주관적인 것일 수 있다는 주장도 제기되었다.

만일 이들의 묘사가 주관적인 망상이 아니라면 그들이 본 것은 도대체 무엇이었을까? 제니 랜들즈는 그것은 자연적으로 발생한 에너지이거나 우리의 수준을 훨씬 초월해서 그 존재를 제대로 인식하기조차 어려운 고도의 지적 존재가 만들어낸 무언가라고 했다.[54]

랜들즈가 제기한 첫 번째 가설은 자연적 요인에 의해 발생하는 전자기 에너지가 최근접 체험자의 지각을 왜곡한다는 것이다. 실제로 그러한 가능성을 진지하게 연구하는 이가 있는데, 케네스 링 교수가 바로 그다. 자신의 저서 《오메가 프로젝트The Omega Project》에서 그는 전자기파가 UFO 최근접 체험을 설명해준다고 주장했다. 평소에는 아무런 생리적·정신적 이상이 없지만 전자기장에 노출될 경우 민감한 반응을 보이는 체질을 가진 사람들이 있으며, 이런 사람들이 UFO 조우나 근사 체험과 같은 이상한 일을 자주 겪는다는 말이다. 그에 의하면 이런 체험들은 카를 융이 주장한 '집단적 무의식(collective unconsciousness)'에 의한 원형 체험으로 이어진다. 이때 체험자들은 SF 영화 등을 통해 우주과학 시대의 대표적인 원형으로 자리 잡은 인간과 흡사한 모습의 외계인을 목격하고, 그들로부터 지구와 인류구원에 대한 메시지를 듣는 환각을 경험한다.[55]

그렇다면 이런 강한 전자기 에너지의 방사원은 무엇일까? 마이클 퍼싱거Michael Persinger는 지구 표면에는 지각 응력과 같은 지질학적 원인으로 다른 지역보다 강한 전자기파가 발생하는 곳이 있으며, 이런 것들이 전기적 자극에 민감한 사람들에게 유의할 만한 영향을 끼쳐서 환각을 일으킬 수 있다고 주장한다.[56]

앨버트 버든Albert Budden 또한 기상학적인 이유로 번개가 자주 치고 여기서 떨어져 나간 크고 작은 구전체가 자주 떠다니는 지역이 존재하는데, 이런 곳에서도 역시 전기적 자극에 민감한 사람들에게 환각이 일어나며 이를 UFO 최근접 체험으로 볼 수 있다고 저서 《전기적 UFO : 구전, 전자기장, 그리고 비정상적 상태Electric UFOs: Fireballs, Electromagnetics and Abnormal States》를 통해 주장했다. 다시 말해 자연현상으로서의 지각 균열 에너지, 구전이나 그 밖의 환경에서 발생하는 강한 전자기파가 UFO 안으로의 피랍이나 접촉 체험을 유발한다는 것이다.

이런 전자기 에너지 체험과 초능력 발생의 상관관계에 대한 연구결과는 아직 나오지 않았지만, 강한 에너지에 의한 충격이 어쩌면 잠재된 초능력을 발현시키는 촉매가 되는 것인지도 모른다. 이처럼 구전체 이론을 도입하면 UFO가 방출하는 강한 에너지와 최근접 체험자의 신비 체험, 그리고 그들의 초능력 발생을 모두 일목요연하게 설명해줄 수 있을 듯 보인다. 그러나 여기에는 한 가지 문제가 있다. UFO는 육안뿐 아니라 레이더에도 포착되곤 하는데, 구전체나 전자기파는 레이더에 포착될 수 없다는 점이다.

자유의지를 가지고 공중을 날아다니는 빛 덩어리들

—— 같은 시각, 근처를 지나던 비행기 승무원들은 불규칙적으로 움직이는 이상한 불빛을 목격했다. 이 물체들은 감속과 가속을 반복하다가 갑자기 멈춰 서더니 감쪽같이 시야에서 사라져버렸다. 사람들은 UFO가 아주 견고한 구조를 가진 비행체라고 믿지만, 매우 신뢰할 만한 사례들을 살펴보면 UFO는 자유자재로 변형하는 빛 덩어리 형태로 나타난다. 그리고 이런 UFO들은 마치 지능을 가지고 있는 것처럼 반응한다.

— 레이더-육안 동시 목격

카를 융이 UFO에 지대한 관심을 갖고 있었다는 사실은 널리 알려져 있지만, 1945년 노벨 물리학상을 수상한 이론 물리학자 볼프강 에른스트 파울리Wolfgang Ernst Pauli가 UFO에 관심을 가지고 융과 여러 차례 대화를 나누었다는 사실을 아는 사람은 많지 않다.

1950년대에 융은 파울리에게 UFO를 물리학적으로 어떻게 생각하느냐는 내용의 서신을 보냈다. 당시 파울리는 UFO가 환각이나 미국의 비밀 실험 비행체라고 생각하고 있었다.[57] 따라서 물리적 특성을 보이는 UFO가 아마도 비밀병기일 것이라고 판단했겠지만, 그는 자신의 솔직한 생각을 적는 대신 UFO의 물리적 실재에 대해 자신이 잘 알고 있던 관련 전문가에게 질의해서 받은 답변을 그대로 융에게 전달했다. 그 서신에는 레이더에 포착되었다는 UFO 사례를 신뢰할 수 없다는 내용이 담겨 있었다.[58]

하지만 20여 년간 미 공군의 UFO 조사 팀 자문을 맡았던 알렌 하이네크 박사는 UFO의 가장 중요한 특성으로 레이더-육안(Radar-Visual) 동시 목격을 꼽았다.[59] 그 대표적인 사례로 1952년 미국 워싱턴 DC 상공에 출현해서 한바탕 소동을 일으킨 UFO 출몰 사건을 들 수 있다.

1952년 7월 19일 밤 11시 40분에서 20일 새벽 3시 사이, 워싱턴 국립공항 관제센터에 설치된 레이더 두 대에 워싱턴 DC 상공의 UFO들이 포착되었다. 그 물체들은 천천히 움직이다가 순식간에 레이더에서 사라져버렸다.

같은 시각, 근처를 지나던 비행기 승무원들은 불규칙적으로 움직이는 이상한 불빛을 목격했다. 이 물체들은 감속과 가속을 반복하다가 갑자기 멈춰 서더니 감쪽같이 시야에서 사라져버렸다. 이 내용은 레이더에 감지된 것과 일치했다.

일주일가량 지난 7월 26일에는 워싱턴 인근 뉴포트 뉴스Newport News에 거주하는 다수의 시민이 밝은 불빛이 회전하면서 오색찬란한 빛을 번갈아 방출하는 장면을 목격했다고 신고했다. 신고를 받고 출동한 요격기가 그 UFO를 뒤쫓았는데, 조종사가 UFO를 관찰할 수 있을 정도로 가까워지자 UFO는 그보다 훨씬 빠른 속도로 멀찌감치 달아나버렸다. 이런 일이 반복되다가 어느 순간 요격기는 다수의 UFO에 둘러싸였고, 너무 놀란 조종사는 지상 관제센터에 어떻게 해야 할지를 물었다. 그러나 지상에서 응답하기 직전 그 UFO들은 스스로 멀리 사라져버렸다.[60] 이처럼 레이더와 육안에 동시에 목격되다가 갑자기 사라져버리는 UFO를 무엇으로 설명할 수 있을까?

— UFO의 초고속 운행과 순간 소멸

UFO가 레이더와 육안에 동시에 목격되었다가 순간적으로 사라지는 현상을 설명하기 위해 제기된 가설 중에 야광충 무리 이론이 있다. 야광충은 스스로 빛을 내는 벌레로, 한두 마리만 있을 때는 빛의 강도가 그리 세지 않지만 수많은 야광충이 떼를 지어 날아가면 빛이 육안으로 목격될 만큼 충분히 밝아질 수 있다. 그리고 충분한 밀도로 뭉쳐서 날아간다면 레이더에 반향신호를 보낼 수도 있다.

그러다가 야광충 무리가 어느 순간 흩어지면 육안에서 사라질 뿐 아니라 레이더 반향신호도 갑자기 소멸하는 듯 보일 수도 있다는 것이 이런 가설을 내세우는 이들의 주장이다.[61]

그렇다면 워싱턴 상공의 요격기 조종사들은 그저 야광충 떼를 쫓고 있던 것뿐일까? 도대체 어떤 야광충 무리가 제트기를 따돌릴 만큼 빠르게 움직일 수 있을까?

이 현상에 대한 또 다른 설명으로 반물질 가설이 있다. 할리우드 블록버스터 영화로도 소개된 댄 브라운Dan Brown의 소설 《천사와 악마》에 주요 소재로 등장하는 반물질은 우리 세계를 구성하는 물질과 동일한 질량을 갖지만 전하량은 정반대다. 예를 들어 양성자가 양의 전하를 갖는데 비해 반양성자는 양성자와 질량은 같지만 전하는 정반대인 음의 전하를 띤다. 또 음의 전하를 띠는 전자에 대해 반전자는 질량은 동일하지만 양의 전하를 띤다.

반물질은 UFO가 강렬한 빛을 발산하면서 대기 중에서 매우 빠른 속도로 움직이는 현상을 잘 설명할 수 있다. 반물질은 물질과 반응하여 물질과 함께 소멸하면서 다량의 에너지를 빛으로 발산하는데, 이때 발생하는 에너지가 UFO를 초고속으로 움직이게 하기 때문이다. 또 반응이 끝나면 물질과 반물질 자체가 완전히 없어지고, 그러면 레이더와 육안에서 감쪽같이 소멸되는 것처럼 보이므로 UFO의 순간적인 소멸 현상 또한 적절히 설명할 수 있다.

하지만 이런 가설을 내세우려면 다량의 반물질이 도대체 어디서 얻어지는가를 설명해야 한다. 자연계에는 반물질이 존재하지 않고, 현재의 과학기술로는 영화 '천사와 악마'에서처럼 초고가의 장비를 동원해야 겨우 소량의 반물질만 제조할 수 있기 때문이다.

이 가설에는 또 다른 문제도 있다. 물질처럼 반물질도 질량을 가지기 때문에 지구의 중력에 영향을 받는다. 따라서 반물질이 대기권으로 진입한다면 서서히 아래로 내려가면서 소멸해야 한다. 그러나 다양한 사례를 살펴보면 UFO는 지구 쪽이 아니라 오히려 그 반대 방향으로 사라지는 경우가 훨씬 많다.[62]

— 노르웨이 헤스달렌 UFO의 기묘한 특성

강한 빛을 발산하는 광구형 UFO의 특성을 파악하기 위해서는 노르웨이 헤스달렌Hessdalen에서 1980년대에 목격된 UFO의 사례를 검토할 필요가 있다. 사건 당시 강렬한 빛을 발산하고 있던 UFO들은 1시간 동안 공중에 가만히 머무는가 하면, 초속 8,500m가량의 고속으로 움직이기도 했다. 그 UFO들은 레이더와 육안에 동시에 목격되었다.

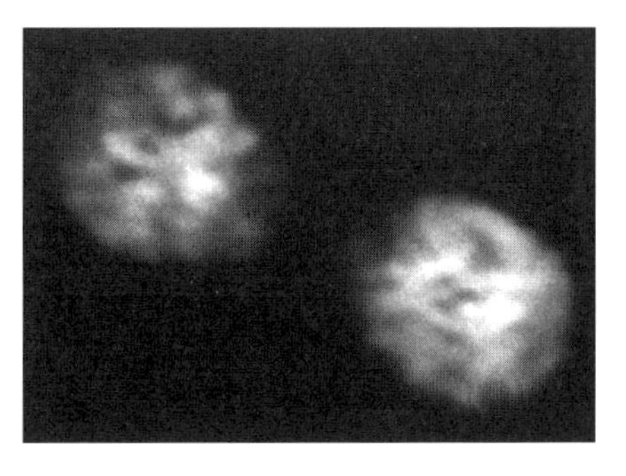

■ 노르웨이 헤스달렌 상공에 나타난 광구형 UFO

노르웨이의 전문가들은 이 UFO들이 딱딱한 구조물이 아니어도 고밀도의 플라스마plasma 덩어리라면 레이더 반향신호를 낼 수 있다고 말한다. 플라스마란 원자에서 다수의 전자가 제거된 이온들이 기체 상태로 존재하는 물질로, 보통의 기체와는 상당히 다른 특성을 보인다. 충분히 크고 전리도電離度가 높은 플라스마 덩어리는 주변 공기와 반응해서 밝은 빛을 낼 뿐 아니라 레이더 전파를 반사할 수 있다. 플라스마의 밀도가 떨어지면 눈에도 잘 띄지 않게 되고, 레이더 전파도 더 이상 반사할 수 없어서 순간적으로 소멸된 것처럼 인식되기 쉽다.

그렇다면 어떻게 자연계에서 이런 고밀도의 플라스마 덩어리가 발생할 수 있을까? 여기에 대한 적절한 설명은 아직 나오지 않았다. 어찌되었든 헤스달렌의 UFO들은 단순한 자연현상으로 보기에 무리가 있다. 외부 자극에 민감하게 반응하는 특성을 보였기 때문이다.

1980년대 중반, 이른바 '헤스달렌 프로젝트'에 참여했던 과학자들은 UFO들에 레이저 빔을 쏘는 실험을 했다. 이때 레이저 빔을 맞은 광구형 UFO들은 대부분 마치 위험사태를 맞은 듯 빛을 발산하는 점멸주기를 절반으로 급감시켰다.[63] 플라스마 물리학으로 이 현상을 설명하려면 외부에서 가해진 레이저 빔의 간섭으로 플라스마 구체의 고유 진동수가 2배로 높아졌다고 설명해야 하는데, 그 메커니즘은 현대 과학으로 설명하기가 매우 곤란하다.

— 지능적 움직임을 보이는 광구형 UFO

1940년대 중반, 제2차 세계대전이 막바지에 접어들 무렵 독일과 일본 상공으로 날아간 연합국 측 폭격기들은 밝은 빛을 명멸하는 빛 덩어리가 접근하는 것을 보고 소스라치게 놀랐다. 연합국의 정보부서는 '푸 파

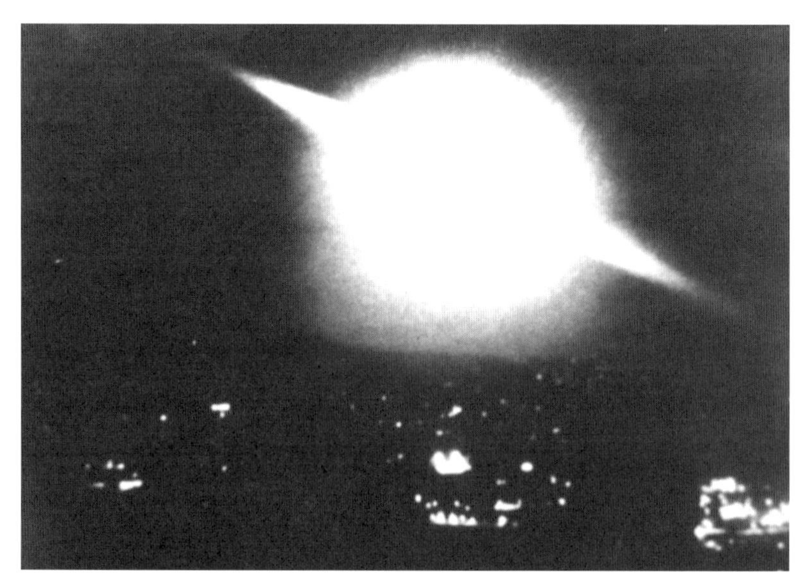

■ 카나리아 군도에서 목격된 광구

이터즈Foo Fighters'라고 명명된 이 공중 부유물을 독일이나 일본에서 개발한 신무기로 생각했지만, 전쟁이 끝난 후에 알고 보니 독일이나 일본 측도 그 부유물의 출처를 알지 못하고 있었다.

한편 1940년대 후반 미국 뉴멕시코New Mexico 주의 핵기지와 공군기지에서는 부근에 자주 나타나는 녹색 광구(green fireball) 때문에 한바탕 소동이 일어났다. '트윙클Twinkle 프로젝트'라 불리는 조사 팀이 미군 내에 꾸려져 조사와 분석을 실시했는데, 미국 정보관련 부서는 그것들이 지능적인 움직임을 보였다는 이유로 핵실험을 탐지하기 위해 소련이 띄운 일종의 탐지 장치일 가능성을 심각하게 고려했다.[64]

또 1970년대 중반에는 스페인령 카나리아Canary 군도 상공에 밝은 빛을 내는 광구가 수차례 나타나서 여러 사람에게 동시에 목격되었고, 사진에 찍히기까지 했다.[65]

사람들은 대부분 UFO가 아주 견고한 구조를 가진 비행체라고 굳게 믿고 있지만, 매우 신뢰할 만한 사례들을 살펴보면 UFO는 마치 자유의지를 가진 것처럼 자유자재로 변형하는 빛 덩어리 형태로 나타난다. 그리고 이런 UFO들은 마치 지능을 가지고 있는 것처럼 반응한다.

내가 조사한 최근의 사례에서도 광구형 UFO는 지능을 갖고 있는 것처럼 움직였다. 82페이지의 사진은 1장에서 소개한 대기업 과장 B씨가 나에게 제보한 영상의 일부다. 그분은 자신이 UFO 최근접 체험을 하고 있었으며, 빌리 마이어나 유리 겔러처럼 UFO가 자신과 자신이 지정하는 소수 사람들에게만 선택적으로 나타난다고 말했다.

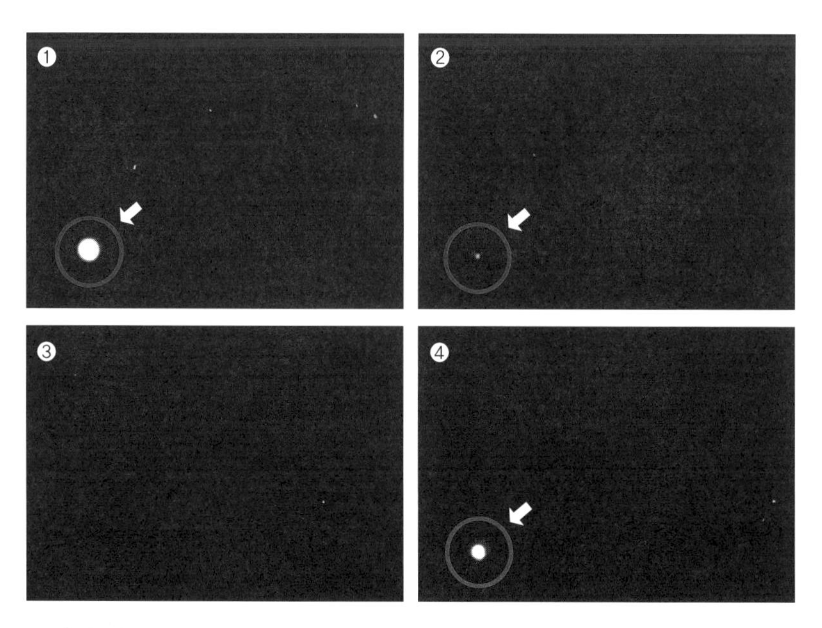

■ 지능을 가진 것처럼 움직이는 광구형 UFO. 멀리 사라진 후 다시 다가오는 운행 패턴을 보인다. 시간에 따라 왼쪽 위 – 오른쪽 위 – 왼쪽 아래 – 오른쪽 아래 순.

처음에 나는 그의 이런 이야기에 신빙성이 있다고 생각하지 않았지만, 그가 촬영한 동영상을 보고 태도를 완전히 바꿨다. 동영상에 등장한 광구는 한동안 그의 앞에 머물다가 순식간에 멀리 사라진 후 다시 다가오는 지능적인 운행 패턴을 보였던 것이다.

그 광구는 일종의 구전이 틀림없었는데, 자세히 보면 속도가 빨라질수록 표면에서 방출되는 전하량이 증가함을 알 수 있다. 이 구전체는 도저히 자연현상으로 볼 수 없었다. 어떤 자연현상이 이처럼 자유롭고 지능적인 행동을 보인단 말인가? http://youtu.be/WNKlDcCRspU에 접속하면 독자 여러분도 직접 동영상을 확인할 수 있다.

이로써 나는 UFO 최근접 체험이 전기 과민 알레르기 환자들의 환각 증세가 아니며, UFO 자체도 단순한 자연현상이 아니라는 결론에 도달했다.

UFO는 초강대국의 비밀병기인가?

—— 프랑스 국립과학연구소의 플라스마 물리연구실 책임자 장 피에르 프티 박사는 UFO가 미국의 비밀병기라고 주장했다. 미국이 1947년 로스웰에 추락한 외계인의 기술을 빌려서 몰래 UFO를 만들었다는 것이다. 정말 UFO는 그의 말처럼 외계인의 기술을 훔치거나 빌리지 않고서는 재현 불가능한 물건임이 분명해 보인다.

— UFO는 최첨단 비밀병기인가?

제니 랜들즈는 강한 전자기장을 방사하는 UFO가 자연적으로 발생한 에너지이거나 우리의 수준을 훨씬 초월해서 그 존재를 제대로 인식하기조차 어려운 고도의 지적 존재가 만들어낸 무언가라고 했다. 그러나 지금까지의 논의에서 우리는 UFO를 자연현상으로 볼 수 없다는 결론에 도달했다. 이는 무엇보다도 매우 지능적인 UFO의 운행특성 때문이다.

그렇다면 고도의 지적 존재가 만든 비행체일 가능성이 남았는데, 이를 확인하기 위해서는 현재 지구상에서 연구 중인 비밀병기들의 수준을 먼저 살펴볼 필요가 있다. 물리학자 볼프강 파울리가 UFO를 초강대국의 비밀병기로 생각한 것처럼 아직도 많은 사람들이 이런 가설을 심각하게 고려하고 있기 때문이다. 실제로 현재 초강대국에서는 원반 형태의 비행체가 강한 전자기파를 방사하도록 하여 대기 중에서 비행체의 운행특성을 획기적으로 향상하는 실험이 행해지고 있다.

하이네크 박사는 UFO의 유형을 크게 '주간 원반체(Daylight Disks)'와

'야간 불빛(Noctunal Lights)'으로 나누었다. 지금까지 주로 논의된 것은 야간 불빛이었는데, 사실 UFO는 주로 낮에 은빛의 금속성 광채를 내는 원반 형태로 목격된다. UFO를 단지 구전체나 플라스마 구체라고 말할 수 없는 중요한 이유가 여기에 있다.

1995년 9월 3일과 4일, 한국 상공에 UFO들이 대거 나타난 일이 있었다. 이 UFO들을 촬영한 문화일보 김선규 기자의 사진이 매스컴을 통해 알려지면서 이를 조사한 나도 그와 함께 TV에 출연할 기회가 있었다. 1995년 9월 21일 MBC TV '생방송 아침만들기'에 출연한 나는 김 기자의 사진에서 드러나는 UFO의 특성을 설명했고, 덧붙여 국내에서 공군 조종사가 UFO를 목격한 사례도 소개했다. 하지만 그 사건이 김 기자가 UFO의 사진을 찍은 바로 그날에 일어났다는 얘기는 일부러 하지 않았다. 그 조종사는 자신의 체험을 상부에 정식으로 보고하지 않고 민간인인 나에게 이야기했기 때문에, 혹시 그 조종사의 신분이 매스컴에 노출되어 인사상의 불이익을 받지 않을까 걱정되었기 때문이다.

그를 인터뷰했던 당시의 상황을 나는 아직도 생생히 기억한다. 그의 얼굴에는 당혹스러운 빛이 역력했다. 만일 내가 다른 일로 그를 만났다면 그에게서 매우 분별력 있고 빈틈없는 완벽한 사람이라는 인상만을 받았을 것이다.

그가 기술한 UFO의 외형적 특성은 하이네크 박사가 규정한 주간 원반체에 정확히 들어맞는다. 그는 그 비행물체가 미국이나 러시아의 비밀병기일 가능성을 배제했다. 무엇보다도 이 물체는 팽이 모양으로, 기존에 제작된 어떤 형태의 비행체와도 근본적으로 다른 개념으로 운행하고 있었고, 특히 지상 500m에서 음속의 7배가 넘는 속도로 비행했음에도 불구하고 충격음이 발생하지 않았기 때문이다.

하지만 사실 초강대국은 이미 이런 형태의 비행체를 음속의 25배 이상으로 운행하도록 하는 기술을 개발하고 있다. 그는 이 사실을 모르고 있었겠지만.

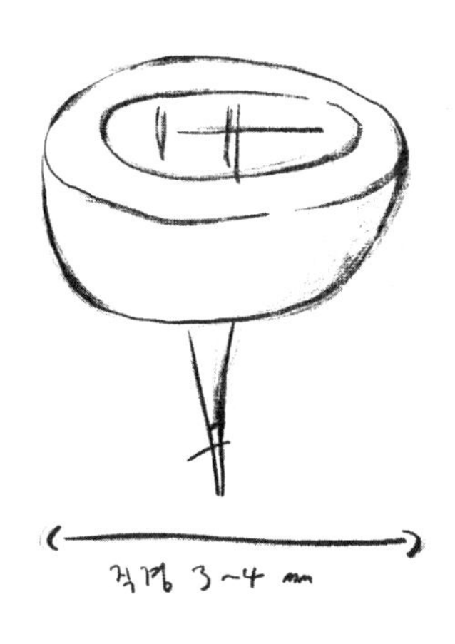

■ 1995년 한 공군 조종사가 스케치한 UFO

— 음속 돌파에도 충격음을 일으키지 않는 UFO

현재까지 개발된 모든 비행물체는 유선형의 동체가 진행 방향을 향하도록 설계되었다. 이는 항공역학의 기본이다. 그런데 그 공군 조종사가 목격한 UFO는 그런 기본적인 원리조차 무시하고 있었다. 사건 당시에 유리창이 깨졌다는 민원도 전혀 들어오지 않았다.

음속을 돌파해도 충격음이 나지 않는다는 점은 그동안 외국에서 보고된 UFO의 중요한 특성 중 하나이며, 이는 《UFO 신드롬》에도 잘 설명되어 있다.[66] 비행체가 대기 중에서 날아가면, 마치 보트가 저수지에서 전진할 때 사방으로 물결을 일으키듯 대기 중으로 음파의 물결을 일으킨다. 보트의 경우 물결 사이의 간격은 뒤쪽으로 갈수록 넓어지고, 앞쪽으로 갈수록 좁아진다. 음파도 마찬가지여서 비행체의 속도가 빨라질수록 앞쪽 음파간의 간격이 좁아지고, 속도가 더욱 빨라져 음속을 돌파하면 폭발음이 발생한다.

음파는 일종의 에너지이며, 음파간의 간격이 좁다는 것은 에너지가 축적되어 있음을 의미한다. 비행체의 속도가 증가하여 음속을 돌파하면 새롭게 발생한 음파가 기존에 축적된 음파들을 추월하고, 그 축적된 에너지를 폭발시키며 굉음, 즉 충격음을 내는 것이다. 그런데 UFO와 관련된 다수의 사건에서 UFO가 분명히 음속보다 빠르게 움직이는데도 충격음이 발생하지 않는다는 사실이 보고되었다.[67]

UFO가 지상 가까이에서 음속을 돌파했는데도 충격음을 내지 않은 대표적 사례로 1990년에 일어난 벨기에 브뤼셀Brussel의 UFO 출몰 사건이 있다. 브뤼셀 상공에 UFO가 나타나자 F16기 두 대가 긴급 출격해 자체 레이더로 미확인 비행체를 포착했다. 조종사들이 UFO를 격추하기 위해 미사일을 발사하려 하자 UFO는 그들의 의도를 알아채기라도 한 듯 급강하를 시도했다. 3,000m 상공에 있던 UFO는 순식간에 200m 상공으로 이동하여 비행기와 지상의 레이더망을 벗어났다.

어떤 비행물체든 그렇게 낮은 위치에서 음속을 돌파한다면 당연히 유리창이 박살나는 등 피해보고가 속출해야만 한다. 그러나 1만 명이 넘는 브뤼셀 시민들이 F16기와 속도가 음속의 1.5배나 되는 UFO가 쫓고 쫓기는 모습을 지켜봤음에도 충격음을 들은 사람은 아무도 없었고, 피해 상황 또한 전혀 보고되지 않았다.[68]

■ 브뤼셀 상공에 출몰한 UFO

— 전자기유체역학으로 재현한 UFO

프랑스 국립과학연구소(CNRS, Centre National de la Recherche Scientifique)의 플라스마 물리연구실 책임자였던 장 피에르 프티Jean Pierre Petit 박사는 UFO에 관심을 갖고 과학적으로 연구하고 있는 대표적인 프랑스 학자다. 다년간 유체역학과 플라스마 물리에 기반을 두고 전자기유체역학(magnetohydrodynamics)에 의한 추진체에 관해 연구해온 그는 UFO에도 이런 기술이 적용되어 있다고 주장한다.

그는 이를 응용해 비행체가 충격파를 일으키지 않고 음속을 돌파할 수 있는 방법을 제시했다. 전자기파를 강력하고 정교하게 제어하여 비행체 앞면에 진공 상태를 유지함으로써 충격파를 와해하면 된다는 것이다. 여기에는 전하를 가진 입자가 전자기장 안에서 받는 힘인 '로렌츠의 힘(Lorentz's force)'이 이용된다.

프티 박사가 제시한 방법은 다음과 같다. 비행체 주변의 공기 입자를 플라스마 상태로 만들어 전하를 띠게 한 다음, 강한 전자기장을 가하면 공기 입자에 로렌츠의 힘이 걸린다. 이 힘을 제어하여 비행체 앞면의 공기 입자를 제거하면 음파 에너지가 축적되는 매질이 사라져 음속을 돌파해도 충격음이 발생하지 않는 것이다.[69]

UFO가 주변에 강한 전자기파를 발산한다는 점은 매우 잘 알려진 UFO의 대표적 특성이다. 1970년대 이후 가까이 접근한 UFO에 의해 차의 시동이 꺼진다거나 사람이 화상을 입는 등의 사건이 미국을 중심으로 발생했는데, 연구자들은 마이크로 맥동파가 이런 현상을 일으킨다고 추측하고 있다.

장 피에르 프티 등은 겉면이 부도체인 접시형 비행체 내부에 수직으로 전자기 코일을 설치하고, 교류 전류를 적절히 흘려 자기장을 발생시키면 실제로 비행체가 공중에 떠올라 자유자재로 움직일 수 있다고 한다. 그러면 비행체 주변의 기체가 자기장에 의해 제어되므로 비행체를 부양시킬 수 있으며, 매우 강력한 자기장을 발생시키면서 이를 정밀하게 제어할 수 있다면 음속을 돌파해도 충격음을 내지 않는 UFO의 특성 또한 재현된다는 것이다. 하지만 이러한 기술은 여태껏 작은 비행체에

조차도 적용되지 못했으며, 프티 박사를 비롯한 관련 연구자들의 기술은 아직 실험실에서 검증해보는 수준에 머물러 있다.[70]

그럼에도 프티 박사는 자신의 저서 《UFO와 미국의 비밀병기들OVNIS et armes secrètes américaines》에서 UFO가 미국의 비밀병기라고 주장했다. 미국이 1947년 로스웰Roswell에 추락한 외계인의 기술을 빌려서 몰래 UFO를 만들었다는 것이다.[71] 정말 UFO는 그의 말처럼 외계인의 기술을 훔치거나 빌리지 않고 현재 지구상의 기술만 이용해서는 재현 불가능한 물건임에 분명하다.

현재의 기술 수준이 이 정도에 불과하기 때문에, 스스로 전자기파를 생성하여 비행을 제어하는 접시 형태의 비행체보다는 외부에서 전자기파를 받아 운행하는 방안이 좀 더 현실적으로 검토되고 있다.

마이크로파로 구동되는 초음속 비행접시 개발에 대한 아이디어는 미국 뉴저지New Jersey 주 프린스턴 우주연구소에서 지원을 받은 레이크 미라보Leik Myrabo라는 항공엔지니어와 유리 레이저Yuri Raizer라는 플라스마 물리학자에 의해 제안되었다. 그들은 강력한 마이크로파로 접시 형태의 비유선형 비행물체 주변의 공기 흐름을 제어하여, 음속의 25배가 넘는 속도에서도 비행체가 공기저항을 거의 받지 않고 자연스럽게 운행하도록 하는 방법을 1996년에 실험적으로 보여주었다.

그들이 제안한 비행물체는 인공위성 등 외부에서 조사되는 마이크로파로 비행체에 부착된 전극과 초전도 자기체들에 에너지를 공급하여 기체가 공중에 뜰 수 있도록 설계되었다. 앞서 프티 등이 제안한 비행체의 제작은 현재의 기술로 불가능하다고 했다. 그렇다면 이 비행체는 제작

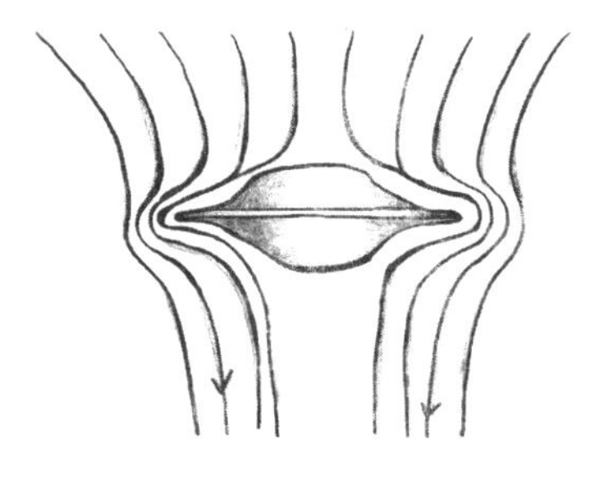

■ 자기장을 이용해 음속을 돌파해도 충격음이 발생하지 않는 비행체의 원리

할 수 있을까? 미 항공우주국(NASA, National Aeronautics and Space Administration)에서 전자기파를 우주선의 구동력으로 이용하는 프로젝트를 수행하고 있는 존 맨킨스John Mankins는 미라보 등이 생각하는 비행체가 비록 프티 등의 것보다는 일찍 구현될 수 있겠지만, 극복해야 할 기술적 장벽들 때문에 적어도 수십 년 후에나 실용화된다고 전망하고 있다. 한마디로 현재 지구상의 기술로는 불가능하다는 얘기다.[72]

우리나라의 공군 조종사가 충격음을 내지 않고도 초음속으로 비행하는 원반형 비행체를 목격한 시기는 1995년이고, 존 맨킨스가 이런 비행체의 이론적 가능성을 설명한 시기는 1996년이니 공군 조종사가 목격한 UFO는 지구상에서 개발된 비행체가 아님이 명백해 보인다. 게다가 만일 프티가 주장하듯 미국이 그런 엄청난 기술을 이미 보유하고 있다면 프린스턴 우주연구소는 왜 쓸데없는 곳에 돈을 낭비하고 있는 것일까?

— 임병선 공군 예비역 소장과의 인터뷰

두 대의 팬텀기가 지능적인 운행특성을 보이는 UFO를 영일만 근처 상공까지 추격해 가까이에서 관찰한 사건이 국내에서 발생했다는 사실을 처음 제보 받은 것은 1991년 한국UFO연구협회 회원으로 가입한 박오

상 공군 대령으로부터였다. 그는 당시 전역을 한 달여 앞둔 현역 신분이었음에도 협회 임원들에게 자신이 그 사건을 조사했었다고 털어놓았다. 여기에는 모두 4명의 공군 조종사들이 관여되어 있었는데, 그중 핵심적인 인물은 당시 소장이었던 임병선 씨였다.

당시 임병선 씨는 현역 군인 신분이었기에 직접 만나서 인터뷰를 할 수는 없었다. 그를 만난 것은 10년 후 내가 영국 유학을 마치고 한국전자통신연구원에 근무하다 소식지를 통해 그의 거취를 알게 되면서였다. 임 예비역 소장은 2000년까지 전자통신연구원 감사를 지냈고 내가 취업한 때엔 감사직을 그만둔 후였지만, 소식지에 그간 자신의 소회를 털어놓는 글을 실었던 것이다. 나는 이런 인연을 우연이라고 생각하지 않는다.

1980년 3월 31일에 발생한 이 사건의 자세한 정황은 〈월간조선〉과 《UFO 신드롬》에 소개되었지만,[73] 2002년에 이루어진 그와의 인터뷰에서 몇 가지 중요한 사실이 추가로 밝혀졌다.

첫째는 팬텀기 두 대가 UFO를 관찰한 시간이다. 그들은 UFO의 주위를 선회비행하면서 약 150m 거리에서 용광로처럼 밝은 빛을 위아래로 비추는 UFO를 25분간이나 관찰했다고 한다.

둘째, 이들 4명 외에도 멀리서 이 UFO를 목격한 조종사들이 있었다. 임 예비역 소장이 대구 상공 근처에 머물러 있던 전투기 조종사들에게 빛 쪽을 보라고 했는데, 빛이 얼마나 밝았던지 거기서도 아주 잘 보인다는 대답을 받았다고 한다.

셋째, 그렇게 가까이 접근해서 비행하는 동안에도 비행기 내부의 레이더에는 그 미확인 비행체가 전혀 나타나지 않았다.

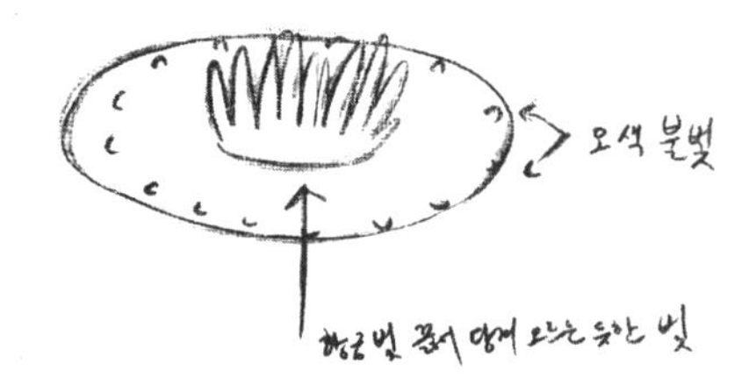

■ 1980년 공군 조종사 4명이 목격한 UFO를 스케치한 그림

임 예비역 소장의 사례는 절대 환각 따위가 아니다. 결국 그들이 목격한 UFO는 강한 빛을 발산하는 진짜 비행물체인 것이다. 그렇다면 구전체이거나 플라스마 구체였을 가능성은 없을까? 하지만 그런 자연발생적인 물체는 공중에서 직선 운행, 방향 전환, 고도 상승과 같은 지능적인 비행특성을 보일 수 없을뿐더러, 25분 동안이나 안정적인 상태를 유지할 수도 없다.

따라서 그 비행체는 인공적인 물체라고 봐야 하며, 가장 의심할 만한 가능성은 서구 열강의 비밀병기다. UFO가 초강대국의 비밀병기일 가능성은 1940년대 중반부터 미 공군 관계자들에 의해 끊임없이 제기되어왔지만, 임병선 예비역 소장은 나와의 인터뷰에서 다음과 같이 말하며 그럴 가능성을 강하게 부인했다.

"내가 아는 한 그런 비행기가 개발된 일은 없습니다. 더군다나 그때가 1980년이니까 지금부터 20년 전의 일인데, 미국이나 옛 소련에서 그런 것을 만들었다면 여태까지 그런 비행기를 공개하지 않는다는 것은 말도 안 되죠. 그런 성능이라면 다른 민간부문 등에 응용했어도 벌써 했겠죠."

물론 지금 시점에서는 임 예비역 소장이 말한 '20년 전'을 '30여 년 전'으로 바꿔야 한다. 임 예비역 소장이 지적한 UFO의 기술적인 부분 중에서 가장 놀라운 점은 매우 완벽한 스텔스 기능이다.

그러나 1980년 당시 지구상의 기술로 완벽한 스텔스 기능을 구현하는 것은 불가능했다. 오늘날의 최정예 스텔스기도 레이더에 아예 잡히지 않을 수는 없다. 레이더 반사 면적(RCS, Rader Cross Section)이 1cm² 정도는 되어 희미하나마 작은 점으로 보이기 때문이다.[74] 만일 당시에 어디선가 그런 수준의 기술이 개발되었다면 30여 년이 지난 지금엔 벌써 공개되고도 남았을 것이다.

필자와 인터뷰를 하고 있는 임병선 예비역 소장(왼쪽)

임 예비역 소장은 자신이 목격한 UFO는 지구상의 기술로 만들어진 물체가 아닌 것 같다고 말했다. UFO는 정말로 외계인들의 비행접시일 수밖에 없는 것일까?

UFO는 어디에서 오고 있을까?

—— 로켓의 아버지라 불리는 독일의 물리학자 헤르만 오베르트 박사는 비행접시는 실재하며 이는 우리 태양계 밖에서 온 우주선이라고 주장했다. 하버드대 의과대학 존 맥 교수는 한 술 더 떠서 UFO가 외계가 아닌 완전히 다른 차원에서 오는 것으로 봐야 한다고 주장했다. 과연 UFO는 어디에서 날아오고 있는 것일까?

— 미 공군의 UFO 은폐공작

로켓의 아버지라 불리는 독일의 물리학자 헤르만 오베르트Hermann Oberth 박사는 1950~1960년대에 UFO 외계기원 가설을 적극적으로 지지했다. 그는 1954년 10월 24일 자 〈아메리칸 위클리American Weekly〉 지에서 비행접시는 실재하며, 이는 우리 태양계 밖에서 온 우주선으로 아마도 수세기 동안 인류를 관찰해온 외계인들이 타고 있을 것이라고 주장하기도 했다.[75]

그는 항공역학 전문가로서 1967년 2월 1일 자 〈더 타임스〉 지에서 UFO의 전자기장 방출과 관련해 다음과 같은 아주 의미심장한 주장을 펼쳤다. "UFO 현상의 중요한 특성 중 하나인 발광 현상은 그들이 진행 방향의 공기를 밀어내기 위해 강한 전자기장을 발산하고 있기 때문이라는 설명이 가장 적합해 보인다. UFO 근접 조우 체험에서 목격자가 강한 물리적 영향을 받는 것은 이 때문이다." 정말 그의 말처럼 UFO는 강력한 전자기장을 방사하여 음속을 뛰어넘는 고속에서도 충격음 없이 자유

■ UFO 외계기원 가설을 적극적으로 지지한 독일 물리학자 헤르만 오베르트(왼쪽)

자재로 운행을 할 수 있는 외계에서 온 우주선인 것일까?

그렇다면 UFO에 대한 공개적인 조사를 최초로 실시한 미국의 공식적인 견해는 무엇일까? 미국의 공식 입장은 1969년 공식 조사를 종결하면서 발표한 이른바 〈콘돈 보고서Condon report〉에 잘 나타나 있으며, 그해 미 공군의 공식 종결 발표문에도 요약되어 있다. 그들의 견해는 간단히 말해 UFO가 안보적으로나 과학적으로 아무런 연구 가치가 없다는 것이었다.

하지만 이런 견해는 그동안 미 공군에서 공식적으로나 비공식적으로 공유되던 정보와는 정반대다. UFO 문제가 처음 대두된 1947년 9월 당시 미 육군 항공 군수사령부에서 작성된 보고서에 따르면, UFO는 결코 환상이나 허구의 산물이 아니라 기존의 비행체와 비슷한 크기의 원반 형태를 띤 실재하는 물체다. 이 보고서에서는 극적인 상승 속도, 회전할 때의 뛰어난 기동력, 비행기나 레이더에 감지될 경우 회피하려는 특성을 근거로 UFO가 누군가가 직접 조종하거나 자동 또는 원격으로 조종되는 항공기일 가능성도 제기되었다.[76] 심지어 1948년에는 UFO가 외계에서 온다고 볼 수밖에 없다는 내용을 담은 일급보고서가 작성되기까지 했다.[77]

그런데 이런 초기의 견해가 모두 착각이나 망상이었단 말인가? 당시 세계에서 유일무이했던 UFO 전담 요원들이 모두 정신 나간 짓을 했던 것일까?

물론 〈콘돈 보고서〉에 정리된 내용을 잘 읽어보면, 요약문의 결론과는 달리 UFO 문제에 대해 좀 더 과학적인 연구가 필요함을 지적하는 내용들이 보인다. 그럼에도 미 공군은 대중적 관심이 집중된다는 이유로 공식 UFO 조사 업무를 서둘러 종결지은 것이다.

— 프랑스 코메타 보고서에 나타난 UFO 외계기원 가설

세계 안보 문제에 관해 종종 미국과 대립각을 세우며 자주적 태도를 취하는 프랑스의 UFO에 대한 공식 입장은 무엇일까? 프랑스는 아직도 공식적인 UFO 조사 기구를 운영하고 있지만, 미국과는 달리 국가가 직접 나서서 공식적인 보고서를 발표하며 UFO에 대한 견해를 밝힌 적은 없다. 그에 준하는 입장을 표명하는 내용의 보고서가 프랑스에서 약 10년 전 발간되었다. 1999년 프랑스 정보 책임자들이 작성한 '심층연구위원회 보고서'가 바로 그것이다. 그런데 이 보고서는 조심스럽긴 하지만 UFO가 외계에서 기원했을 가능성을 충분히 염두에 두고 쓰였다.

코메타(COMETA)는 국립항공우주국 국방고등연구원(IHEDN, Institut des hautes études de défense nationale) 감사관 출신인 프랑스 공군 장성 데니스 레티Denis Letty가 위원장을 맡고, 국방고등연구원의 전·현직 감사관들이 참여하여 UFO 문제를 논의하기 위해 구성된 위원회다. 이 위원회는 1999년에 〈UFO와 국방 : 우리가 어떤 대책을 세워야 하나?Les Ovni Et La Défense: A quoi doit-on se préparer?〉라는 제목의 보고서를 발간했다.

이 보고서는 UFO의 실체를 규명하기 위해 프랑스가 비행기 조종사들을 대상으로 공식 조사한 사례들을 살펴본 뒤, 'UFO는 직접 또는 리모트 컨트롤로 조종되는 비행체'가 틀림없으며 이는 1947년 미국에서 공식적으로 보고된 바와 일치한다고 결론지었다. 이 보고서는 이런 결론을 바탕으로 UFO의 기원에 대한 여러 가설 또한 검토하고 있다.

UFO가 자연현상일 가능성에 대해 이 보고서는 명백히 지능적인 특성을 보이는 UFO는 이런 범주에 속하지 않는다고 지적했다. 또 열강의 비밀병기일 가능성에 대해서는, 스텔스나 전자기유체역학 기술이 아주 극비리에 개발되었을 가능성을 검토한 뒤, 현재의 방법처럼 그런 기술을 일반인이나 외국 전문가들에게 노출하는 것은 매우 현명하지 못한 처사며, 지난 수십 년간 목격되어온 UFO가 어느 나라에선가 개발한 비행체라면 어떤 식으로든 비밀이 새어나왔을 것이라고 진단했다.

마지막으로 외계기원 가설에 대해서는, 그것이 오늘날 많은 사람들이 믿고 있는 가설임을 강조하면서, 성간 비행에 필요한 갖가지 기술이 현재 과학기술 발전의 연장선에서 가능할 것이라고 주장했다. 그리고 태양계 밖 기원설, 태양계 기원설, 매우 오래된 지구문명과의 연관성 등도 소개했다. 보고서는 이 가설이 비정상적인 가정 없이도 받아들일 수 있는 가설이라며 외계기원 가설을 우호적으로 언급한 후, 마지막 장에서는 외계인의 우주선일 가능성을 전제하며 UFO가 경제·사회·정치·군사·종교 등 각 분야에 미칠 영향을 분석하고 이에 대한 총체적인 대응 방안을 제시했다.

코메타 보고서는 최종적으로 UFO가 물리적으로 실재하며 지능적인 존재에 의해 조종되는 것이 '거의 확실(quasi-certain)'하다고 진단한다. 현재 확보된 데이터로부터 고려할 수 있는 유일한 가설은 UFO 외계기원 가설이라고 결론지을 수 있으나, 이 가설이 실제로 증명된 것은 아니라는 이야기다.[78]

— 과학기술자에서 신비주의자로

UFO 연구의 선구자 중에는 UFO 외계기원 이론의 옹호자였다가 신비주의자로 돌아선 사람이 많다. 그 대표적인 인물이 하이네크 박사다. 그는 1972년 유에프오학(UFO學, Ufology)의 교과서라 할 수 있는 자신의 저서 《UFO 체험 : 과학적 조사The UFO Experience: A Scientific Inquiry》에서 과학적인

■ 헤스달렌 UFO 조사 팀을 방문한 알렌 하이네크 박사(왼쪽)

방법을 사용하여 UFO 조우 체험을 유형별로 분류했다.

하지만 나중에 그는 UFO를 더 이상 오늘날 정상과학의 테두리에서만 설명할 수 없다고 확신하게 되었으며, UFO가 외계의 별이 아니라 평행한 실재인 '초거주자(metaterristrial)'들이 살고 있는 곳에서 오고 있다는 오컬트적인 신조를 피력했다. 그는 UFO의 물질화와 비물질화, 근접 조우에 의한 병의 치유, 최근접 조우자들의 예지 능력 획득 등이 사실이라고 믿게 되었으며, UFO의 존재가 현재의 과학 패러다임에 변화가 올 것을 예고하고 있다고 말했다.[79]

·UFO 연구자 자크 발레도 처음에는 나름대로 현대 과학의 테두리 안에서 UFO를 설명하려고 시도했다. 1960년대 중반에 집필한 자신의 초기 저작 《우주의 UFO : 현상의 분석UFO's In Space: Anatomy of A Phenomenon》에

서 그는 UFO 목격 내용을 정밀 분석하여 UFO 현상의 실재를 주장하면서, 그것이 외계인들의 우주선일 가능성을 심도 있게 논의했다.

하지만 1990년대 중반에 저술한 《차원들: 외계인과의 조우 사례집 Dimensions: A Case Book of Alien Contact》에서는 더 이상 UFO를 타고 나타나는 존재들이 외계의 다른 행성에서 오고 있다는 주장을 펼치지 않았다. 그들은 다른 행성이 아니라 다른 차원으로부터 오고 있다는 이야기다.

레이먼드 파울러도 마찬가지다. 그는 1974년 《미확인 비행물체들: 행성 간 여행자 UFOs: Interplanetary Visitors》라는 책을 저술하여 UFO의 외계 행성 도래설을 지지했다. 하지만 1970년대 중반부터 앤드리슨 부인을 상대로 최근접 체험을 연구하기 시작하면서 UFO에 대한 그의 관점은 완전히 바뀌었다. 1994년 저서 《앤드리슨 사건: 제2막》에서 그는 오컬트적인 세계관을 옹호하는 듯한 발언을 했다.

— 정신물리적 실체로서의 UFO

맥심 캐머러 Maxim Kammerer는 UFO가 지면에 물리적인 자취를 남기고 순식간에 비물질화되는 것처럼 물리적이면서 비물리적인 듯한 특성을 보이는 현상들을 '정신물리적 실체(psychophysical reality)'라는 개념으로 설명할 수 있다고 말한다.

이 말은 파울리가 처음으로 생각해낸 말인데, 그는 이런 존재들은 우리와는 다른 차원에 존재하고 있어 우리는 그들이 우리 세계에 미치는 영향을 통해 그들의 실체를 간접적으로 알 수 있다고 가정했다. 캐머러는 UFO가 우리 우주의 다른 지역을 지칭하는 외계가 아닌 완전히 다른 차원에서 오는 것으로 봐야 한다고 주장한다.[80]

캐머러의 주장은 언뜻 독창적으로 보이지만, 사실 거의 같은 주장이 이미 1994년에 존 맥 교수에 의해 제기된 바 있다. 그의 주장이 유물론자들을 몹시 격분하게 만들었음은 물론이다. 칼 세이건이 UFO의 실재를 반박했던 대표적인 학자라면 이 문제에 관해 칼 세이건과 대척점에서 있던 인물이 바로 존 맥 교수다. 하버드대 의과대학 정신병학 교수이자 아동 및 성인 정신분석학 전문가였던 그는 1993년 '초상현상 연구프로그램(PEER, Program for Extraordinary Experience Research)'이라는 연구센터를 열었으며, 1994년 200여 명의 UFO 피랍자들을 조사한 후 《피랍》이라는 책을 저술해서 하버드대 의과대학 의료조사위원회에 회부되는 등 큰 논란을 일으키기도 했다.

그는 UFO 현상에서 발견한 3가지 요소를 다음과 같이 정리했다. 첫째는 물리적 수준의 현상이다. 이는 눈에 보이거나 레이더에 감지되고 빛과 소리를 내며, 지면에 자국을 남기거나 피랍자의 몸에 흔적을 남기는 지극히 물리적인 차원에서 일어난다.

둘째는 현재 우리의 과학기술 수준으로는 알 수 없지만, 과학기술이 좀 더 발전하면 이해할 수 있을 만한 수준의 현상이다. 순간 가속, 레이더에서 순간적으로 사라지는 기술, 문이나 벽, 창문을 뚫고 들어오는 기술, 피랍자나 최근접 체험자들의 마음을 조작하는 기술 등이다.

셋째는 현재의 과학 패러다임으로는 전혀 이해할 수 없는 현상이다.

■ 1996년 MUFON 심포지엄에서 필자와 만난 존 맥 교수(오른쪽)

시공간이 무너지는 것 같은 체험, 우주의식과 합일되는 체험, 전생과 환생 체험, 형체의 자유로운 변형 등이 이에 속한다.[81]

존 맥 교수는 UFO가 오늘날 우리의 유물론적 관점으로 확인 가능한 존재가 아니며, 우리에게 친숙한 물리법칙을 위반하는 것처럼 보이는 이유는 그 때문이라고 말했다. 그렇다면 UFO는 도대체 어디서 오는 것일까?

그는 우리 가까이에 있으면서도 쉽게 왕래할 수 없는, 보이지 않는 다른 차원의 영역이 존재한다고 주장했다. 과거에는 요정이나 마녀, 또는 성모 마리아 등의 형태가 그 영역과 우리 세계를 넘나들었지만, 오늘날엔 UFO가 넘나들고 있다는 것이다. 과학은 전통적으로 물질세계를 묘사하는 데만 충실해왔고, 그래서 우리는 물리적으로 관찰할 수 없는 영역은 존재하지 않는다고 여겨왔다. 그는 이런 영역을 '미묘한 영역(Subtle Realm)'이라고 명명했다.

평소에 이런 영역은 우리의 물질세계와 단절된 듯 보이지만, 때로는 모종의 동기에 의해 무언가가 양쪽을 넘나드는 일이 발생하기도 한다. 텔레파시로 전달되는 정보, 투시를 비롯한 모든 초감각 지각, 유체이탈 체험, 근사 체험, 염력, 미스터리 서클 현상, 그리고 UFO 피랍 체험이 모두 그런 예다. 이런 현상들은 우리의 물질세계에 나타나긴 하지만 그 기원만큼은 다른 차원, 즉 우리의 오감이 감지하지 못하는 영역에 속한다. 이런 영역은 현재의 이원론적인 과학적 방법과 조건 하에서는 제대로 감지될 수 없지만, 의식을 열거나 보다 많은 것을 수용할 태세가 갖추어진 감각을 개발한다면 체험할 수도 있다고 그는 말했다.

— UFO는 패러다임의 전환을 예고하는 대표적 현상

지금까지 우리는 UFO 최근접 체험을 중심으로 UFO 현상의 정체를 파악하려는 시도를 했다. 대표적인 UFO 접촉이나 피랍 사례들을 살펴보면서 이런 현상들이 우리가 전통적으로 종교 체험이라 부르는 것들과 사실상 같은 맥락에서 파악될 수 있다는 사실을 확인했다. 나는 15년쯤 전에 공군 조종사 등 매우 신뢰할 만한 사람들이 목격하는 UFO와 최근접 체험자들의 UFO 체험이 서로 다른 것일 수 있다는 전제 하에 이를 포괄하는 증후군이 존재한다는 내용을 담은 《UFO 신드롬》이라는 책을 저술했다. 하지만 이제 나는 이런 모든 체험이 완전히 구분되는 것이 아니라 모두 일맥상통하는 현상이라고 믿게 되었다.

아마도 UFO는 존 맥 교수가 주장했듯 현대 과학의 패러다임을 전환하기를 요구하는 대표적인 현상인 것 같다. 그의 이론은 초능력, 유령, 근사 체험 등 이 책에서 다룰 모든 초상현상의 '통일 이론'이라 부를 만하다.

하지만 설령 UFO와 관련된 존재가 신에 비견할 만큼 초월적인 능력을 발휘한다 하더라도, 그들이 완전히 우리 우주의 밖에 있는 존재들이라고 단정할 수는 없다. 우리의 상상을 초월하는 수준의 과학기술을 이용해 정신물리적 경계를 넘나들며 우주 곳곳을 휘젓고 다니는 외계인들이 개입되었을 가능성도 배제할 수 없기 때문이다.

나는 《UFO 신드롬》에서 UFO 현상에 '보여주기 게임'이라는 이름을 붙였다. 어쩌면 이런 초월적 존재들은 특정한 목적을 갖고 대체로 우리의 과학 수준에 걸맞은 현상만을 골라서 우리에게 보여주고 있는 것인지도 모른다. 자크 발레는 이런 사실을 염두에 두고 UFO를 일종의 '조절 기구(control system)'라고 표현했다. UFO의 존재와 그 실체가 명백히 드러나는 날, 인류는 인식의 대전환을 맞이할 것이다.

Mystery of Crop Circles

2008년 6월 13일 아침, SBS의 한 PD로부터 전화가 걸려왔다. 충남 보령군의 어느 방조제 옆 갈대밭에서 미스터리 서클이 발견되었다는 제보를 받아 급히 취재하러 가려고 하는데, 같이 가서 확인해달라는 이야기였다. 한국에 미스터리 서클이라니! 전혀 기대하고 있지 않았는데 정말 뜻밖이었다. 나는 그것이 진짜인지 내 눈으로 직접 확인해보고 싶어 동행을 결정했다. 하지만 아쉽게도 그 미스터리 서클은 진짜가 아니었다. 취재진은 실망하는 눈치였지만, 나의 판단은 정확했다. 몇 주 후에 가수 서태지 씨가 그 미스터리 서클의 기획자라는 사실이 알려진 것이다. 매스컴을 통해 그는 미스터리 서클이 자신의 앨범 홍보를 위해 준비한 사전 프로모션임을 밝혔다. 하지만 진짜 미스터리 서클은 인간이 생각할 수 있는 모든 방법을 동원해도 도저히 만들어낼 수 없다.

PART 2

미스터리 서클,

인간의 한계를 넘어선 기묘한 역작

20세기 미스터리 서클의 역동적인 진화사

——— 〈데일리 메일〉 지의 기자가 취재를 나갔을 때는 벌써 이 놀라운 장관을 보러 관광객이 몰려들고 있었다. 이들은 보리가 시계 방향으로 쓰러진 원 안에 들어가서 두 손을 벌리고 천천히 거닐며 신비로운 에너지를 쐬고 있었다. 더욱 놀라운 것은 이 사건이 1980년대 중반부터 영국 남동부의 선사 유적 밀집지인 윌트셔 주에서 매년 여름 연례행사처럼 벌어지는 숱한 사건 중 하나에 불과하다는 점이다.

2008년 6월 13일 아침, SBS 방송국의 한 PD로부터 전화가 걸려왔다. 충남 보령군의 어느 방조제 옆 갈대밭에서 미스터리 서클이 발견되었다는 제보를 받아 급히 취재하러 가려고 하는데, 같이 가서 확인해달라는 이야기였다. 한국에 미스터리 서클이라니! 이런 일이 생기리라고는 전혀 기대하고 있지 않았는데 정말 뜻밖이었다. 나는 그것이 진짜 미스터리 서클인지 내 눈으로 직접 확인해보고 싶어 흔쾌히 동행을 결정했다.

'미스터리 서클(crop circles)'이란 매년 여름 영국 동남부의 고대 유적지 근처 밀밭에 나타나는 기하학적인 도형을 일컫는 말이다. 취재팀이 보여준 사진에 촬영된 미스터리 서클은 1995년 영국 윈체스터Winchester 롱우드 워렌Longwood Warren에 나타났던 동심원 형태의 미스터리 서클과 1996년 알톤 반즈Alton Barns에 나타났던 이중나선 모양의 미스터리 서클을 합쳐놓은 모습이었다. 겉으로 봐서는 틀림없는 미스터리 서클이었지만, 다른 한편으로는 '한국에서 생긴 미스터리 서클이라면 뭔가 다른 특색이 있을 것 같은데 왜 영국의 것들을 짜깁기한 모습일까' 하는 약간의 의문이 생기기도 했다. 어쨌든 직접 가서 살펴보면 진위가 파악되겠지 싶어 일단 취재진의 차에 올라탔다.

보령군으로 내려가는 차 안에서 미스터리 서클과 관련해 15년 전 영국에서 겪었던 일이 머릿속에 떠올랐다. 당시 KBS '수요스페셜' 팀이 영국에 미스터리 서클을 취재하러 와서 내가 취재원들을 섭외해주고 직접 인터뷰에 참여도 했었다. 그때 나도 직접 미스터리 서클에 들어가서 관찰할 기회가 있었기에, 우리나라에 나타났다는 이번 미스터리 서클의 진위를 가려낼 자신이 있었다.

미스터리 서클 현장에는 인근 마을 관계자가 나와 있었고, 군에서 홍보과장도 파견되어 와 있었다. 마을 사람들은 은근히 이것이 진짜 미스터리 서클이길 바라는 눈치였다. 그렇지 않아도 지방 특성화 사업 등으로 지원을 받는 것이 중요한데, 만일 영국처럼 이곳에도 계속해서 미스터리 서클이 생겨난다면 머드 축제에 미스터리 서클 축제까지 열 수 있으니 이 사건이 그들에겐 관광산업 차원에서 중요한 의미를 가졌던 것이다. 군 홍보과장이 그곳까지 나간 이유도 그들과 다르지 않았으리라.

그런데 영국에서 미스터리 서클을 관찰했을 때와 마찬가지로 지상에서는 그 미스터리 서클의 구체적인 모습을 파악할 수 없었다. 10여 분간 둘러본 나는 그것이 진짜 미스터리 서클이 아니라는 판정을 내렸다. 취재팀의 얼굴에 실망하는 기색이 역력했지만, 나에겐 내 판단이 전적으로 옳다고 믿을 만한 충분한 증거가 있었다.

취재팀에 그 근거를 설명한 뒤 나는 그날 저녁 서울에서 잡은 약속을 지키기 위해 먼저 자리를 떴다. 보령군 홍보과장이 시외버스 터미널까지 차를 태워주었다. 그런데 가는 길에 낙동 초등학교가 보이는 것이 아닌가? 낙동 초등학교는 1973년 선생님과 학생들이 UFO를 목격했던 바로 그 학교다. 나는 전작《UFO 신드롬》에서 그 사건의 전모를 자세히 기술했고, SBS의 '그것이 알고 싶다'라는 프로그램에서 그 책을 토대로 당시 UFO를 목격했던 선생님과 아이들을 취재한 적이 있다. 사건의 전모는 대략 이렇다.

어느 날 갑자기 하늘에서 이상한 구름이 나타났고, 그 밑으로 방울 모양의 작은 구름이 6개 떨어져 나왔다. 각 구름은 하나로 합쳐진 후 회전하더니 크고 작은 두 개의 덩어리로 분리되어 럭비공 같은 모습으로 변했다. 이윽고 표면의 구름이 걷히고 UFO들이 모습을 드러냈는데, 그것들은 처음엔 붉은 색을 띠었다. 하지만 잠시 착륙했다가 다시 이륙하여 목격자들 가까이 날아왔을 때 그 UFO들은 은백색을 띠고 있었다. 그것들은 다시 하나로 합체하여 목격자들로부터 멀리 날아가 버렸다.[1]

이 사건은 우리나라의 가장 대표적인 UFO 사건이다. 말하자면 이 지역은 우리나라에서 거의 유일한 'UFO의 메카'인 셈이다. 낙동 초등학교의 교문이 시야에 들어오는 순간 나는 사건의 전모를 한눈에 알아채버렸다. 이번 미스터리 서클 소동은 누군가가 이 지역이 UFO로 유명한 곳이라는 점에 착안하여 의도적으로 기획한 것이 틀림없었다.

나의 판단은 매우 정확했다. 매스컴에서 한바탕 난리가 벌어진 지 몇 주 후에 가수 서태지 씨가 그 미스터리 서클의 기획자라는 사실이 알려졌다. 매스컴을 통해 그는 미스터리 서클이 자신의 8집 앨범 홍보를 위해 준비한 사전 프로모션임을 밝혔다. 하지만 진짜 미스터리 서클은 인간이 생각할 수 있는 어떤 방법을 써도 만들기 어렵다.

— 영국 선사 유적 인근에서 미스터리 서클이 발견되다

1996년 6월 17일, 선사시대의 원형 유적으로 유명한 윌트셔Wiltshire 주 에이브베리Avebury 지역에서 불과 몇 km 떨어지지 않은 알톤 반즈의 작은 마을 올드 매너 팜Old Manor Farm의 한 보리밭에서 DNA의 이중나선 구조를 연상시키는 미스터리 서클 무리가 발견되어 영국 신문 〈데일리 메일Daily Mail〉 지에 대서특필되었다. 90여 개의 크고 작은 원이 목걸이처럼 길게 배열된 이 미스터리 서클의 총 길이는 200m가 넘었다.

이 무늬를 처음 발견한 사람들은 밀밭을 경작하는 팀 카슨Tim Carson과 아내 폴리 카슨Polly Carson이었다. 그 서클들이 조작된 가짜일 가능성을 묻는 〈데일리 메일〉 지의 기자 빌 마울란드Bill Mouland에게 폴리는 이렇게 대답했다.

"그것이 인간에 의해 조작된 가짜일 가능성은 전혀 없어요. 저와 제 남편은 자정까지만 해도 거기에 그런 무늬가 없다는 사실을 확인했었죠. 그런데 동이 트는 4시경에 보니 갑자기 그런 무늬가 새겨져 있었어요. 따라서 인간이 그렇게 거대한 규모로 그곳에 무늬를 만들 충분한 시간은 없었다고 봐요."

위도가 한국보다 훨씬 높은 영국에서 6월 중순에 해가 지는 시각은 오후 11시경이고, 자정이 되어도 햇빛은 사물이 어렴풋이 분간될 정도로 비친다. 카슨 부부가 자정까지 바깥에서 일을 하고 있었다면 보리밭에 일어나는 변화를 충분히 발견했을 것이다. 그녀는 말을 이어나갔다.

"그뿐 아니라 그 무늬의 배열은 너무나 완벽했고, 사람이 원과 원 사이를 지나다니면서 남긴 어떤 흔적도 발견할 수 없었어요."

〈데일리 메일〉 지의 기자가 취재를 나갔을 때는 벌써 이 놀라운 장관을 보러 관광객이 몰려들고 있었다. 아니, 관광객이라기보다 순례 행렬이라고 부르는 편이 나을지도 모르겠다. 이들은 보리가 시계 방향으로 쓰러진 원 안에 들어가서 두 손을 벌리고 천천히 거닐며 신비로운 에너지를 쐬고 있었다.[2]

더욱 놀라운 것은 이 사건이 1980년대 중반부터 영국 남동부의 선사 유적 밀집지인 윌트셔 주에서 매년 여름 연례행사처럼 벌어지는 숱한 사건 중 하나에 불과하다는 점이다.

스톤헨지Stonehenge와 에이브베리, 글래스톤베리Glastonbury를 잇는 마의 삼각지대 동쪽에는 색슨Saxon족의 옛 수도 윈체스터가 자리 잡고 있다. 높이 167m의 텔레그래프 힐Telegraph Hill이 이 마을을 내려다보고 있는데, 그 바로 아래에 천연의 원형 극장처럼 생긴 치즈풋 헤드Cheesefoot Head가 위치한다. 초기의 미스터리 서클은 이곳을 중심으로 출현하기 시작했다.

1975년과 1976년에는 윈체스터 근처의 농장에서 하나씩의 미스터리 서클이 발견되었다. 이때까지 미스터리 서클은 하나씩 독립적인 형태로만 나타났다. 그리고 2년 후인 1978년, 윈체스터에서 북쪽으로 수km

떨어진 헤드본Headbourne에서 5개의 원이 한자리에 모인 형태의 미스터리 서클이 발견되었다.

영국 남부에는 지금으로부터 5,000여 년 전에 이곳에 거주했던 선주민들이 만들었다는 환석環石 유적과 인공 둔덕지가 많다. 이 유적은 주로 윌트셔와 햄프셔Hampshire 지역에 집중되어 있고, 그중 에이브베리 환석 유적과 스톤헨지가 가장 널리 알려져 있다.

에이브베리와 스톤헨지는 예로부터 신비주의자들의 성지로 유명했으며, 많은 밀교 의식이 여기서 치러진 것으로 전해진다. 이곳이 신비주의적인 성지가 된 이유에 대해서는 다양한 이론이 제기되었다. 어떤 이들은 이곳이 신비스러운 지구 에너지가 집결하는 장소라고 했으며, 어떤 수맥 점술가는 이 유적들 아래로 수맥이 모인다고 했다. 또 이곳에 미스터리 서클이 출몰하기 오래전부터 주기적으로 소용돌이 원 모양 무늬가 이곳에 나타났고, 이를 본떠 에이브베리나 스톤헨지의 환형 유적이 만들어졌다는 주장도 제기되었다.

— 1980년대의 미스터리 서클, 진화의 시작

1980년대부터 미스터리 서클 군群이 기하학적이고 대칭적인 모양으로 나타나면서 미스터리 서클은 영국 매스컴으로부터 주목받기 시작했다. 1983년 늦여름 어느 날, 지역 전기기사 콜린 앤드류스Colin Andrews는 윈체스터 치즈풋 헤드를 지나던 중 차 몇 대가 갓길에 세워져 있고 사람들이 나와서 밀밭 쪽을 주시하는 광경을 목격했다.

그가 가까이 가서 차를 세우고 그들이 바라보는 쪽을 쳐다보니 5개의 거대한 둥근 무늬가 밀밭에 새겨져 있었다. 그것은 4개의 작은 원이 커다란 원 주위를 방사상으로 둘러싼 모습이었으며, 전체적인 형태가 거의 완벽한 대칭을 이루고 있었다. 그 아름다움에 매료된 앤드류스는 다른 사람들과 마찬가지로 한동안 자리를 뜰 수 없었다.

이 무늬는 자연현상에 의해 만들어진 것일까? 하지만 완벽에 가까우리만치 놀라운 대칭성은 그런 가능성을 부정하고 있었다. 그렇다면 어떤 사람이 장난을 쳐놓은 것일까? 하지만 그 모양이 너무나 정교했고, 누군가가 그 안에 들어간 흔적을 발견할 수 없었기 때문에 그것들이 사람에 의해서 만들어졌다고 생각할 수도 없었다.

그날 이후 그는 미스터리 서클을 본격적으로 연구하기로 결심하고, 같이 연구할 사람을 수소문하다가 팻 델가도Pat Delgado와 접촉하게 되었다. 델가도는 이미 1981년부터 미스터리 서클에 관심을 갖고 있었다. 그는 앤드류스와 같은 전기공학자로서 영국 공군과 미 항공우주국의 로켓 엔지니어로 근무한 경력이 있었다. 그가 미스터리 서클에 관심을 가지게 된 동기는 1981년 치즈풋 헤드 근처에서 직접 목격한 3개의 원으로 구성된 미스터리 서클 때문이었다. 그는 당시 그 목격 내용을 언론에 공개했고, 그 결과 이 문제는 워민스터Warminster 미스터리 서클 사건이 일어난 지 9년 만에 처음으로 세계적인 관심을 끌게 되었다.[3]

콜린 앤드류스와 팻 델가도는 미스터리 서클 연구에 그들의 모든 시간을 쏟기 시작했다. 이 연구는 버스티 테일러Busty Talyor라는 레저용 항공기 조종사가 공중촬영을 맡으면서 더욱 신속하고 체계적으로 발전했다.

버스티 테일러가 미스터리 서클에 매료된 계기는 1985년 8월 3일 저녁 클랫포드Clatford에서 콜린 앤드류스가 1983년 발견한 것과 거의 동일한 형태의 퀸튜플릿quintuplet 미스터리 서클(5개의 원으로 구성된 미스터리 서클)을 발견하면서였다. 지상에서 이를 목격한 그는 너무 들떠서 그날 밤을 뜬 눈으로 지새우고, 다음날 아침 일찍 자신의 비행기를 몰고 그 지역 상공으로 날아가서 사진을 촬영했다. 그는 이 사진을 콜린 앤드류스와 팻 델가도에게 보냈고, 처음으로 공중촬영된 미스터리 서클 사진을 본 두 사람은 버스티 테일러를 기꺼이 그들 연구의 동반자로 맞아들였다.

1986년 한 해 동안 버스티 테일러가 공중촬영한 미스터리 서클은 모두 12개였고, 그중에서 가장 아름다운 것은 유채 밭에 생긴 서클이었다. 그런데 이상하게도 미스터리 서클 안의 유채들은 땅바닥으로 바짝 눕혀 있었음에도 줄기에서 부러진 흔적을 전혀 찾을 수 없었으며, 꽃들도 상처 하나 없이 멀쩡했다. 유채는 줄기가 매우 딱딱해서 조금만 굽혀도 쉽게 부러지는 식물인데도 말이다.[4]

1987년 들어 윌트셔 주와 햄프셔 주에서는 40개가 넘는 미스터리 서클이 발견되었다. 그 모양도 다양해져서 원, 고리, 동심원, 3~5개의 원 배열 등 이전보다 훨씬 복잡한 양상을 띠기 시작했다. 그뿐 아니라 이들 미스터리 서클과 관련되어 여러 가지 복잡한 증상이 나타나기 시작하면서 신비감은 더욱 증폭되어갔다. 그 서클 안에 들어갔던 개들이 병에 걸리거나 토하는가 하면, 오렌지색 불빛이 주변에서 목격되기 시작했고, 이상한 소리가 들려오기도 했다. 콜린 앤드류스는 신문 인터뷰에서 자신도 원 한가운데에 서 있을 때 정전기에 의한 바스락거리는 소리를 들었다고 진술했다.

또 이 해에는 1982년 이후 처음으로 웨스트베리Westbury의 화이트 호스White Horse 근방을 중심으로 한 워민스터 주변에 미스터리 서클이 여럿 나타났다. 화이트 호스는 서기 878년 알프레드 왕이 덴마크와의 전쟁에서 거둔 승리를 기념하기 위해 백악암白堊岩을 깎아 언덕에 아로새긴 말 형상을 담고 있다.

1987년은 실베리 힐Silbury Hill 서쪽, 에이브베리 끝에 위치한 벡햄프턴Beckhampton이 미스터리 서클의 새로운 다발지역多發地域으로 떠오른 해이기도 하다. 선사시대의 인공 구릉과 고고학 유적들로 둘러싸인 이 지역에는 그해에만 10여 개의 미스터리 서클이 나타났다. 벡햄프턴 퍼즈팜Firs Farm의 농부 스티븐 호톤Stephen Horton은 당시 미스터리 서클이 나타났을 때 그것이 어떻게 발생했는지 전혀 눈치 챌 수 없었다고 한다.

이듬해인 1988년에는 미스터리 서클의 형태가 또 한 번의 진화를 겪었다. 7월 14일과 15일 밤사이에 실베리 힐 바로 아래에 나타난 미스터리 서클은 원주상에 4개의 원이 배열되어 있고, 그 중앙에 또 다른 원이 위치한 형태였다. 이런 켈트 십자가 모양의 미스터리 서클은 그해 가을 전까지 실베리 힐 근처에서만 6개가 나타났다.

이 해에는 웨섹스Wessex 주 북부에서도 미스터리 서클이 보고되기 시작했다. 6월 26일에는 레스터Leicester 근처의 오드비Oadby에 하나의 서클을 둘러싼 고리와 그 주위를 방사상으로 둘러싼 3개의 위성衛星 서클로 구성된 형태의 미스터리 서클이 나타났다. 이 해에는 이를 비롯해 120여 개의 미스터리 서클이 나타나 전년도보다 훨씬 높은 수치를 기록했다.

이 같은 미스터리 서클의 대폭적인 증가는 매스컴의 주목을 받기에 충분했다. 다음해인 1989년에는 영국 BBC 방송에서 미스터리 서클 특집이 제작되기도 했다. 그해 7월에는 에이브베리 근처 벡햄프턴에 직경이 35m나 되는 대형 미스터리 서클이 형성되었고, 8월 12일에는 윌트셔 주 아메스베리Amesbury 근처에서 이전의 것과 또 다른 진화의 양상을 보여준 스와스티카swastika 형태의 미스터리 서클이 나타났다. 이들을 포함해 1989년에 나타난 미스터리 서클은 모두 300개가량이었다.[5]

— 본격화된 미스터리 서클 신드롬, 진화에서 도약으로

1990년대가 되면서 미스터리 서클 소동은 새로운 국면으로 접어들었다. 우선 형태면에서 급격한 도약이 있었다. 몇 개의 크고 작은 서클들이 직선에 의해 연결된 픽토그램(pictogram, 사물이나 개념 등을 상징적으로 나타낸 그림문자) 형 미스터리 서클이 이때부터 나타나기 시작한 것이다.

형태뿐 아니라 수량 면에서도 전례를 찾아볼 수 없는 발전이 일어났다. 1990년 여름에만 1,000개 이상의 미스터리 서클이 나타났던 것이다. 그중 대표적인 것은 7월 11일 에이브베리 남쪽 알톤 반즈 인근에 위치한 베일 오브 퓨지Vale of Pewsey에 나타난 길이 168m의 미스터리 서클이다. 이것은 작은 원 5개와 아령 문양 2개가 일직선으로 배열된 모습이었는데, 놀라운 점은 거의 같은 시기에 화이트 호스 바로 아래에서 이와

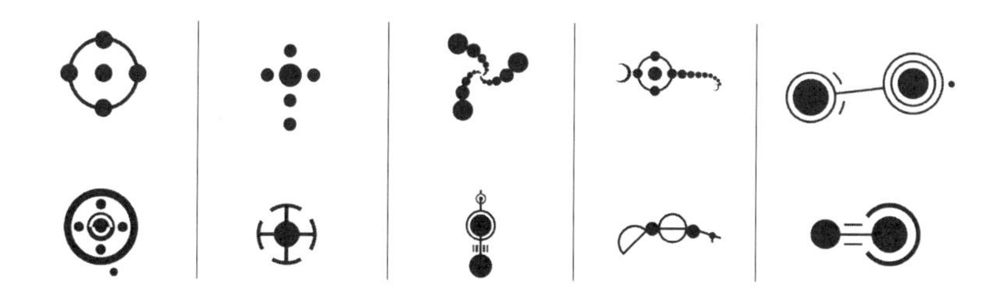

■ 미스터리 서클의 진화된 형태들. 왼쪽부터 각각 퀸튜플릿, 켈트 십자가, 픽토그램, 인섹토그램, 아령 모양을 띠고 있다.

너무도 흡사한 미스터리 서클이 발견되었다는 사실이다.

1990년에 만들어진 미스터리 서클은 대부분 픽토그램 형으로, 약간씩의 변형은 있지만 패턴은 대체로 같다. 7월 26일 만들어진 이스트 케네트East Kennett의 미스터리 서클이 한 예인데, 근처의 실베리 힐 방향을 가리키는 모양으로 배열된 이 미스터리 서클은 7월 11일 알톤 반즈에 나타난 것과 형태가 거의 같다. 만약 이 미스터리 서클들이 인위적으로 만들어졌다면, 그 제작자들은 아마도 같은 집단에 속해 있었을 것이다.

1991년에도 새로운 형태적 변화가 일어났다. 벌레를 연상시킨다고 해서 연구가들이 '인섹토그램Insectogram'이라고 명명한 이 미스터리 서클들은 6월 초 치즈풋 헤드에서 최초로 발견되었다. 그 후 계속해서 비슷한 형태의 미스터리 서클이 나타났는데, 그중 가장 완벽하고 아름다운 형태는 7월 10일 스톤헨지 근처에서 발견되었다. 이 인섹토그램 형태의 미스터리 서클에는 연구가들에 의해 '사다리'라고 명명된 부분이 있는데, 이 부분은 정확히 스톤헨지 쪽을 가리키고 있었다.

인섹토그램 형태 다음에는 아령 모양의 변형이 다시 나타나기 시작했다. 이는 아령 모양의 무늬 중앙에 원이 하나 더 그려진 형태인데, 6월 9일 벡햄프턴 퍼즈 팜에 최초로 이런 형태가 나타났다. 또 6월 21일에는 윌트셔 주 로커리지Lockeridge에, 7월 2일에는 알톤 반즈에 각각 길이 90여 m의 동일한 형태를 띤 아령 모양의 미스터리 서클이 나타났다. 두 미스터리 서클의 길이 차는 0.6%밖에 되지 않았다.

그 후로 이런 식의 쌍둥이 형태는 미스터리 서클의 전형적인 모습으로 자리 잡았으며, 그 크기도 점점 커지는 양상을 보였다. 7월 11일 알톤 프라이어즈Alton Priors에 나타난 '마법의 열쇠'라는 미스터리 서클의 길이는 110m였고, 7월 27일 에이브베리 근처 웨스트 케네트에는 그보다 0.9% 큰 쌍둥이 형태의 미스터리 서클이 나타났다.

'마법의 열쇠' 다음으로는 '돌고래 형(Dolphinograms)' 미스터리 서클이 나타나기 시작했다. 이런 형태는 7월 30일과 8월 22일 사이에 윌트셔 주에서만 7개나 생겨났으며, 그 형태는 모두 동일했다. 또 8월 18일에는 형태가 더욱 크게 달라진 미스터리 서클이 발견되었다. 이 미스터리 서클은 마치 인간의 뇌를 연상시키듯 여남은 개의 원과 구불구불한 곡선들로 표현되었는데, 일부 연구가들은 이를 미스터리 서클을 만드는 존재가 인류에게 머리를 사용하라는 메시지를 보낸 것으로 해석했다.[6]

1990년까지 윌트셔 주와 햄프셔 주에서는 겨우 25개의 미스터리 서클만이 발견되었는데, 1991년 들어 그 숫자는 무려 8배로 뛰었다. 이 시기의 미스터리 서클들은 그 지역의 선사시대 유적 근처에 집중적으로 나타났으며, 픽토그램 형 미스터리 서클은 대부분 그 선사시대 유적 방향을 가리키는 것처럼 배열되어 있었다. 이런 미스터리 서클 소동의 중

심지는 에이브베리 지구, 특히 에이브베리의 둥근 고리 언덕과 근처의 실베리 힐, 그리고 벡햄프턴의 퍼즈 팜이었다. 1991년 여름 동안 이 근처에서만 무려 40여 개의 미스터리 서클이 발견되었다.[7]

그런데 왜 하필 이 지역에 미스터리 서클이 집중되었을까? 미스터리 서클을 만드는 존재들이 이곳을 주요 표적으로 삼은 데는 어떤 특별한 목적이 있는 것일까?

그해 여름에 발견된 40여 개의 서클 중 12개는 실베리 힐 서쪽의 퍼즈 팜 근처에서 발견되었다. 그곳의 농장주인 스티븐 호튼은 이 미스터리 서클이 자신의 일상적인 농경생활 리듬을 깨고 있다고 불평했다. 정확히 말하자면 몰려드는 관광객들이 문제였다. 그들은 별 생각 없이 마구 밀밭에 들어가 곡식을 짓밟는가 하면, 담배꽁초를 아무 데나 버려 화재의 위험도 불러일으키곤 했다. 그래서 호튼은 자신의 농장에 생긴 미스터리 서클을 보러 오는 관광객들에게 1파운드씩 입장료를 받기로 했다. 귀찮은 문제는 자꾸 일어나는데 미스터리 서클 때문에 입는 피해를 보상해주는 보험은 없으니 이렇게 해서라도 손실을 줄여야 한다는 것이 그의 설명이었다.

미스터리 서클, 자연현상이 만들어낸 해프닝?

—— 하얀 빛을 작렬하며 하늘에서 춤추듯 나타난 불빛은 그들의 머리 위로 날아와 잠시 머물렀다. 두 사람은 온몸이 따끔거림을 느꼈고, 무언가가 간질이듯 피부 전체가 짜릿해졌다. 그리고 조금 전보다 주변이 훨씬 따뜻해졌다. 잠시 후, 두 사람이 정신을 차리고 주위를 둘러보니 밀밭에는 커다란 자국이 새겨져 있었다. 순식간에 벌어진 엄청난 사건에 그들은 넋을 잃었다. 식물 줄기들이 소용돌이치듯 납작 눌린 밀밭의 한가운데에서.

— 미스터리 서클 위를 떠다니는 정체불명의 불빛

1972년 3월 22일 밤, 영국 윌트셔 주 워민스터의 지역신문인 〈워민스터 저널Warminster Journal〉의 편집장 어서 셔틀우드Arthur Shuttlewood와 미국의 라디오 방송 저널리스트 브라이스 본드Bryce Bond는 수천 년 전 영국 선주민들이 인공적으로 쌓아올린 계단 형태의 거대한 피라미드 클레이 힐Cley Hill을 오르고 있었다. 그들은 왜 한밤중에 영국에서 가장 신비롭고 주술적인 분위기에 휩싸인 장소로 향하고 있었을까?

1940년대 말부터 미국을 중심으로 한바탕 소동을 일으켰던 UFO 출현이 1970년대 초 영국 윌트셔 주에서도 일어나고 있었기 때문이다. 지역 주민들이 한밤중에 밝은 빛 덩어리들이 나타나 허공을 가로지르는 모습을 수차례나 목격했던 것이다. 이런 집중적인 UFO 출현은 세계적으로 널리 알려져 미국의 라디오 방송 작가를 문제의 장소로 이끌었다.

밤이 깊어가자 두 사람의 눈앞에 UFO가 보였다. 하얀 빛을 작렬하며 하늘에서 춤추듯 나타난 그 불빛은 그들의 머리 위로 날아와 잠시 머물렸다. 두 사람은 온몸이 따끔거림을 느꼈고, 무언가가 간질이듯 피부 전체가 짜릿해졌다. 마치 그들을 둘러싼 공기가 정전기로 대전된 것 같았다. 그리고 조금 전보다 주변이 훨씬 따뜻해졌다.

잠시 후, 두 사람이 정신을 차리고 주위를 둘러보니 밀밭에는 커다란 자국이 새겨져 있었다. 순식간에 벌어진 엄청난 사건에 그들은 그저 넋을 잃고 서 있을 뿐이었다. 식물 줄기들이 소용돌이치듯 납작 눌린 밀밭의 한가운데에서.[8]

본드가 미국에 돌아와 자신의 체험을 라디오를 통해 보도했을 때만 해도 미스터리 서클 현상은 세상에 널리 알려져 있지 않았다. 비록 워민스터 지역에서 이상한 불빛 소동이 일어나고는 있었지만, 밀밭에 기하학적 무늬가 새겨지는 것은 그때까지만 해도 그곳 주민들에게조차 생소한 일이었기 때문이다. 하지만 이 에피소드가 사람들의 기억에서 희미해져가던 1980년대 중반, 윌트셔 주를 중심으로 여름마다 생겨나기 시작한 밀밭의 둥근 무늬는 영국 전역을 뒤흔드는 센세이셔널한 소동으로 발전해버렸다.

"그것들은 오렌지 빛의 공처럼 생겼어요. 그 형태는 마치 버섯과도 같았는데 회전하면서 오렌지색 불빛을 아래쪽으로 내뿜고 있었죠."

1991년 에이브베리에서 이상한 빛 덩어리를 목격했다고 증언한 톰 블로워Tom Blower의 설명이다. 도대체 이 불빛의 정체는 무엇일까?

1993년에 광구를 직접 목격한 바 있는 항공 운항 전문가 앤디 버클리Andy Buckley는 광구에서 인간이 만든 장치임을 나타내는 표식을 찾으려고 노력했지만 헛수고였다. 그는 당시 상황을 다음과 같이 회고했다.

"나는 남쪽에서 북쪽으로 움직이는 밝은 불빛을 감지했어요. 그것은 이전의 비행기에 달린 운항 조명등이나 날개등을 달고 있지 않았죠. 그것은 구형이거나 달걀 형태였고, 은빛이 나는 하얀 빛에 오렌지 빛이 감돌았습니다. 그리고 무엇보다도 소리를 거의 내지 않는다는 점에서 기존의 비행체와 구분되었죠."

미스터리 광구의 정체를 규명하기 위해 모여든 연구가들은 이곳 에이브베리에서 당시 집중적으로 발생하고 있던 또 다른 초상현상인 미스터리 서클과 이 불빛의 상관관계에 주목하기 시작했다. 미스터리 서클이 에이브베리 주변에 집중적으로 나타나기 시작한 1990년부터 정체불명의 불빛이 목격된 횟수도 급증했기 때문이다. 목격자들에게 그것은 정말로 매우 확실한 존재들이었다. 하지만 그 정체나 그것들과 미스터리 서클의 관계가 무엇인지에 대해서는 논란이 분분하다.[9]

미스터리 서클의 최고 전문가로서 콜린 앤드류스는 미스터리 서클이 생겨난 지역에 미스터리 광구들이 자주 목격된다는 사실에 주목한 최초의 몇 사람 중 하나였다. 그는 자신이 수집한 70여 건의 비슷한 목격 내용을 정리한 다음 "이미 만들어져 있던 한 미스터리 서클에서 다른 미스터리 서클로 이상한 작은 광구가 이동하는 것이 비디오테이프에 담긴 예도 있어요. 나는 이 빛 덩어리와 미스터리 서클 사이에 깊은 관계가 있다고 믿습니다."라고 말했다.

이처럼 에이브베리 지역에 미스터리 광구가 자주 목격되자 1990년대 초에 '에이브베리 정체불명의 불빛(Avebury Mystery Lights) 관측 팀'이 결성되었다. 그들은 매년 여름 에이브베리에 모여 이 이상한 불빛을 촬영했

■ 1994년 여름 콜린 앤드류스가 에이브베리에서 촬영한 정체불명의 불빛. 오른쪽에 이 불빛을 조사하고 있는 영국군의 헬리콥터가 보인다.

다. 1991년 6월 22일 밤, 에이브베리 위쪽의 밀크 힐Milk Hill에 모여 있던 이 관측 팀은 밝은 오렌지 빛 구체를 비디오로 촬영하는 데 성공했다. 그들은 비디오테이프를 영국 국방성에 전달해 검토를 의뢰했고, 몇 달 후 그것이 민간 또는 군 비행기가 아니며, 기구 혹은 시험용 비행기도 아니라는 통지를 받았다.

이 비디오테이프는 다시 광학 전문가들의 분석을 거쳤으며, 오렌지 빛 공의 직경은 20m가 넘는 것으로 판정되었다. 영상을 프레임 별로 분석한 결과, 광구의 크기는 다섯 프레임이 찍힌 사이에 절반으로 줄어들었다가 다시 다음 다섯 프레임 동안 원래 크기로 돌아가기를 반복했다는 사실이 밝혀졌다. 이렇게 빠른 주기로 명멸하는 광원이라면 그 정체가 무엇이든 간에 매우 강렬한 에너지를 내뿜는 에너지원이어야 했다.[10]

■ 미스터리 서클이 자주 출몰하는 것으로 알려진 지역

■ 1996년 알톤 반즈의 보리밭에 나타난 DNA 모양의 미스터리 서클

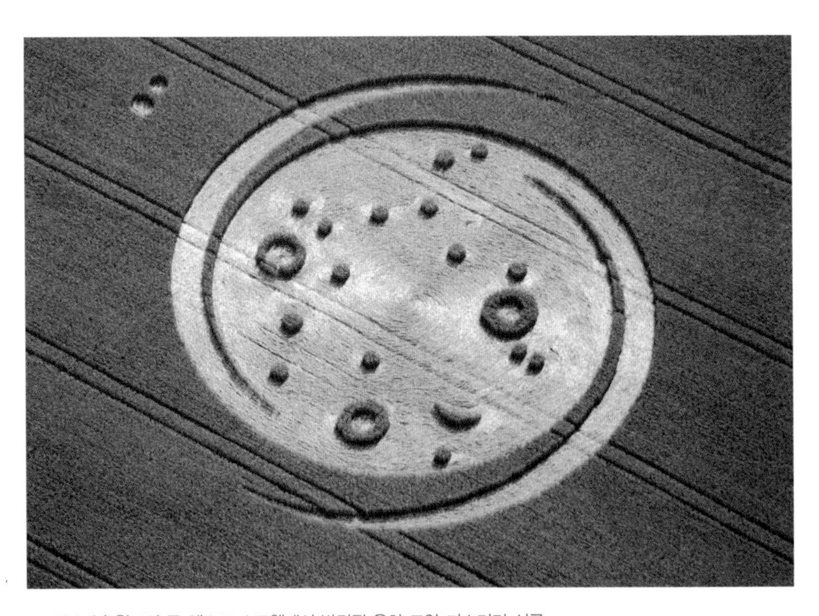

■ 1994년 윌트셔 주 웨스트 스토웰에서 발견된 은하 모양 미스터리 서클

■ 1996년 7월 7일 발견된 줄리아 세트 형태의 미스터리 서클. 위쪽 가까운 곳에 스톤헨지가 보인다.

■ 1990년 7월 26일 낮 스티브 알렉산더가 에이브베리에서 촬영한 정체불명의 불빛

■ 필자와 함께한 콜린 앤드류스(왼쪽)

■ 실베리 힐 근처에서 발견된 미스터리 서클을 조사하는 필자

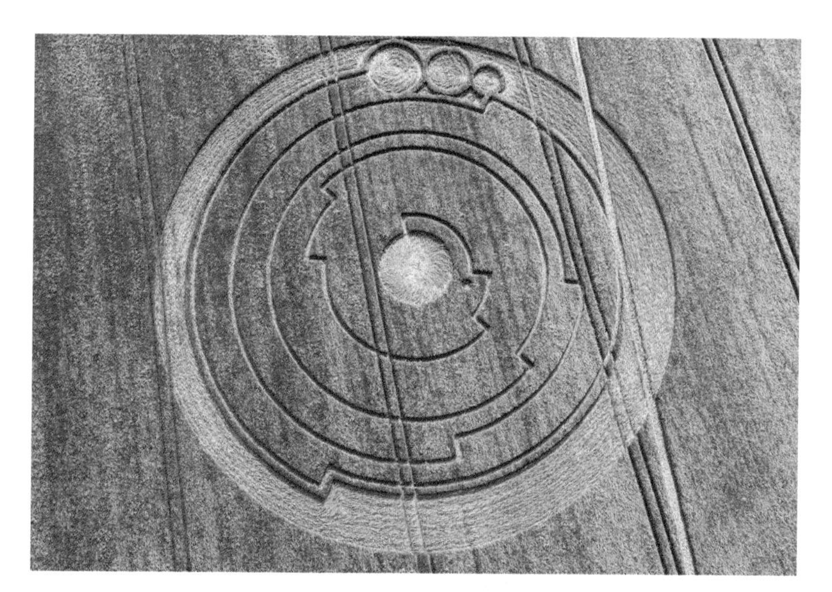

■ 2008년 6월 1일 바버리 캐슬 근처에 형성된 원주율의 숫자 배열이 새겨진 미스터리 서클

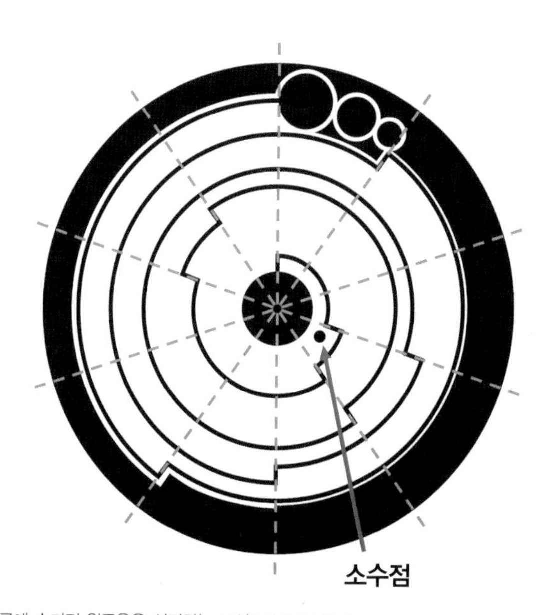

■ 미스터리 서클에 숨겨진 원주율을 설명하는 도식(142페이지 참조)

유클리드의 숨겨진 기하학 정리가 반영되어 있는 미스터리 서클들

■ 1997년, 윈터본 바셋

■ 1997년, 바버리 캐슬

■ 1995년, 리치 필드

■ 1995년, 텔레그래프 힐

■ 1996년, 리틀베리 그린

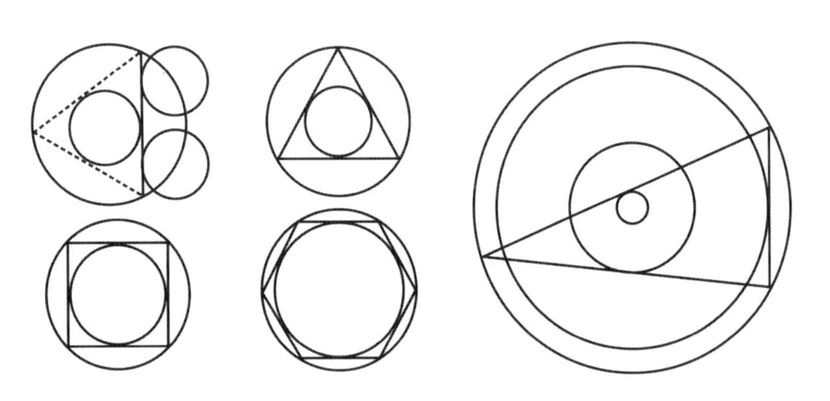

■ 미스터리 서클에 숨겨진 기하학 정리에 관한 도식. 온음계와 관련된 비율을 내포하는 것으로 알려져 있다.

— 미스터리 서클의 또 다른 용의자? 지각 균열 에너지와 플라스마 보텍스

거석 건조물 부근에 어떤 신비로운 힘이 존재할 것이라는 주장들은 오래전부터 끈질기게 제기되어왔다. 그런 지구 에너지가 지표로 분출되는 지점에 세워진 구조물이 바로 거석 유적이라는 이야기다.

에이브베리나 스톤헨지 같은 특정 지역에 정체불명의 빛과 미스터리 서클이 집중적으로 나타나는 것은, 그곳이 지각 균열대이거나 그 밖의 다른 이유로 에너지가 방출되는 지점이기 때문일까? 그래서 오래전부터 지하에서 강한 에너지가 방출되어왔으며, 그 영향으로 이상한 불빛과 소리가 나고 땅 위에 소용돌이무늬가 생겨났던 것일까? 그리고 이런 이상한 일들을 지켜본 선사시대 거주민들이 이곳을 신성한 장소로 여기고 이를 기념하기 위해 에이브베리 환석이나 스톤헨지를 세웠던 것일까?

〈레이 헌터Ley Hunter〉 지의 편집자 폴 데브루Paul Deverreux는 그렇다고 믿는다. 그는 신석기시대나 청동기시대부터 땅과 대기 중에 나타나는 불빛이 사람들의 이목을 집중시켰고, 그 결과로 거석 유적이 만들어졌다고 생각한다. 그는 이 이론을 검증하기 위해 '드래곤 프로젝트Dragon Project'를 창설하여 스톤헨지를 중심으로 거석 유적지의 전자기장을 조사하고 있다. 그 결과는 아직 미지수지만, 그는 다음과 같이 말하며 이런 시도가 고고학에 끼칠 영향에 대해 긍정적으로 생각하고 있다.

"거석이 배열된 몇몇 지역은 지각 균열대나 단층지역과 일치한다. 이런 지형을 가진 곳에서는 종종 대기 중에 이상한 불빛이 나타난다. 그리고 몇몇 사람들은 이것을 UFO라고 부른다. 확실히 요즘 많은 사람이 영국의 거석 유적지에서 불빛을 보았다고 주장한다. 특히 스톤헨지 근처에서도 이런 보고가 있었다. 화학과 지질학, 공학, 그리고 천문학이 고고학에 영향을 끼쳤듯이, 앞으로 고고학의 선사 유적지 연구에는 보다 넓은 범위의 지구물리학적 성질이 고려되어야 한다. 아마도 언젠가는 고고학이 지구의 미스터리들을 끌어안는 형태로 확장될 것이다."[11]

에이브베리 지역에서 미스터리 광구 소동이 일어난 지는 오래되었지만, 그런 현상을 그곳의 지형과 제대로 연결하는 연구가 이루어졌다는 소식은 지금껏 발표된 적이 없다. 영국 남부에 지각 균열대가 있다고 심각한 태도로 발표한 지질학자 또한 전혀 없었다. 그렇다면 이런 괴이한 소동은 다른 자연현상에서 비롯된 것은 아닐까?

윌트셔 주 소재의 천문기상연구소에 근무하는 테렌스 미든Terence Meaden 박사는 미스터리 서클을 설명하기 위해 플라스마 보텍스plasma vortex 이론을 제안했다. 이 이론을 사용하면 미스터리 서클과 정체불명의 불빛을 동시에 설명할 수 있다. 그는 1990년대 초부터 미스터리 서클은 전기장으로 충전되는 회오리바람인 '플라스마 보텍스'가 지면에서 급격히 와해되면서 형성된다고 주장해왔다. 플라즈마 보텍스는 보통의 회오리바람과 달리 강력한 전기장을 형성하기 때문에 발광체를 동반하며 주변에 전자기적인 영향도 끼친다는 것이다. 윌트셔 주에 미스터리 서클과 정체불명의 불빛이 동시에 나타나는 것도 이러한 이론으로 설명 가능하다. 그렇다면 이런 현상이 요즘 들어 유독 자주 나타나는 이유는 무엇일까?

미든은 요즘 들어 이런 현상이 잦아지는 원인이 오존층 파괴와 관계된다고 생각한다. 플라스마 덩어리가 공중에서 지상을 향해 하강하면서 깔때기와 유사한 모양으로 회전하고, 이 회전이 불빛과 소리, 그리고 강한 전기장을 형성하면서 밀밭에 원형의 소용돌이무늬를 만든다. 이 무늬가 바로 미스터리 서클이다. 그런데 오존층이 파괴된 오늘날에는 고공의 플라스마 입자들이 이전보다 쉽게 지상에까지 내려오기 때문에 미스터리 서클도 더 자주 나타나고 정체불명의 불빛도 더욱 빈번히 출몰한다는 이야기다.

그는 한 발 더 나아가 스톤헨지와 같은 거석 환형 구조물들이 플라스마 보텍스의 하강 지점에 세워졌다는 가설을 내세웠다. 이 지역에 살던 고대인들은 당시 목격했던 미스터리 서클을 풍요신앙의 상징으로 여겨 그 지점에 무덤이라든가 다른 거석 건축물들을 지었고, 그 건축물이 오늘날 발견되는 거석 환형 구조물이라는 것이다.[12]

고도의 수학적 암호가 밀밭에 새겨지다

—— 몇몇 특별한 미스터리 서클에는 매우 지적이며 뛰어난 미적 감각까지 갖춘 존재가 명백히 개입되어 있다. 그런 지적 유희를 즐기려면 음악뿐 아니라 유클리드 기하학에도 정통해야 하기 때문이다. 게다가 그렇게 복잡한 미스터리 서클을 정확히 그리려면 지구상의 기술을 뛰어넘는 초고도의 기술까지 보유해야 한다. 어쩌면 지능이 매우 뛰어난 외계인만이 그 방법을 알고 있을지도 모른다.

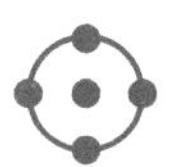

— 미스터리 서클에 드러난 원주율

비교적 단순한 형태를 띤 초기의 미스터리 서클들은 플라스마 보텍스 이론으로 설명 가능해 보인다. 하지만 1980년대 이후 진화해온 복잡한 형태의 미스터리 서클들은 이런 자연현상으로 설명할 수 없다. 거기에 내재된 복잡한 형태와 완벽에 가까운 대칭성은 지적인 존재가 개입했음을 의미하기 때문이다. 결국 '초기엔 자연현상에 의해 미스터리 서클이 생겼지만, 나중에 인간이 개입하기 시작하면서 좀 더 복잡한 무늬들이 만들어지게 되었다'는 식의 설명이 가장 합리적일지도 모른다.

실제로 1991년 영국의 한 매스컴이 오래전부터 밀밭에서 원을 그리는 장난을 해왔다는 두 노인의 주장을 별 검증 없이 대대적으로 보도한 일이 있었다. 도우 바우어Doug Bower와 데이비드 촐리David Chorley라는 노인이 로프와 판자, 막대기 등으로 200여 개의 미스터리 서클을 만들었다고 주장한 것이다. 이들은 BBC 방송에 출연해 밀밭에 미스터리 서클을 만드는 장면을 연출했다. 이 소식은 외신을 통해 세계로 확산되어 많은

이들이 더 이상 미스터리 서클에 미스터리가 없다고 믿게 되었다.[13]

하지만 1995년과 1996년 에이브베리와 스톤헨지 지역에 나타난 복잡한 형태를 띤 대규모의 미스터리 서클을 살펴보면 이야기가 달라진다. 거기에는 자연현상이나 인간의 장난에 의한 산물로는 도저히 설명할 수 없는 부분이 있기 때문이다.

미스터리 서클이 큰 화제가 된 시기는 주로 1990년대였지만, 최근에도 미스터리 서클은 여러 나라에 나타나고 있다. 더욱이 최근 발견되는 것들은 다양한 수학적 암호를 담고 있다. 2008년 6월 1일 영국 윌트셔주 바버리 캐슬Barbary Castle 근처에 형성된 미스터리 서클이 대표적인 예다. 언뜻 봐서는 이 미스터리 서클에 숨은 의미를 알기 어렵다. 그 의미를 해독해냈다는 천체물리학자 마이클 리드Michael Reed에 의하면 이 미스터리 서클은 원주율을 소수점 이하 9째 자리까지 나타낸 것이다.

미스터리 서클을 36도씩 10등분하여 살펴보면 그 뜻을 알 수 있다. 133페이지 하단의 도식에서 중앙의 원을 보면 나선을 그리며 바깥쪽으로 나아가는 고랑이 있는데, 12시 방향에서 시계 방향으로 108도(3구간) 회전하면 단段이 나온다. 이는 자연수 자리의 숫자가 3이라는 뜻이다. 그 지점의 아래쪽에 작은 점이 나 있는데, 리드의 설명에 의하면 이는 소수점을 의미한다. 첫 번째 단이 생긴 곳에서 다시 고랑을 따라 시계방향으로 36도(1구간) 회전하면 다음 단에 이르게 된다. 리드는 이것이 소수점 아래의 첫 번째 숫자가 1임을 의미한다고 해석했다. 여기서 고랑을 따라 144도(4구간) 더 나아가면 3번째 단이 나오는데, 이는 소수점 아래의 둘째자리 숫자가 4라는 뜻이다. 이런 식으로 계산을 이어나가면,

이 미스터리 서클이 나타내는 숫자는 원주율을 소수점 이하 9째 자리까지 반올림한 3.141592654라는 사실을 알 수 있다.[14]

— 유클리드의 숨겨진 정리가 미스터리 서클에서 모습을 드러내다

몇몇 미스터리 서클에는 매우 지적이며 뛰어난 미적 감각까지 갖춘 존재가 명백히 개입되어 있다. 미국의 명망 높은 천문학자이자 '고고천문학'이라는 분야를 개척한 제럴드 호킨스Gerald Hawkins는 스톤헨지가 고대인들이 만든 천체계산기로, 태양과 달의 주기를 정확하게 측정할 수 있는 도구였다는 학설을 주장해 이 분야의 세계 최고 권위자가 되었다.

그는 스톤헨지를 연구하기 위해 자주 영국을 방문하다가 그 주변에 생긴다는 미스터리 서클에 관한 이야기를 듣고 거기에 흥미를 가졌다. 그리고 콜린 앤드류스와 팻 델가도가 함께 쓴 《미스터리 서클의 증거Circular Evidence》라는 책에 그려진 미스터리 서클 도해에서 아주 재미있는 사실을 발견했다. 앤드류스가 매우 정밀하게 측량하여 도면으로 옮긴 내용을 세밀히 조사하던 중, 그 미스터리 서클들에 서양 음악의 온음계와 관련된 비율들이 반영되어 있다는 사실을 깨달은 것이다.

그가 조사한 미스터리 서클들은 자연현상에 의해 생기거나 누군가의 장난으로 만들어진 것이 아니라, 음악에 정통한 누군가가 음악에 관련된 내용을 암호화하여 새겨놓은 것이다.

여기까지 생각이 미친 그는 매스컴을 떠들썩하게 만든 두 노인이 음악에도 조예가 깊어 지적 유희를 즐기며 그 미스터리 서클들을 만들지는 않았을까 궁금해졌다. 그래서 그들에게 연락을 취했지만, 그들에게서 아무 응답도 듣지 못했다. 사실 그들은 매스컴에서 자신들이 만든 미스터리 서클은 장난으로 만든 것이었다고 강조했을 뿐, 상징적인 암호를 심었다고 하지는 않았다. 호킨스는 그 점으로 미루어 볼 때 음악에 관련된 미스터리 서클들은 그들의 작품이 아니라고 단정했다.

그렇다면 이것은 과연 누구의 소행일까? 호킨스는 음대 학생들이 그 미스터리 서클들을 만들었을 가능성을 언급했지만, 후에 그가 밝혀낸 바에 의하면 그럴 가능성은 희박하다. 그런 지적 유희를 즐기려면 음악뿐 아니라 유클리드Euclid 기하학에도 정통해야 하기 때문이다.[15]

유클리드는 기원전 300년경에 활약한 그리스의 수학자이며 자신의 이름을 딴 평면기하학의 집성자다. 그가 집필한 13권 분량의 저서 《기하학원본Stoicheia》은 기하학 분야의 경전으로 추앙받고 있다.

제럴드 호킨스는 그 책에 소개될 법한데도 실리지 않은 기하학 정리들이 미스터리 서클에 구현되어 있음을 발견하고 경악했다. 그 정리들은 동심원들과 그에 접한 도형들에 관한 것이었고, 이 도형들의 길이에는 온음계에서 나타나는 특정한 비율이 적용되어 있었다. 그런데 지금까지 알려진 유클리드의 기하학 정리 중에 온음계와 관련된 것은 없었다. 호킨스는 유클리드가 활동한 기원전 300년경에는 온음계의 모든 것이 알려지지 않았고, 그 미지의 공식들이 그 미스터리 서클에 구현되어 있다고 확신했다. 유클리드도 몰랐고 오늘날의 수학자들도 깨닫지 못한

유클리드 기하학의 불완전한 부분에 누군가가 화룡점정을 한 셈이다.[16]

이쯤 되면 미스터리 서클을 제작한 자는 아마추어 음악가나 수학자 따위가 아닌, 비상한 수준의 지성을 자랑하는 천재적인 학자라고 봐야 한다. 하지만 이런 대단한 능력을 갖춘 사람이 왜 학계에 자신의 기념비적인 발견을 발표하는 대신 이런 엽기적인 방법을 택한 것일까?

— 프랙탈 차원의 미스터리 서클

호킨스가 미스터리 서클을 연구할 때 사용한 텍스트인 《미스터리 서클의 증거》는 1980년대 중후반부터 1990년 봄까지 발견된 미스터리 서클을 다룬다. 그런데 1991년 영국 케임브리지셔Cambridgeshire에서 만델브로트Mandelbrot 세트라 불리는 카오스 이론에 관한 모양의 미스터리 서클이 발견되었다.

그전까지의 미스터리 서클은 아무리 복잡해도 전형적인 유클리드 기하학을 반영하는, 자와 컴퍼스로 그릴 수 있는 것들이었다. 그런 미스터리 서클은 매스컴에 등장했던 두 노인처럼 널빤지와 로프만 있으면 쉽지는 않겠지만 밀밭에 그릴 수는 있다. 하지만 비유클리드 기하학에 속하는 만델브로트 세트는 전혀 딴판이다. 이런 모양은 자와 컴퍼스만으로는 그릴 수 없다. 그런데 누군가가 밀밭에 그 모양을 매우 정확하게 그려놓았다. 그런 장난을 친 사람은 분명 수학 분야와 관계있을 것이라는 추정하에 인근 케임브리지 대학 수학과의 학생들이 용의자로 떠올랐다.

■ 1991년 케임브리지셔에 나타난 미스터리 서클의 형태. 카오스 이론에서는 이런 모양을 만델브로트 세트라 부른다.

케임브리지 대학의 학생들은 기발한 장난으로 유명하다. 아이작 뉴턴이 교수 생활을 했던 트리니티 칼리지Trinity College 정문 위쪽에 조각된 헨리 8세의 조각상은 왕홀(王笏, 왕의 대관식 같은 의식에 사용되던 지팡이) 대신 막대기를 손에 꼭 쥐고 있다. 어느 짓궂은 학생이 왕홀을 빼내고 의자 다리를 꽂아놓은 것이다. 그렇다면 이 재기발랄하고 극성맞은 수재들이 의기투합하여 화젯거리를 만들려고 이런 장난을 친 것일까? 언론이 케임브리지 대학 수리물리학과 학생들에게 혐의를 돌리자, 당시 수리물리학과 교수였던 피터 란데쇼프Peter Landeshoff는 학생들을 대상으로 조사를 실시한 후 누구도 그런 일을 하지 않았다고 매스컴에 발표했다.

수학에 정통한 누군가가 연루되었건 말건, 문제의 핵심은 만델브로트 세트가 종이 위에서도 제대로 그릴 수 없는 모양이라는 사실이다. 도대체 누가 이런 기막힌 일을 해낸 것일까? 케임브리지 대학에서 카오스 이론을 전공하는 이론 수학자들은 그것이 불가능한 일이라고 반론을 제기했다. 영국 최대의 학술지 〈뉴 사이언티스트New Scientist〉도 이 사실을 인정하며 이렇게 썼다.

"세상에서 가장 수학적인 장난꾼들이 지난주 케임브리지의 옥수수 밭에 미스터리 서클을 만들었다. 그들은 단순한 서클이 아닌, 수학에서 볼 수 있는 가장 복잡한 형태인 (카오스 이론의) 만델브로트 세트를 새겨놓았다. … 케임브리지 대학 수학과 학생들이 의심을 받았다. 그러나 '우리는 그것에 대해서 전혀 모릅니다.'라고 대학 관계자 피터 란데쇼프는 주장했다. 만델브로트 세트를 최초로 발견한 IBM 연구원 베누아 만델브로Benoît Mandelbrot는 자신과 이 미스터리 서클의 어떤 연관성도 단호히 부인했다. 그는 지난주 내내 미국에 있었다고 했다. … 전형적인 수학 도형과는 달리 만델브로트 세트 같은 프랙탈 형태는 연필이나 바람, 낫 같은 것으로는 만들 수 없다. 그런 것들은 일일이 점을 찍어서만 만들 수 있다. 하지만 수학자들은 최근에 만델브로트 세트와 같은 형태는 그런 방법으로도 정확히 그릴 수 없음을 증명해냈다. 아마도 정말로 지능이 뛰어난 외계인만이 그리는 방법을 알 것이다."[17]

〈뉴 사이언티스트〉 지의 기사는 만델브로트 세트를 옥수수 밭에 구현한 존재를 외계인에 비유함으로써 제작의 어려움을 간접적으로 표현했다. 물론 이 기사를 작성한 사람은 그 미스터리 서클이 정말로 외계인의 작품이라고는 생각하지 않았을 것이다.

어쨌든 지금까지 살펴본 사실을 종합적으로 판단해보면, 미스터리 서클에는 음악과 수학에 뛰어날 뿐 아니라 초고도의 기술까지 보유한 매우 전문적인 조직이 연관되어 있다고 봐야 한다.

그런데 이러한 프랙탈 형태의 미스터리 서클과 관련해서 더욱 놀라운 사건이 1996년 7월 7일 스톤헨지의 지척에서 발생했다. 프랙탈 이론에 등장하는 줄리아Julia 세트의 모습을 닮았다 해서 줄리아 세트라고 명명된 복잡하고 거대한 미스터리 서클이 스톤헨지 아래쪽에 만들어진 것이다. 이 모양도 만델브로트 세트와 마찬가지로 자와 컴퍼스만으로는 작도가 불가능하다. 이런 엄청난 일을 해낸 자는 대체 누구일까?

최첨단 과학기술을 보유한 미스터리 서클의 용의자들

——— 만일 당신이 미스터리 서클을 만드는 범인이라면 무엇보다도 사람들의 눈을 피해서 임무를 완수해야 하며, 그것도 불과 4~5시간 안에 모든 일을 끝내야 한다. 게다가 지금까지 알려진 GPS의 성능으로는 미스터리 서클을 구성하는 원들을 정확한 위치에 그릴 수 없다. 이 모든 난점을 극복하고 정밀한데다가 아름답기까지 한 미스터리 서클들을 그려낸 자들의 정체는 대체 무엇이란 말인가?

— 미션 임파서블, 정밀도의 한계를 뛰어넘어라

영국은 북위 50도 이상의 고위도 지역에 위치하기 때문에 여름에는 밤이 상당히 짧다. 특히 미스터리 서클이 주로 만들어지는 7~8월에는 밤이 4~5시간밖에 되지 않는다. 1990년대에 미스터리 서클이 센세이션을 일으키면서 7~8월이 되면 미스터리 서클이 주로 생기는 영국 윌트셔 주에 수많은 인파가 모여든다. 그중에는 언론계 종사자도 있지만, 대부분은 미스터리 서클에 매료된 순례자들이다. 이들은 밤을 새워가며 미스터리 서클을 만드는 자들이 누군지 감시하고 있다.

만일 당신이 미스터리 서클을 만드는 범인이라면 무엇보다도 이들의 눈을 피해서 임무를 완수해야 한다. 게다가 주어진 시간은 겨우 4~5시간뿐이다. 스톤헨지 근처의 줄리아 세트 미스터리 서클을 구성하는 원은 모두 151개에 달하며, 전체 크기도 거대해서 직경이 100m를 넘을 정도다. 그 짧은 시간에 이런 거대한 구조물을 만들려면 인원을 최소한 10명쯤은 동원해야 할 것이다. 또 1인당 15개의 원을 담당한다면 1명이

20분에 하나 꼴로 원을 만들어야 한다.

문제는 책임자인 당신이 전체의 윤곽을 잡아줘야 한다는 데 있다. 미스터리 서클을 구성하는 각각의 원은 중심에 꽂을 막대와 로프, 널빤지만 있으면 충분히 제작 가능하다. 하지만 각 원의 중심은 그 위치를 당신이 일일이 정해서 모두에게 알려줘야 한다. 번거로워 보일 수도 있지만, 이는 GPS가 있으면 불가능한 일만은 아니다. 다음과 같은 방법을 사용하면 조금은 가능성이 있을지도 모른다.[18]

컴퓨터로 사전에 제작한 프랙탈 형상을 반투명지에 인쇄한 다음, 스톤헨지 근처의 고해상도 지도 위에 놓고 각 원의 중심점을 바늘로 찍어 표시한다. 바늘이 찍힌 위치들의 정확한 위도와 경도를 GPS에 입력한 후 현지에서 각각의 위치에 해당하는 지점을 찾아 막대기를 꽂는다. 분대원들은 그 지점을 중심으로 크고 작은 원들을 그린다. 하지만 아무리 세심한 주의를 기울인다 한들 스톤헨지 아래쪽에서 발견된 것과 같은 정확한 모양을 사람의 손으로 만들 수 있을까?

GPS는 1970년대 초부터 1990년대 중반에 걸쳐 미 국방부가 지구상에 있는 물체의 위치를 측정하기 위해 60억 달러를 쏟아 부어 만든 군사 목적 시스템으로, 현재는 민간에서도 사용되고 있다. GPS를 이용하면 매우 정확한 위치가 얻어지는데, 이는 서로 다른 궤도로 지구 대기권을 회전하는 24개의 GPS 위성 덕분이다. 위치를 측정하려면 동시에 최소 4개의 위성으로부터 신호를 받아야 하며, 더 많은 위성으로부터 신호를 받으면 더욱 정확히 위치를 측정할 수 있다. GPS를 이용한 위치측정 데이터의 오차범위는 군사용의 경우 50m 이내, 민간용의 경우는 200m 이내이며

DGPS(Differential GPS)를 사용하면 5m 이내로 줄어든다.[19]

정확한 줄리아 세트 모양을 만들려면 이 정도 오차범위로도 어림없는데, 스톤헨지의 미스터리 서클이 만들어졌을 때는 그 정도의 정밀도조차 얻을 수 없는 상황이었다. 24개의 GPS 위성이 모두 가동되기 시작한 때는 그 미스터리 서클이 만들어지고 나서 열흘이나 지난 1996년 7월 17일이었던 것이다. 오늘날 5m의 오차범위라도 얻을 수 있게 된 것은 DGPS 기법과 나중에 추가된 3개의 보조 인공위성 덕택이다. 그렇다면 보조 인공위성 없이도 위치측정 오차를 줄일 수 있는 획기적인 기술이 그 훨씬 전에 이미 누군가에 의해 개발되었단 말인가?

앞서 나는 보령의 미스터리 서클을 잠깐 살펴보고 그것이 가짜라는 사실을 바로 눈치 챘다고 했다. 갈대가 꺾인 모습에서 이상한 점을 발견했기 때문이다. 그 미스터리 서클 내부의 갈대는 대부분 아래쪽이 손으로 꺾은 것처럼 부러져 있었으며, 가장자리의 갈대에는 낫으로 벤 듯한 흔적도 있었다. 하지만 진짜 미스터리 서클의 식물은 기계적으로 꺾이거나 부러지지 않고 생물리적인 과정을 통해 굽어진다.[20] 나는 1997년 여름 KBS '수요스페셜'을 제작하기 위해 최혜정 PD와 영국 윌트셔 주에 직접 가서 발견한 미스터리 서클에서도 이 점을 확인했다.

이는 매우 신기한 특질이다. 어떤 방법을 사용해야 식물이 순식간에 그런 식으로 굽어질까? 이에 대한 해답은 아주 강력한 에너지 밀도를 갖지만 노출시간은 극도로 짧은 에너지 펄스에서 찾을 수 있다. 식물 줄기 일부분이 이런 고에너지에 노출되면 순간적으로 높은 열이 발생하고, 줄기 내부의 수분이 바깥으로 분출되면서 마디가 부푼다. 만일 이런 에너지원에 조금이라도 오래 노출된다면 줄기는 활활 타버릴 것이다. 하지만 노출시간이 극도로 짧으면 줄기는 부푼 상태에서 자체 무게 때문에 꺾이며, 이후 아래로부터 물과 양분의 공급이 이루어지며 스스로 치유된다.

이런 점까지 계산에 넣으면 수사의 범위는 상당히 좁아진다. 음악과 수학에 조예가 깊은 천재적인 학자와 초고성능 GPS 기술에 언제든지 무기로 사용 가능한 고에너지 열원까지 보유한 곳이 지구상에 존재한다면, 가장 유력한 용의자는 바로 군의 특수부대다. 혐의는 당연히 이들에게 두어야 할 것이다.

— 고에너지 펄스 레이저 가설

영국이 미국과 손잡고 미국의 전략방위계획에 포함된 일부 레이저 장비의 개발계획을 계속 추진했으며, 영국의 미스터리 서클은 그 결과물일 수 있다는 주장이 제기되었다. 그 주장에 따르면 인공위성이나 비행기 등에 장착된 마이크로 펄스 레이저로 원하는 목표물을 정확히 조준하여 형상을 그릴 수 있는 무기가 개발되었을 가능성이 있다.[21]

공중에서 고에너지 마이크로파 펄스를 발사하면 공기 분자를 이온화하여 구전체를 만들 수 있을지 모른다. 이런 점을 감안한다면 에이브베리에 자주 나타나는 광구는 자연적인 생성물이 아니라 인공적인 고에너지 마이크로파 노출로 만들어진 부산물일 수도 있다.

미국과 구소련은 이 같은 마이크로파 펄스를 이용한 무기를 실제로 개발한 적이 있다. 마이크로파 집속 빔을 이용하여 인간의 살갗을 태울 수 있는 수준의 무기였는데, 본래 이 무기가 개발된 것은 인간의 인지를 조작하기 위함이었다.

1999년 유럽의회가 이런 종류의 무기 개발을 금지하는 결의안을 통과시킬 당시 토니 블레어Tony Blair 영국 총리는 결의안 채택을 반대했다. 따라서 영국이 이런 무기를 개발해왔을 개연성은 충분하다. 또 1990년대 초 미 공군은 '극초단파 에너지와 방사선을 얻기 위한 자기 촉진 고리' 개발계획을 추진했다고 알려져 있다.[22] 영국은 정말로 우방국가인 미국의 도움을 받아 극초단파 에너지원으로 미스터리 서클을 만드는 것일까? 그 이유는 무엇일까?

얼마 전 일어난 세계적인 금융위기로 인해 금융산업을 앞세우던 영국 경제가 큰 타격을 받았다. 그러자 영국 총리는 관광산업 육성에 대한 공격적인 정책을 추진할 것을 천명했다. 어쩌면 영국의 군 당국이 이런 상황을 30여 년 전부터 예견하고 선사시대 유적지와 관련된 블록버스터 관광자원으로 미스터리 서클을 개발해왔던 것일지도 모른다.

물론 미스터리 서클 덕에 윌트셔 주의 관광 수입이 크게 늘긴 했지만,[23] 이런 가설엔 한 가지 큰 문제가 있다. 우주공간이나 대기권에서 레이저 펄스를 발사해 지면에 아주 정교한 그림을 그릴 수 있을 정도의 초고성능 장비가 개발되었다면, 이는 요인 암살 등 특수한 목적의 군사 활동에 곧바로 적용 가능한 초정밀 살상 무기이기도 하다. 그런 엄청난 무기를 가진 미국이나 영국이 기술 노출의 위험을 감수하면서 이를 고작 관광 목적의 비즈니스에 이용하고 있을 가능성이 얼마나 되겠는가?

정체불명의 빛 덩어리가 미스터리 서클을 만든다?

—— 별보다 훨씬 빠르게 점멸하면서 위아래로 움직이던 그 불빛은 천천히 계곡을 따라 움직이더니 땅으로 내려와서는 시야에서 사라져버렸다. 3분 정도 지나자 그것은 다시금 하늘로 떠올랐는데, 이번에는 별빛보다 4~5배 이상 밝아졌다가 곧 오렌지 빛으로 바뀌었다. 다음날, 그 불빛이 땅으로 내려갔던 지점에서 복잡한 형태의 미스터리 서클이 발견되었다.

— 미스터리 광구의 정체는 UFO인가?

1988년 7월 13일 밤 11시경, 에이브베리에 살고 있던 친구의 집에 들렀다가 차를 몰고 A361 도로를 따라 말보로Marlborough를 향해 가던 메리 프리만Mary Freeman은 실베리 힐 방향의 상공에서 황금색 빛 덩어리가 짙은 구름을 뚫고 내려오는 장면을 목격했다. 그 광구는 아무 소리도 없이, 매우 천천히 유영하듯 하강하더니 실베리 힐 쪽으로 가느다란 광선을 쏘기 시작했다.

"내 눈을 믿을 수 없었어요. 하지만 겁나지는 않았죠."

메리는 나중에 신문기자와의 인터뷰에서 이렇게 진술했다.

"이 모든 것이 뭔가 탈속脫俗적인 측면을 지니고 있었어요."

그리고 잠시 후, 그녀의 차 안에 이상한 변화가 일어나기 시작했다. 마치 에너지의 흐름이 영향을 끼치듯 계기판 위에 올려놓은 노트와 담뱃갑이 그녀의 무릎 위로 일시에 쏟아져 내렸다. 그녀는 천천히 광구 쪽으로 가까이 다가가며 실베리 힐 바로 앞을 지나는 A4 도로에 진입했다.

그리고 실베리 힐을 배경으로 밝게 빛나는 그 물체를 수십 초간 지켜보다가 잠시 눈길을 돌린 사이에 그 물체는 감쪽같이 사라져버렸다고 한다.[24] 프리만의 증언이 사실이라면, 광구는 단지 빛 덩어리가 아닌 외부로 광선을 쏠 수 있는 비행체처럼 보인다. 이런 비행체의 정체는 과연 무엇일까?

미스터리 서클 주변에서 종종 목격되는 광구는 위에서 살펴보았듯이 고에너지 레이저 펄스의 부산물이라기보다 미스터리 서클 생성에 직접 관여하는 비행물체일 가능성이 높다. 윌리엄 레벤굿William Levengood이라는 생물리학자는 광구가 미스터리 서클 형성과 직접적으로 관계된다고 주장했다.[25] 이런 내용을 담은 그의 논문은 전문 저널에 실렸지만, 그는 샘플이 채취된 미스터리 서클의 형태가 단순한지 복잡한지는 밝히지 않았다. 광구가 복잡한 형태의 미스터리 서클 형성에 관여한다고 주장했다가는 학자로서 자신의 위상에 문제가 생길 것이라고 생각했기 때문인 듯하다. 하지만 그의 실험을 도운 팻 델가도에 의하면, 레벤굿이 중요하다고 판단하고 연구한 미스터리 서클들은 상당히 복잡한 형태를 띠고 있었다.[26]

에이브베리에 거주하는 레그 프레슬리Reg Presley도 광구가 미스터리 서클 형성에 관여하는 듯한 사례를 직접 체험했다고 주장했다. 우드베리 힐Woodbury Hill에서 별빛 정도 밝기의 불빛을 목격한 그는, 별보다 훨씬 빠르게 점멸하면서 위아래로 움직이는 모습을 보고 그 불빛이 별이 아니라는 사실을 곧 깨달았다. 그 불빛은 천천히 계곡을 따라 움직이더니 땅으로 내려와서는 시야에서 사라져버렸다. 3분 정도 지나자 그것은 다시금 하늘로 떠올랐는데, 이번에는 별빛보다 4~5배 이상 밝아졌다가 곧 오렌지 빛으로 바뀌었다. 다음날, 그는 광구가 땅으로 내려갔던 지점에서 비교적 복잡한 형태의 미스터리 서클을 발견했다.[27]

1993년 여름, 네덜란드의 사진작가 포케 쿠체Foeke Kootje는 영국의 전원 풍경을 카메라에 담기 위해 밀크 힐에서 행글라이더를 타고 에이브베리 쪽으로 날아가고 있었다. 이때 그의 정면에 무언가가 떠 있는 것이 보였다. 그것은 마치 나를 찍으러 오라는 듯 가만히 공중에 정지해 있었다. 그는 즉시 카메라 셔터를 눌렀다.

"정말로 이상했어요."

그는 당시 상황을 회상하며 이렇게 말했다.

"나는 아무 소리도 듣지 못했어요. 맨 처음에 거기엔 1개의 불빛만 있었어요. 그러다가 불빛이 3개로 변했는데 마치 삼각형 모양을 하고 있었죠. 나는 너무나도 놀랐어요. 내가 무엇을 찍었는지 도저히 설명할 수 없군요."[28]

분열이나 형체 변형은 UFO의 중요한 특성이다. 1995년 9월 3일 강원 케이블 TV 카메라 기자가 촬영한 동영상에도 이런 특성이 잘 나타나 있으며, 1973년 보령 낙동 초등학교에서 목격된 UFO도 이런 특성을 보였다.

다수의 광구가 미스터리 서클과 관련된 예도 있다. 1994년 7월 23일, 윌트셔 주 웨스트 스토웰West Stowell에 소재한 일명 '은하'라고 불리는 미스터리 서클 주변에 머물던 일행은 아주 이상한 체험을 했다. 그 미스터리 서클에서 직경이 50m나 되는 밝은 청백색 광구가 나오더니 마치 구름처럼 변하면서 계속 모습을 바꾸더라는 것이다. 그 광구가 어둠 속으로 사라지자 구름 모양을 한 제2, 제3의 광구가 나타났다. 그런데 4번째로 나타난 광구는 네모난 상자처럼 모양을 바꾸었고, 이 모습을 보고 일행은 경악했다. 그들의 느낌에 그 빛 덩어리들은 지능을 가지고 있거나 최소한 지능적인 조종을 받고 있는 것 같았다고 한다.[29]

비슷한 사례가 항공기 엔진 제작 전문가에 의해 보고된 일도 있다. 1997년 여름 어느 날 밤, 신석기 유적지가 많은 도르셋Dorset 지역에서 차를 몰고 가던 그는 자신의 집 근처에서 매우 이상한 빛 덩어리를 목격했다. 직경이 약 50m나 되는 이 빛 덩어리는 옥수수 밭에 내려 앉아 있었으며, 훨씬 작은 수많은 광구들로 구성되어 마치 다이아몬드처럼 빛났다. 작은 광구들은 규칙적인 기하학적 형태로 배열되어 있었으며, 주변에서는 높은 주파수의 소리가 들려왔다. 그는 자동차의 헤드라이트로 그 반투명한 빛 덩어리를 비추었고, 그러자 그 빛 덩어리는 곧 시야에서 사라져버렸다고 한다. 다음날 그곳에서는 만들다가 만 것 같은 미완성의 미스터리 서클이 발견되었고, 엔지니어는 자신이 미스터리 서클 작업을 방해해서 그렇게 되었다고 믿었다.[30]

이제 다음과 같은 중요한 물음에 답을 해야 할 시점이다. 에이브베리 지구에서 목격되어온 빛 덩어리를 UFO의 범주에 포함할 수 있을까? 에이브베리에서 스티브 알렉산더Steve Alexander가 촬영한 미스터리 광구는 확실히 지능적인 움직임을 보이는 광구형 UFO처럼 보인다. 1990년 7월 26일 낮, 그는 비디오카메라를 들고 밀크 힐에서 에이브베리 쪽을 내려다보고 있었다. 이때 그는 밀밭에 작은 빛 덩어리가 맴돌고 있는 것을 보고 비디오 촬영을 하기 시작했다. 번쩍이면서 단속적인 빛을 발산하는 그 물체는 둥글게 커브를 그리더니 밀밭 속으로 들어가 잠시 동안 모습을 감추었다. 그리고 밀 사이에서 움직이기 시작했다. 그것은 매우 강렬한 에너지원이었다. 몇 분 동안 밀밭에 머물던 그 광구는 갑자기 엄청난 속도로 날아가 버렸다.[31]

이 사례는 미스터리 광구가 자연적인 산물이 아닌 지능적인 비행체라는 사실을 명백히 보여주며, 미스터리 서클과 UFO가 밀접하게 연관되어 있을 가능성을 심각하게 검토해야 함을 시사한다.

— 백주대낮에 미스터리 서클이 그려지다

미스터리 서클은 사람들이 보고 있지 않을 때 만들어진다는 이유로 모두 야간에 생겨난다고 생각하는 독자들이 많을지 모르겠다. 물론 대부분의 미스터리 서클은 야간에 만들어진다. 하지만 그렇지 않은 경우도 있는데, 그 대표적인 예가 바로 앞서 소개한 스톤헨지 근처의 줄리아 세트 미스터리 서클이다.

그 미스터리 서클이 형성된 날은 1996년 7월 7일인데, 그날 오전에 그곳에서 일했던 인부는 자신이 일하던 오전 중에 미스터리 서클은 존재하지 않았다고 했다. 또 스톤헨지를 지키는 경비원들도 그날 오후 늦게야 그 미스터리 서클을 발견했다고 증언했다. 낮에는 그런 구조물을 보지 못했다는 뜻이다. 그 미스터리 서클이 만들어진 곳이 스톤헨지보다 지형이 낮아 자연스럽게 감시원들의 눈길이 자주 가는 곳이라는 점을 감안하면 이들의 증언에 신빙성이 있다고 판단된다.

결정적으로 줄리아 세트 미스터리 서클이 그날 오후 아주 짧은 시간 안에 만들어졌다는 증언은 그 지역의 한 경비행기 조종사에게서 나왔다.[32] 스톤헨지 인근 스럭스톤Thruxton에는 소규모의 공항이 있는데, 거기서 이착륙하는 비행기들은 스톤헨지를 일종의 랜드마크로 삼으며 항상 그곳을 지나다닌다. 1996년 7월 7일 오후, 한 경비행기 조종사가 스톤헨지 상공을 지나 공항에 도착해 승객을 내려주고, 급유를 한 후 다시 스톤헨지 상공으로 돌아오고 있었다. 그런데 갈 때는 없었던 미스터리 서클이 올 때에는 버젓이 나타나 있더라는 것이다.

그런데 그가 스톤헨지 상공을 처음 지났을 때는 오후 5시 30분경이었고, 다시 지났을 때는 오후 6시 15분경이었다고 한다. 다시 말해 이 대단한 기술자들은 1시간도 채 지나기 전에 모든 임무를 완수한 것이다. 수많은 관광객이 오가는 차도까지 몇 백 m 떨어지지도 않은 장소에서 말이다. 정말로 백주대낮에 그런 일이 발생했다면 이를 목격한 사람이 있지 않을까?

실제로 루시 프링글Lucy Pringle과 콜린 앤드류스가 조사한 바에 의하면, 적어도 3~4대의 차에 타고 있던 사람들이 그 장면을 목격했다고 한다. 그중 한 사람의 증언을 살펴보면 미스터리 서클 작업이 지면에서 인간들에 의해 이루어진 것 같지는 않다. 그는 약 1m 높이의 공중에 뿌연 안개 덩어리가 떠 있었으며, 이것이 회전하면서 그 아래에 미스터리 서클이 만들어지기 시작했다고 말했다. 미스터리 서클이 중앙에서 바깥쪽으로 만들어지면서 안개 덩어리의 회전속도는 점점 높아졌고, 크기도 점점 커졌다. 이런 상황이 20여 분 동안 일어났는데, 그러는 동안 구경꾼들이 늘어나면서 부근의 교통이 거의 마비될 지경이었다고 한다. 당시 교통상황에 문제가 발생했다는 사실은 콜린 앤드류스가 지역 경찰서에서 확인했다.[33]

문제는 당시 그 장면을 목격한 사람들이 다수였던 데 비해 지금까지 이 사실을 증언한 사람은 단 한 명뿐이라는 점이다. 이토록 기가 막힌 장면을 목격하고도 왜 다른 이들은 매스컴에 나서지 않고 침묵을 지키고 있을까? 게다가 교통체증이 일어날 정도로 난리가 났다면 스톤헨지의 경비원들이 눈치 챘을 가능성이 있음에도 그들에게서는 아무런 긍정적인 증언도 나오지 않았다. 결국 안개 덩어리 안의 무언가가 미스터리 서클을 만들었다는 증언은 추가적인 검증을 거칠 필요가 있다.

이 안개 덩어리는 충남 보령군의 낙동 초등학교에서 UFO들을 안에 감춘 채 나타났던 구름 덩어리를 연상시킨다. 외계인의 광구형 UFO가 안개로 자신의 모습을 가린 채 미스터리 서클을 만들었던 것일까? 아니면 수십 대의 강력한 펄스 레이저가 장착된 초소형의 최첨단 군용 비행선이 뿌연 안개 덩어리 안에 숨어 컴퓨터에 의해 정밀 조정되는 레이저 빔을 보리밭에 쏘아 미스터리 서클을 만든 것일까?

— 우리는 신의 숨결을 가까이에서 느끼고 있는 것일까?

1997년 여름, 나는 KBS '수요스페셜' 제작 팀과 함께 영국 스톤헨지를 방문했다. 줄리아 세트 미스터리 서클이 나타난 지 1년 만에 다른 형태의 미스터리 서클이 등장했기 때문이다. 나는 새로운 미스터리 서클 안에 들어가서 그 모습을 짐작하려 했지만 도저히 어떤 모습인지 알 수 없었다. 후에 스티브 알렉산더로부터 입수한 공중촬영 사진을 보고서야 매우 짜임새 있는 인공적인 형태라는 사실을 알았다.

1996년의 미스터리 서클은 프랙탈 형태였는데, 1997년에 나타난 미스터리 서클은 윤곽이 뚜렷하지 않고 보슬보슬한 눈송이 같은 모습이었다. 그래서 지상에서 보기에는 군데군데 쥐 파먹은 것처럼 엉성한 느낌이었다. 그 보리밭 주인은 1년 전의 줄리아 세트 미스터리 서클은 진짜였지만, 이번에 생긴 것은 누군가의 장난 같다고 말했다. 하지만 내가 보기에는 그 미스터리 서클이 더 만들기 어려운 형태인 것 같았다.

미스터리 서클을 둘러본 후에는 스톤헨지를 방문해 그곳 경비원들과의 인터뷰를 시도했지만, 그들은 매스컴과의 직접적인 접촉이 금지되어 있다는 이유로 한사코 인터뷰를 거부했다. 그러면서 자기들 대신 공보관을 만나라고 했다. 그래서 나는 촬영 팀을 공보관에게 보내고 그들 중 한 명과 개인적인 대화를 시도했다. 그러자 그는 의외로 미스터리 서클에 큰 관심을 보이며 나에게 이런저런 이야기를 해주었다.

그는 1996년의 줄리아 세트 미스터리 서클이 낮에 만들어졌다고 믿고 있었다. 그는 나에게 퇴근 후 선술집에서 그 사진을 보여주겠다고까지

했다. 그래서 도대체 누가 이런 것을 만든다고 생각하는지 물었더니 그는 그것이 사람의 작품이 아니며, 우리의 감각적 한계를 초월한 위대한 누군가가 만든 것이라고 했다. 아마도 신이 만들었다는 이야기를 운치 있게 표현하는 것 같았다. 진정 우리는 아직도 신의 숨결을 가까이에서 느끼고 있는 것일까?

Investigations into Parapsychology

초능력자의 대명사로 손꼽히는 유리 겔러. 지금은 많은 사람들이 그를 사기꾼으로 여기고 있지만, 그의 초능력을 실험한 논문이 세계적인 권위를 자랑하는 〈네이처〉 지에 실렸던 점을 생각하면 그의 초능력을 완전히 무시하기는 힘들다. 이러한 초능력을 집중적으로 연구하는 이들을 '초심리학자'라고 한다. 많은 사람들은 발상 자체가 다소 이상해 보이는 실험을 하는 그들을 편견을 가지고 바라본다. 하지만 그들의 시도는 상당한 학문적 성과를 내고 있다. 사실 주류 과학으로 자리 잡아 사회 전반에 영향을 끼치고 있는 뉴턴의 고전역학 체계가 성립하기 오래 전부터 신비주의는 인류에게 많은 영향을 끼쳐왔으며, 그런 영향을 무조건 미신이라고 내칠 수 없다는 것이 여러 지성의 생각이었고, 그런 사상이 이제 초심리학이라는 학문에 반영되고 있는 것이다.

PART 3

융과 아인슈타인은

왜 초심리 현상에 몰두했을까

유리 겔러에서 집단적 염력까지

——— 1995년 TV로 생중계된 O. J. 심슨의 재판은 세계인의 관심을 끈 대사건이었지만, 이것이 집단적 염력 실험에 활용되었다는 사실은 잘 알려지지 않았다. 딘 라딘 등의 초심리학자들은 이 기회를 활용하여 특별한 순간에 여러 사람에게서 동시에 강력한 염력이 일어나는지를 살펴보았다. 결과는 놀라웠다. 법정 서기가 판결문을 낭독하는 순간 미국과 유럽의 시청자들에게서 모두 강력한 반응이 나타난 것이다.

'염소를 노려보는 사람들(the men who stare at goats)'이라는 영화를 아는가? 이 작품은 2009년 제66회 베니스 국제영화제 비경쟁부문 초청작이었으며, 테러와의 전쟁 이면에 숨겨진 비이성적 광기를 폭로하는 문제작으로 평가받기도 했다. 한국에서 '초(민망한)능력자들'이라는 제목으로 개봉된 이 블랙 코미디 영화는 존 론슨Jon Ronson이라는 작가가 2000년대 들어 기밀이 해제된 미 육군 극비문서들을 취재한 내용을 바탕으로 집필한 동명의 논픽션 취재기를 원작으로 하고 있다.

'이것은 실화다'라는 충격적인 단락으로 시작하는 이 책은 존 론슨이 1980년대 초 미군에 초능력 부대 창설을 제안한 퇴역 중령 짐 채넌Jim Channon과 앨버트 스터블바인Albert Stubblebine 장군, 초능력자 유리 겔러, 현역 비살상무기 전문가 존 알렉산더John Alexander 대령, 전 육군 참모총장 피트 슈메이커Pete Shoemaker 등과 인터뷰를 거듭하면서 확인한 사실을 기초로 쓰였다. 책의 요지는 표면상으로 이슈화되지 않았을 뿐 미군의 초능력 부대 활동은 오늘날까지 계속되고 있다는 것이다.[1]

그리고 실제로 그가 참고한 비밀문서들에는 미 육군 특수부대에서 병사들에게 염소를 노려보는 것만으로 심장을 멎게 해 죽이기, 적의 생각 읽기, 벽 통과하기, 구름 깨기 등 괴상한 훈련을 시켰다는 내용이 담겨 있었다.[2]

이 책은 출간 직후 엄청난 사회적 파장을 불러일으키며 곧바로 영국 BBC 채널 4에서 3부작 미니시리즈로 제작, 방영되기도 했다. 영화는 이런 프로젝트의 황당무계함을 다소 희화적으로 묘사하고 있지만 책은 진지하게 쓰였다고 해서 나도 한 권 사서 읽어봤는데, 최소한 그들이 독특한 방법으로 염소들을 쓰러질 때까지 못살게 군 것만은 사실인 듯싶다.[3] 그들은 책의 제목처럼 염소를 노려보면서 염소가 쓰러지기를 기다렸다고 한다. 정말 염소가 초능력(염력)으로 쓰러졌는지 너무 오랜 시간 노려보는 통에 스트레스를 받아서 쓰러졌는지는 알 길이 없지만.

요즘 젊은 세대에게는 다소 생소할지 모르지만, 중장년층에게 '초능력' 하면 제일 먼저 떠오르는 이름은 1부에서 대표적인 UFO 접촉자로 소개한 유리 겔러일 것이다.

시민운동 일로 친분이 있는 K씨가 최근 나에게 보낸 이메일에는 유리 겔러에 관한 에피소드가 있다. 30년 전쯤 자신의 큰 아들이 네댓 살이었을 때 유리 겔러가 한국을 방문하여 TV에 나와서 우리나라 온 국민을 상대로 염력을 시연했다. 유리 겔러는 그때 자신을 따라서 손가락으로 살살 문지르면 수저가 휘어질 것이라고 했고, 많은 사람들이 시키는 대로 해서 수저를 휘었는데 그의 아들도 그중 한 명이었다는 이야기다. 자신의 눈앞에서 수저 머리가 90도가 되도록 구부러지더라는 것이다. 그러나 사실 유리 겔러에 대해서는 이런저런 논란이 많다.

유리 겔러는 헝가리계 오스트리아인으로, 이스라엘에서 태어나 영국에서 살고 있다. 그는 염력으로 스푼과 열쇠 등을 마음대로 구부리는 묘기를 선보이며 유명세를 탔다. 하지만 그에 대해 문제를 제기하는 사람들이 많은데, 특히 마술사 제임스 랜디James Randi는 겔러가 초능력이 없는 사기꾼이며, 겔러가 하는 것은 마술사들이 사용하는 '거실 트릭'에 지나지 않는다는 주장을 담은 다수의 책과 기사를 썼다.[4]

실제로 몇 년 전에 겔러의 위신이 추락하는 결정적인 사건이 있었다. 그는 이스라엘에서 열린 한 시연회에서 염력으로 나침반의 바늘을 돌린다면서 손가락 사이에 자석을 몰래 숨겼다가 그만 들통 나고 말았다. 왜 유리 겔러가 이런 어설픈 짓을 저질렀을까? 그는 제임스 랜디의 말대로 처음부터 사기꾼이었던 것일까?

앞으로 살펴보겠지만, 유리 겔러를 전적으로 사기꾼으로 몰고 가는 태도에는 문제가 있다. 아마도 그가 이런 수법을 쓴 것은 비교적 순진했던 시절인 1970년대의 공연 중에 얻은 뼈저린 교훈 때문이 아닌가 싶다. 그때 그는 '자니 카슨 쇼Johnny Carson show'에서 염력으로 스푼을 구부리는 능력과 시계를 멈추는 능력을 증명하기로 되어 있었는데 이에 실패하고 말았다. 그는 어색해하면서 자기 자신도 초능력이 어떻게 발휘되고 발휘되지 않는지는 알 수 없으며, 지금은 발휘할 수 없는 때라고 정직하게 말했다.[5]

그는 이때 관객들이 초능력자의 사정을 이해해주지 않으며 그들이 객석에 앉아 뭔가를 보고 싶어 할 때 무조건 보여줘야만 자신의 가치가 올라간다는 사실을 통감했을 것이다. 그래서 초능력이 발휘되지 않을 때 써야 할 테크닉을 익혔는지 모른다. 많은 이들에게 알려지지 않은 사실이지만, 유리 겔러의 초능력을 실험한 논문이 세계적인 권위를 자랑하는 〈네이처Nature〉 지에 실리기도 했던 점을 보면 그의 초능력을 완전히 무시하기는 힘들어 보인다.

이른바 '주류 과학자'들인 내 주변의 동료들은 초능력으로 대표되는 초상현상에 심한 거부반응을 보이며 이를 '사이비 과학' 또는 '의사과학'이라고 부른다. 사실 양자역학과 상대성이론으로 대표되는 오늘날의 물질과학은 아더 쾨슬러Arthur Koestler의 지적처럼 상당한 신비주의적 성향을 보이며 일반인들의 상식적 접근을 거부한다.[6] 그러나 이런 새로운 유형의 신비주의는 아무런 거부감 없이 받아들이는 과학자들도 초상현상에 대해서는 신경질적인 반응을 보이곤 한다.

초능력을 집중적으로 연구하는 초심리학자들이 오늘날 실험실에서 주로 하고 있는 실험은 염력에 관한 것과 텔레파시, 투시, 예지 등의 초감각 지각(ESP, extrasensory perception)에 관한 것으로 대별된다.

유리 겔러 덕에 대중적으로 널리 알려진 염력은 손을 사용하지 않고 정신력으로 물체를 움직이거나 변형시키거나 심지어는 소멸시키는 능력이다. 텔레파시는 타인의 생각을 읽어내는 것이고, 투시는 시각을 사용하지 않고 멀리 떨어져 있거나 격리된 사람, 장소, 사건 등의 정보를 인지하는 것이다. 또 앞으로 일어날 일을 미리 알아내는 능력은 예지라고 한다.

앞서 언급한, 발상 자체가 다소 이상해 보이는 실험을 하는 이들을 주위 사람들은 편견을 가지고 바라본다. 하지만 이들의 시도는 상당한 학문적 성과를 내고 있다. 사실 주류 과학으로 자리 잡아 사회 전반에 영향을 끼치고 있는 인과율에 기초한 뉴턴의 고전역학 체계가 성립하기 오래전부터 신비주의는 인류에게 많은 영향을 끼쳐왔으며, 그런 영향을 무조건 미신이라고 내칠 수 없다는 것이 여러 지성의 생각이었고, 그런 사상이 이제 초심리학이라는 학문에 반영되고 있는 것이다.

— 초심리학에 빠져든 심리학자 카를 융

물리학이 혁명을 맞이하던 20세기 초, 심리학 분야에서도 일대 혁명이 일어나고 있었다. 오스트리아 출신의 지그문트 프로이트Sigmund Freud는 자신의 임상실험 결과를 논리적으로 해석하여 인간에게 의식 말고도 무의식이 존재한다는 사실을 처음 발견하고, 이를 체계적으로 이론화하여 '정신분석학(psychoanalysis)'이라는 분야를 개척해 프로이트 학파의 시조가 되었다.

그런 프로이트와 어깨를 나란히 하는 또 한 명의 학자가 있었으니, 그는 20세기를 대표하는 스위스 출신의 정신 분석학자 카를 구스타프 융이다. '분석 심리학(analytical psychology)'이라는 학문을 창시하여 융 학파의 거두가 된 그는 원래 프로이트의 수제자였다가 나중에 학문적으로 독립하게 되는데, 그의 자서전에는 둘의 결별을 예고하는 듯한 매우 상징적인 에피소드가 기록되어 있다.

융은 1909년 3월 부인과 함께 오스트리아 빈에 있는 프로이트의 저택에 방문했다. 그들이 집에 머무는 동안 프로이트는 융을 양자로 삼고 학문적 후계자로 공인하려고 결심했다. 하지만 당시 그들 사이엔 결코 화합될 수 없는 뚜렷한 견해 차이가 있었고, 초능력에 관한 것도 그중 하나였다.

어느 날 융은 서재에서 프로이트와 대화를 나누던 중 초능력에 관한 그의 생각을 물었다. 유물론적 편견과 당시의 학문에 대한 낙관론에 사로잡혀 있던 프로이트는 융의 질문을 완전히 무시하는 태도를 취하면서 그 모든 것이 난센스라고 일축해버렸다. 이 말에 약이 오른 융은 뭔가 통렬한 반론을 제기해서 프로이트의 콧대를 눌러주려고 했지만, 적절한 표현이 떠오르지 않았다. 그는 순간적으로 분노가 치밀어 오름을 느꼈고, 바로 그때 별안간 책장을 부수는 듯한 큰 소리가 났다. 융은 이 소리를 듣고 그것이 바로 자신의 감정이 외면화된 것이라고 프로이트에게 얘기했다. 그러자 프로이트는 그런 주장에 대해 '이봐, 그런 허튼 소리 말아'라고 응수했다.

융은 그 말을 듣자 더욱 분노가 치밀어 올랐고, 조금 전 소리가 나던 때와 비슷한 감정 상태가 되면서 불현듯 또 소리가 날 것이라고 직감했다. 그래서 프로이트에게 곧 또 소리가 날 것이라고 예언했다. 그러자 놀랍게도 책장에서 커다란 소리가 울려 퍼졌다. 융에 의하면, 프로이트는 이 일로 기분이 상했고 그 후로 융을 불신하게 되었다고 한다.[7]

이 이야기를 들으면 융이 상당한 초능력을 가지고 있지 않았나 하는 의문이 생길 법한데, 사실 융은 자신의 가족 중에서 여동생과 큰 딸이 심령 능력(psychic abilities)을 가지고 있다고 말한 적이 있다. 다음과 같은 에피소드를 보면 그의 그런 능력이 모계로부터 전달되었다는 심증이 생길 법도 하다.

학창 시절 어느 여름날, 자신의 방에서 공부를 하고 있던 융은 갑자기 권총을 쏘는 듯한 폭음을 들었다. 놀란 그가 식당으로 뛰어가 보니 그의 어머니가 놀란 눈으로 멍하니 앉아 있었고, 그녀의 옆에는 통나무로 만든 둥근 식탁이 두 조각으로 갈라져 나뒹굴고 있었다.

융은 이 사건을 합리적으로 설명해보려고 노력했으나 허사였다. 춥고 건조한 겨울날이라면 모를까, 습도가 높은 여름날에 통나무 판이 쪼개진다는 것은 아무리 해도 이해할 수가 없었다.

그런데 2주쯤 후에 또 비슷한 사건이 일어났다. 이번에도 사건 현장은 식당이었는데 그의 어머니와 여동생, 그리고 하녀가 저녁을 준비하던 중에 어디선가 굉장한 폭음이 울렸다. 조사해보니 그 폭음은 빵이 들어 있는 서랍 속에서 났으며, 빵 옆에는 빵 자르는 칼이 여러 조각으로 부러진 채 흩어져 있었다.

다음날 융이 전문가에게 그 칼을 가져갔더니 그는 확대경으로 칼을 조사해보고는 고개를 흔들며 '이 칼은 아무 이상이 없는 강철로 되어 있으며, 누군가 아주 높은 곳에서 떨어뜨리거나 힘으로 세게 쳐서 부쉈다면 모를까 저절로 폭발했다는 것은 말이 되지 않는다'고 얘기했다. 융은 이런 일련의 일들이 결코 우연이 아니라고 생각했고, 이는 그가 나중에 초심리학에 몰두하는 계기가 되었다.[8]

— 융과 파울리의 기묘한 인연

카를 구스타프 융과 볼프강 에른스트 파울리는 분야를 초월해 교우 관계를 유지한 대표적인 석학이다. 파울리는 오스트리아 출신의 이론 물리학자로, 1924년 원자 구조에서 나타나는 양자역학적 효과인 '배타원리(exclusive principle)'를 발견하여 그 공로로 1945년 노벨 물리학상을 받았다.

파울리는 융의 말년에 그와 함께 논문과 책을 저술하는 등 매우 긴밀한 사이를 유지했다. 그런데 유유상종이라고나 할까, 융의 주변에서 물건이 깨지고 부서지는 일이 자주 일어났듯 파울리의 주변에서도 비슷한 사건이 끊이지 않았다. 어느 실험실이든 그가 출현하기만 하면 곧 재앙이 일어났는데, 1959년 〈사이언티픽 아메리칸Scientific American〉 지에 조지 가모브George Gamow가 기고한 '배타원리'라는 글의 다음 대목은 이런 상황을 잘 표현해준다. '단지 그가 실험실 안으로 들어오는 것만으로 실험기구가 떨어지거나 부러지고 산산조각 나거나 타버리곤 했다.'[9]

동료들은 그의 주변에 이런 일이 자주 생기는 것을 신기하게 생각하면서 이를 '파울리 효과(Pauli effect)'라고 부르긴 했지만, 그냥 우연으로 간주하고 심심풀이 화젯거리로 삼았을 뿐 별로 심각한 일로 받아들이지는 않았다.

그러나 파울리는 본인의 이름이 붙은 물리적 재난의 원인이 자기 스스로에게서 기인한다고 생각했다.[10] 남들에게뿐 아니라 자신에게도 반복하여 문제가 일어났기 때문이다. 그가 두 번째 결혼식을 올리고 떠난 신혼여행에서 자동차가 아무 이유 없이 저절로 서버렸을 때, 파울리는 이것이 자신의 초능력 때문이라고 생각했다.[11] 그가 프린스턴 대학에 재직하던 1950년, 그곳의 원자핵 가속기에 사고가 일어났을 때도 파울리는 자신이 그 원인이라며 자책했다.[12]

파울리는 공식적으로는 자신이 초심리학의 옹호자로 비치지 않도록 조심했지만, 개인적으로는 초심리학이 진지하게 연구되어야 할 분야라고 생각했다. 그리고 한스 벤더Hans Bender, 파스쿠알라 조단Pascular Jordan과 같은 초심리학자들이나 융과 함께 초심리 현상의 실재에 대해 서신을 통해 여러 차례 논의했다.[13]

주류 물리학자 중에 파울리의 능력이 염력이었다고 믿는 사람은 없다. 하지만 심층심리학 연구자들 사이에서 그의 문제는 아주 흥미로운 주제로 다루어지고 있다. 실제로 파울리는 오랜 기간 아주 특별한 정신적 상황에 처해 있었다. 그는 평생 지속적으로 이상한 꿈들을 꾸었는데 그 꿈들은 진동하고, 회전하고 리듬을 갖고 움직이는 상징들이었다. 이는 영매 또는 무당들에게 나타나는 '신 내림'과 비슷한 상태로, 파울리는 죽을 때까지 그런 현상의 본질이 무엇인지를 계속해서 고민하고 탐구했다. 사실 파울리가 융과 처음 교류한 것도 자신의 이상한 꿈을 해석해내기 위해서였다. 파울리는 자신의 꿈이 시공간을 초월한 정신적 실체와 관련되지는 않았는지 융에게 물었다. 여기에 융은 정신이 시공간의 장벽을 허물 수 있다고 대답하면서 그런 정신의 시공초월성은 초능력을 통해 발현된다는 자신의 생각을 밝혔다.[14]

융과 파울리는 초심리학에 대한 그들의 논의를 공동 저작 《자연의 해석과 정신The Interpretation of Nature and the Psyche》으로 정리했다. 이 책에는 초상현상을 설명하기 위한 새로운 이론적 체계의 필요성 또한 언급되어 있다.[15]

— 공중에 물건을 띄우는 구소련의 초능력자들

앞서 미국의 초능력 부대 이야기를 언급했지만, 사실 초능력자들에 대한 국가 차원의 연구는 구소련에서 훨씬 일찍 이루어졌다. 물론 군사적 목적이 중요했음은 명백해 보인다. 구소련에서 연구된 초능력자 중 가장 유명한 이는 니나 쿨라기나(Nina Kulagina, 넬리야 미하일로바Nelya Mikhailova라고도 불린다)다. 그녀는 특히 염력 발휘에 뛰어나 20년이 넘는 세월 동안 구소련의 초능력 연구에 중요한 역할을 했다.

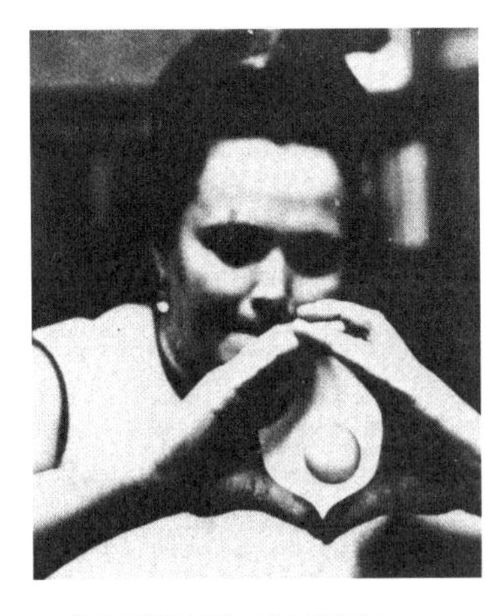

■ 염력 시범을 보이는 니나 쿨라기나
ⓒ A. P. Dubrov and V. N. Pushikin

쿨라기나는 14세라는 나이에 적군赤軍에 입대하여 제2차 세계대전에 참전한 경력을 가지고 있는데, 그녀가 염력을 발휘하기 시작한 것은 나중에 가정주부가 되고 나서였다고 한다. 1960년대에 서방에 공개된 흑백 필름에서 쿨라기나는 그녀 앞의 탁자에 놓인 물건을 손을 대지 않고 옮기는 시범을 보인다. 이 필름은 서구의 초능력 연구자들 사이에서 큰 관심을 끌며 초능력의 확실한 증거로 여겨졌다. 구소련의 한 보고서에 따르면, 쿨라기나의 초능력은 노벨상 수상자 두 명을 포함한 총 40여 명의 과학자에 의해 연구되었다고 한다.[16]

구소련에서 촬영된 또 다른 필름에서 쿨라기나는 물속에 잠긴 깨진 달걀에서 흰자와 노른자를 분리하는 실험과 엎어진 유리컵 안에 놓인 성냥개비들 중 표시가 된 특정 성냥개비를 움직이는 실험을 보여주는데, 이때 그녀의 심장박동과 뇌파에 변화가 있었다고 한다. 강한 전자기 교란 하에서 발생하는 정전기가 물체를 부양시킬 수 있다는 사실은 잘 알려져 있다. 쿨라기나의 실험에서 이런 효과가 사용되지 않았음을 보여주기 위해 그 실험은 외부로부터의 전자기파 유입을 차단하는 금속 박스 안에서 행해졌다.[17]

쿨라기나는 자신의 이런 염력이 어머니로부터 물려받은 것이라고 주장한다. 맨 처음 자신의 능력을 알게 된 것은 그녀가 화가 났을 때 주변의 물건들이 스스로 공중에 떠오르는 현상을 목격하면서였다고 한다.[18]

쿨라기나의 염력이 무생물뿐 아니라 생물체에까지 적용되는지 알아보기 위한 실험이 1970년 3월 10일 레닌그라드 연구소에서 행해졌다. 이때 그녀는 수조에 떠 있는 개구리의 심장박동을 조절하는 능력을 보여주었다. 특히 어느 순간에는 심장박동을 완전히 멈추게 만들었다고 한다.[19]

미국에서 행해진 '염소를 노려보는' 실험은 이런 쿨라기나의 실험을 모방한 미국 버전으로 볼 수 있다. 나는 그 실험이 구소련에서 개구리 심장박동을 멈추게 했으니 미국에선 이보다 훨씬 덩치가 큰 염소의 심장을 멎게 해야 한다는 냉전시대의 강박관념이 만들어 낸 해프닝이 아닌가 생각한다.

물론 쿨라기나에 대한 서구 연구자들의 비판도 있다. 냉전시대에 철의 장막 안에서 일어난 일이라 액면 그대로 믿을 수 없다는 것이다. 달 착륙 경쟁이나 그 밖의 군비확장 경쟁처럼 초능력에 대해서도 우위를 나타내 보이기 위해 필름을 조작한 것이 아니냐고 의심하는 이도 있다. 하지만 아무리 냉전시대였다고 해도 40명이 넘는 구소련의 대표적인 과학자들이 정부의 사주를 받아 그런 일에 일사불란하게 참여했다고 보기는 어렵다. 그런 식이라면 냉전시대에 이루어진 구소련 과학자들의 연구업적은 모두 색안경을 끼고 봐야 할 것이다!

서구에는 잘 알려져 있지 않지만, 구소련에서 뛰어난 초능력자로 많이 연구된 보리스 블라디미로비치 에몰라에프Boris Vladimirovich Ermolaev라는 이가 있다. 그는 1960년대 중반인 30대에 염력을 획득했지만 그 이전부터 자신이 초능력을 갖고 있다는 생각을 하고 있었다. 그가 염력을 발휘하게 된 것은 레닌그라드의 어느 파티에서 S라는 사람을 만나면서부터다.

S는 대중 앞에서 손바닥을 아래로 하고 손수건이 그 밑에서 약간 떨어져서 공중부양하는 묘기를 보여주었는데, 에몰라에프는 그것이 손수건에 작은 쇳조각을 숨기고 소맷자락에 강한 자석을 붙여서 벌이는 마술이라고 생각했다. 그는 자신의 가설을 확인해보고자 그에게 손수건 대신 화분에 있는 꽃잎을 부양시켜보라고 요구했다. 꽃잎은 자석에 끌리지 않으므로 만일 그의 생각이 옳다면 S는 이런저런 핑계를 대고 정중히 사양했을 것이다. 하지만 S는 꽃잎도 공중부양시키는 것이 아닌가?

에몰라에프는 거기에 뭔가 다른 힘이 작용한다고 믿게 되었고 S에게 그 방법을 가르쳐달라고 했다.

■ 물건을 공중부양시키는 에몰라에프
ⓒ A. P. Dubrov and V. N. Pushikin

그 후 몇 번의 시행착오를 거쳐 그도 마침내 물체를 공중부양시키는 데 성공했다. 그가 구소련의 과학자 A. P. 듀브로프A. P. Dubrov와 V. N. 푸시킨V. N. Pushikin을 만난 것은 36번째 생일을 맞은 1972년이다. 성냥, 담배, 담뱃갑 등을 가지고 행한 초기 실험에서 에몰라에프는 실패를 거듭했고, 그때마다 그는 화를 냈다. 그리고 마침내 실험을 보조하던 친구의 선글라스를 수 초간 공중부양시키는 데 성공했는데, 푸시킨이 감탄하는 말을 하자 선글라스가 바닥으로 떨어져버렸다고 한다. 에몰라에프는 자신이 시연하는 동안 소리를 내면 집중력이 떨어져 염력이 사라진다고 경고했다.

좀 더 반복된 실험에서 에몰라에프는 비교적 무거운 잡지를 포함한 여러 가지 물건을 수십 초 동안 공중부양시키는데 성공했다. 에몰라에프에 의하면 염력을 사용하는 데 무게는 전혀 문제가 되지 않는다. 그는 염력이 작용하는 동안 숨을 멈춰 집중력을 끌어올리곤 했다. 그가 숨을 내쉬면 떠 있던 물건들이 다시 바닥으로 떨어졌다.[20]

— 물질을 파괴하거나 소멸시키는 유리 겔러의 염력

구소련에 쿨라기나가 있다면 서구에는 유리 겔러가 있다. 여러 논란이 있긴 하지만, 겔러만큼 학계에서 제대로 조사된 초능력자는 없다. 그를 조사한 논문들을 엮은 〈겔러 페이퍼Geller Papers〉라는 논문집이 있을 정도다. 그가 염력으로 변형한 물체에 대해서도 수편의 논문이 나왔다.

그러나 제임스 랜디는 유리 겔러를 사기꾼으로 매도하며 그를 조사한 과학자들이 모두 그의 술수에 속았다고 주장한다. 정말 그렇다면 〈겔러 페이퍼〉에 이름을 올린 모든 과학자들을 유리 겔러가 기만했다는 얘긴데, 글쎄다. 제임스 랜디의 글들을 보면 논리적인 주장은커녕 감정적인 인신공격 일색이다. 도가 지나치다고 생각한 겔러 측에서 몇 번씩이나 소송을 제기했을 정도다.[21]

그의 글을 보면 그가 겔러에 관한 논문들을 제대로 읽기는 했는지 의심된다. 예를 들어 1972년 11~12월 스탠퍼드 연구소에서 있었던 유리 겔러에 대한 실험은 철저히 통제된 조건에서 실시되었다. 특히 겔러의 일거수일투족이 모두 비디오테이프로 기록되었다. 통상 마술사들이 벌이는 마술은 미리 자신이 준비한 무대와 육안으로 따라갈 수 없을 만큼 잽싼 손동작에 의한 눈속임으로 구성된다. 하지만 연구소가 통제해놓은 상태에서 이루어지는 실험에서는 무대를 사전에 손볼 수 없으며, 비디오테이프로 촬영하는 가운데서는 손동작을 통한 눈속임도 불가능하다. 따라서 제임스 랜디 같은 마술사가 이런 실험을 함부로 깎아내려서는 안 된다. 실제로 스탠퍼드 연구소에서의 유리 겔러 염력 실험을 주도하고 논문을 쓴 켄트 주립대학 물리학과의 윌버 프랭클린Wilbur Franklin 교수는 유리 겔러가 마술적인 눈속임이나 사기를 저질렀을 가능성, 심지어 자가 또는 집단 최면의 가능성도 배제하고 있다.[22]

또 염력 실험을 위해 유리 겔러에게 주어진 시편도 유리 겔러가 사전에 그 내용을 알지 못했으므로 바꿔치기 등의 속임수가 원천적으로 불가능했다. 물론 흔히 대중적인 쇼에 나와서 하는 수저 휘기라면 어떻게든 속임수를 준비해 와서 바꿔치기를 했을 수도 있다. 하지만 스탠퍼드 연구소에서는 유리 겔러 자신도 모르게 특별한 금속 시편을 준비했다.

바로 고리 형태의 백금이다. 프랭클린 교수가 그 백금 시편을 손에 쥐고 있는 동안 겔러는 근처에 접근해서 거기에 손대지 않고 응시했으며, 잠시 후 백금 고리에 균열이 생겼다. 그 다음 겔러가 그 백금 고리를 손에 쥐고 지그시 힘을 주자 처음 균열에서 0.2mm 떨어진 곳에 또 다른 균열이 일어났다.

전자현미경으로 조사한 결과 처음 일어난 균열은 열에 의해 녹아서 생긴 것과 매우 유사했고, 두 번째 균열은 액체질소의 온도에 가까운 초저온(영하 195℃)에 노출되어 생긴 균열로 판명되었다. 그런데 백금의 녹는점은 무려 1,773℃나 된다. 프랭클린 교수는 실험실에서 인위적으로 이와 같은 균열을 이렇게 가까이서 일으키는 것은 불가능하다고 말하면서, 자신이 관찰한 텔레뉴럴(teleneural, 먼 곳에서 신경계가 작용하는 일) 현상을 설명하기 위해서 기존의 물리법칙에 새로운 관점을 도입한 이론적 패러다임이 필요하다고 말했다.[23]

유리 겔러의 염력 실험은 스탠퍼드 연구소에서만 이루어진 것이 아니

▬ 유리 겔러(오른쪽)와 데이비드 봄 교수(왼쪽)

다. 런던 대학 버크벡 칼리지Birkbeck College에서 실시된 실험에서 겔러는 매우 다양한 종류의 금속을 휘거나 부러뜨리기로 되어 있었다. 이 실험은 1974년 양자역학의 새로운 철학적 해석을 제시하여 유명해진 버크벡 칼리지의 데이비드 봄David Bohm 교수를 비롯해 존 B. 헤이스티드John B. Hasted 교수와 케임브리지 대학의 에드워드 W. 바스틴Edward W. Bastin 교수, 그리고 미국 캘리포니아 팔로 알토Palo Alto에 소재한 지력과학 연구소(Institute of Noetic Sciences)의 브렌던 오리건Brendan O'Regan 박사에 의해 주관되었는데, 이는 유리 겔러에 대한 스탠퍼드 연구소의 연구결과에 자극을 받아 그들이 독자적으로 그 결과를 검증하려고 한 것이었다. 이들은 통상적으로 유리 겔러가 즐겨 휘는 수저나 열쇠가 아닌 딱딱한 결정 시편에 유리 겔러의 염력이 어떤 작용을 하는지 알아보았다.

그중에 지름 1cm, 두께 0.22mm의 몰리브덴 단결정 원반이 있었다. 겔러는 그 샘플을 탁자 위에 올려놓고 한 연구자에게 손바닥을 밑으로 하여 손을 펴도록 지시했다. 그리고 그 손 위에 자신의 손을 약간 떨어져서 놓이게 했다. 그러자 그 연구자는 손이 짜릿해지는 느낌을 받았다. 그 순간 원반이 사진에 나온 것처럼 약 21도 각도로 휘었다. 몰리브덴 단결정은 부서지기 쉬운 물질이기 때문에, 상온에서 이런 식으로 구부릴 수 없다.

버크벡 칼리지에서 이루어진 또 다른 실험에서 연구자는 직경 2mm, 두께 0.4mm의 전자현미경용 탄화바나듐 원반을 길이 1cm가량의 플라스틱 캡슐 안에 넣고 밀봉한 후 유리 겔러에게 비물질화 시연을 요구했다. 이때도 연구자의 손은 캡슐 위 일정한 높이에 놓여 있었고, 유리 겔러의 손은 그 위에 조금 떨어져 있었다. 그 후 수초가 지나자 캡슐이 살짝 움직였고, 연구자가 캡슐을 열어 조사해보니 절반가량이 사라지고 없었다.[24]

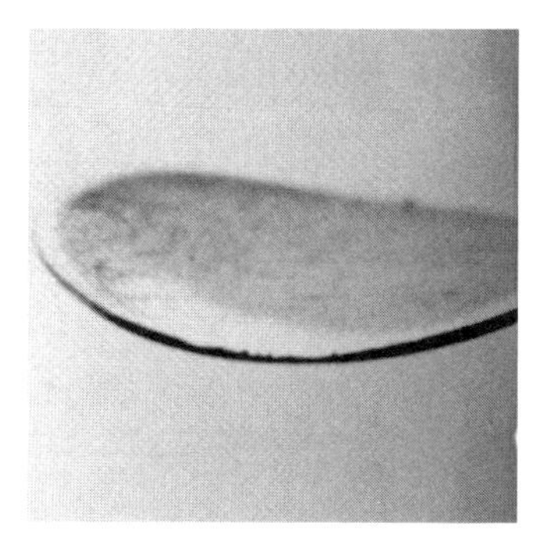

■ 유리 겔러가 손을 대지 않고 휘어지게 만든 몰리브덴 원반

그 자리에 참석한 유럽의 저명한 물리학자들은 유리 겔러의 능력에 놀라움을 금치 못했으며, 특히 데이비드 봄 교수는 매우 큰 감명을 받았다. 그는 유리 겔러가 휜 열쇠를 신주단지처럼 여기면서 주변에 자랑했다. 언젠가 그 열쇠를 분실했을 때 그는 유리 겔러가 초능력으로 열쇠를 회수해갔다고 말했고, 몇 시간 후에 다시 찾게 되자 유리 겔러가 제자리에 가져다놓았다고 말했다. 실험에 참석하지 않았던 그의 주변 사람들은 그런 봄을 이해하지 못했고, 겔러를 사기꾼이라고 생각했다.[25]

그들의 생각이 맞다면 데이비드 봄은 그저 귀가 얇아 사기꾼의 언행에 쉽게 넘어가는 멍청이였던 것일까? 그는 기존의 주류 양자역학 체계를 거부하고 새로운 철학적 해석을 제시하여 이론 물리학자로 큰 명성을 떨친 천재였으며, 사물을 이해하고 분석하는 명철한 혜안도 가지고 있었다. 그는 유리 겔러의 비물질화 실험이나 순간이동 실험이 아직은

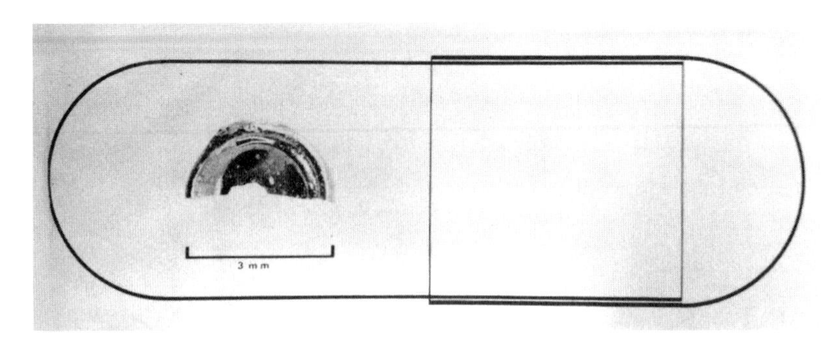

■ 유리 겔러의 비물질화 시연으로 절반이 사라진 탄화바나듐 원반.
이 시편은 플라스틱 캡슐 안에 밀봉되어 있었다.

현실에서 받아들여질 수 없는 과학체계의 존재를 암시한다는 사실을 직감적으로 느꼈던 것일지도 모른다.

제임스 랜디는 유리 겔러를 손장난이나 치는 사기꾼으로 매도했지만, 이런 치밀한 실험에서 그는 전형적인 마술사들이 사용하는 속임수 따위를 절대 사용할 수 없었다. 무엇보다 금속 시편은 유리 겔러의 의견과 무관하게 연구자들이 준비해서 내놓는다. 그것도 아주 전문적인 용도로 특수 제작된 시편들이라 수저나 열쇠와 같이 시중에서 구할 수 있는 물건이 아니다. 따라서 유리 겔러가 이런 시편들을 미리 준비해서 실험 도중에 바꿔치기 하는 상황은 결코 벌어질 수 없다.

이 점에 대해 버크벡 칼리지 실험에 참가했던 연구자들은 마술사들과의 논의를 통해 마술에서 사용되는 속임수는 실제로 관중들이 마지막 결과물을 보기 한참 전에 이루어진다는 사실을 알고서 유리 겔러의 실험이 이런 범주와 아주 동떨어진 것이라는 사실을 깨달았다. 그가 참여하는 실험에 마술적 속임수가 동원되는지 여부를 확인하기 위해 변화의 과정이 어떻게 일어나는지 예의주시할 필요가 전혀 없다는 것이다. 그들은 특히 플라스틱 캡슐에 담긴 탄화 바나듐 시편의 변화는 유리 겔러가 그 어떤 마술적 속임수를 동원하더라도 도저히 해낼 수 없는 일이라고 단정했다.[26]

나는 그뿐 아니라 몰리브덴 단결정에 대해 유리 겔러가 한 일도 여느 마술사가 흉내 낼 수 없는 능력이라고 생각한다. 상온에서는 어떤 힘을 가해도 그런 방식으로 단결정을 휘게 할 수 없다. 시편을 저온에 놓고 연성이 생겼을 때 기계적인 힘을 서서히 가하는 것만이 그런 변화를 줄 수 있는 유일한 방법이다. 이는 유리 겔러가 실험에 쓰일 시편의 규격을 미리 정확히 알아내지 못하면 사전에 준비할 수 있는 성격의 과업이 아니다.

— 통계적 실험으로 살펴본 염력의 존재

유리 겔러와 같은 뛰어난 초능력자들이 잘 통제된 실험실에서 염력을 사용해 실험을 했다고 하더라도, 사실상 이론적 배경이 존재하지 않는 상황에서 염력의 실재를 논문 형태로 정리하기란 결코 쉬운 일이 아니다. 배경이론이나 논문이 아닌 다른 방법으로 염력의 실재성이 신뢰를 얻기 위해서는 그러한 실험결과가 다른 실험실에서도 거듭 확인되어야 하는데, 그러려면 반복된 모든 실험에 동일한 절차와 규준이 필요하다. 그중 가장 접근하기 용이한 수단이 통계적 실험방법이다.

조지프 라인의 주사위 던지기 실험

1934년 듀크 대학 심리학과의 조지프 라인Joseph Rhine 교수는 주사위를 이용해 통계적 방법으로 염력을 연구하기 시작했다. 마음먹은 대로 주사위의 숫자를 나오게 할 수 있다고 자랑하는 젊은 도박사의 말에 착안해 주사위를 실험에 사용하게 된 것이다.

주사위 던지기를 이용한 염력 실험의 절차는 간단하다. 먼저 주사위의 숫자를 지정하고 피험자는 그 숫자가 나오기를 마음속으로 바라면서 주사위를 던진다. 이러한 과정을 반복하여 지정된 숫자와 주사위를 던져 나온 숫자가 일치되는 횟수를 기록한다. 만일 일치되는 횟수가 확률에 의해 기대되는 횟수를 상회하면 그 사람에게 염력이 존재하는 것으로 간주한다.

라인 교수의 생각에 다소 회의적이었던 윌리엄 개틀링William Gatling이라는 신학 대학생의 주도로 이루어진 초기의 실험결과에서 숫자가 일치된 횟수는 확률에 의해 기대되는 횟수를 훨씬 웃돌았고, 이에 라인 교수는 깜짝 놀랐으나 결과를 즉시 발표하지는 않았다. 아마 영매를 대상으로 하는 등 다소 주술적인 색채에 물들어 있던 초능력을 바라보는 학계의 시선이 곱지 않기도 했고, 라인 교수 본인도 좀 더 많은 통계자료를 쌓아둘 필요가 있다고 판단했기 때문이었을 것이다.[27]

추후에 실험결과가 공개되자, 예상했던 대로 라인 교수는 비판에 직면했다. 주사위를 이용해서는 완전히 무작위적인 실험결과를 얻을 수 없으며, 손놀림에 의한 속임수나 큰 오차가 개입될 여지가 많다는 지적이었다. 라인 교수의 실험에 예지 능력이 작용했을 가능성을 지적하는

■ 조지프 라인 교수의 주사위를 이용한 염력 실험장치

학자도 있었다.[28]

그럼에도 그는 30년 가까이 주사위를 사용한 실험을 거듭하여 염력의 본질에 관해 중대한 결론을 이끌어냈다. 염력은 물리학으로 설명할 수 없는 결과를 일으킨다. 따라서 염력에는 뇌의 물리적 과정이 개입된 것으로 보이지 않으며, 염력은 물리학의 어떠한 기계적 법칙도 적용되지 않는 정신 현상이다. 다시 말해 염력은 통계적으로 측정 가능한 방법으로 물질에 영향을 미치는 마음의 비물리적 힘이다.[29]

방사성 원소 붕괴를 이용한 통계적 염력 실험

주사위 던지기에서 가장 문제가 되는 요소는 숫자가 정말 무작위로 나오는지 여부다. 라인 교수의 실험이 계속 의심을 받았던 가장 큰 이유가

■ 헬무트 슈미트의 무작위숫자 발생장치

바로 그것이었다. 사실 손재주가 좋은 사람은 특정 숫자가 높은 확률로 나오도록 결과를 조작할 수 있으며, 몇몇 뛰어난 마술사들은 이런 식으로 결과를 조작하는 것이 어렵지 않음을 직접 보여주기도 했다.

독일 태생의 미국 물리학자로 1970년대에 보잉 사에서 근무하고 있던 헬무트 슈미트Helmut Schmidt는 이 문제를 해결하기 위해 주사위 대신 방사능 측정 장치인 가이거 계수관(Geiger tube)을 응용한 장치를 사용하자고 제안했다. 가이거 계수관은 방사성 원소가 붕괴할 때 방출되는 방사능을 측정하는 장치다.

물리학 이론에 따르면 방사성 원소의 붕괴는 우주에서 가장 무작위하게 발생하는 현상 중 하나다. 그러므로 방사성 물질 중 어느 특정 원자가 붕괴되는 시기를 예측할 방법은 없으며, 반감기에 해당하는 시간이 지나면 방사성 물질에 포함된 수많은 원자 중 절반이 붕괴한다는 사실만을 통계적으로 알 수 있을 뿐이다. 따라서 누군가가 염력을 일으켜 방사성 물질이 무작위적이지 않게 붕괴되도록 제어할 수 있다면, 이는 염력의 존재를 입증하는 아주 좋은 예가 된다.

슈미트는 스트론튬(Sr)의 인공 방사성 동위원소인 스트론튬90의 붕괴를 이용하는 장치를 개발했다. 가이거 계수관과 스트론튬90 샘플로 구성된 이 장치는 '무작위숫자 발생장치(RNG, random-number generator)'라 불린다. 일반적인 상태에서 숫자는 무작위로 선택된다. 하지만 염력이 작용해서 특정 숫자를 선호하도록 한다면 특정 숫자가 나타나는 확률이 높아질 것이다.

그는 피실험자가 염력을 가지고 있다면 방사성 물질의 붕괴 속도를 조절할 수 있고, 따라서 마음의 작용만으로 RNG의 특정 램프에 불이 켜지도록 할 수 있을 것이라고 전제하였다. 그리고 수차례에 걸친 실험을 통해 RNG에 유의할 만한 수준으로 염력이 작용한다는 결론에 도달했다.[30]

RNG 실험을 통해 마음이 물질에 원자 수준의 영향을 미칠 수 있다는 사실이 드러남에 따라, 이런 미시적인 염력과 숟가락 구부리기나 물체의 공중부양처럼 큰 물체에 작용하는 염력을 구분하는 일이 불가피해졌다. 그래서 전자는 '마이크로 염력(micro PK)', 후자는 '매크로 염력(macro PK)'으로 불리게 되었다. 이후 마이크로 염력은 1970년대 서구의 초심리학 분야에서 활발히 연구되며 학문적인 전성기를 맞이했다. 한편 매크로 염력은 대중적이며 동시에 학문적인 연구대상이었는데, 이는 전 세계 TV 시청자들의 마음을 사로잡은 유리 겔러의 초능력 덕택이라 해도 무방하다. 이처럼 염력은 1970년대 초심리학 분야의 노른자위로 각광받았다.

다이오드를 이용한 통계적 염력 실험

프린스턴 대학 공학 및 응용과학부에서는 1979년부터 2007년까지 '프린스턴 공학 비정상 현상 연구(PEAR, Princeton Engineering Anomalies Research) 프로그램'이 운영되었다. 이 프로그램의 주된 연구대상은 인간의 의식과 물리적 소자, 시스템, 그리고 프로세스의 상호작용, 즉 '초심리학'이다.

이 프로그램의 총괄책임자는 프린스턴 대학에서 공학 및 응용과학부 학장이자 항공우주과학 석좌교수로 재직 중이던 로버트 얀Robert Jahn으로, 그는 헬무트 슈미트의 뒤를 이어 1980년대 마이크로 염력 연구를 주도했다. 그는 원래 로켓 추진 전문가로서 당시 프린스턴 대학 공대의 학장이었지만, 1986년 염력에 관한 연구결과를 공개한 것이 빌미가 되어 자리에서 물러나야 했다.

얀은 방사성 물질 대신에 전자 소자인 다이오드를 사용한 장치를 개발하고 '무작위사건 발생장치(REG, random-event generator)'라 불렀다. REG는 다이오드에서 초당 1,000번씩 무작위로 발생되는 잡음을 컴퓨터 화면에 두 가지 값으로 표시하는 장치여서 '동전을 튕기는 전자장치(electronic coin flipper)'에 비유되기도 한다.

그는 14년 동안 25만 번의 REG 실험을 수행하고 1986년에 그 결과를 발표했다. 그는 이 보고서에서 염력 효과가 무작위 사건의 확률적 기대치를 약 0.1% 상회했다고 밝혔다. 평균적으로 1,000번의 REG 실험에서 마음의 작동에 의한 사건이 우연에 의한 것보다 한 번 정도 더 많이 일어났다는 뜻이다. 0.1%는 통계적으로 너무 미미한 수준이어서 염력의 존재를 인정하지 않는 주류 학계는 무의미하다며 이 결과를 무시했지만, 얀은 이만큼의 차이도 유의할 만한 것이라고 주장했다.

염력이 실재한다는 주장에 대한 주류 과학자들의 반응은 대체로 냉담

하다. 1965년 노벨 물리학상을 수상한 리처드 파인만Richard Feynman은 염력이 증명되기 위해서는 좀 더 확실한 증거가 필요하다고 말했다.[31] 그리고 《코스모스Cosmos》의 저자로 유명한 칼 세이건도 초심리학이 미신이나 의사과학의 영역에 머물러 있다고 했다.

딘 라딘Dean Radin은 그런 칼 세이건도 죽기 1년 전에 마치 마이크로 염력을 옹호하는 듯한 놀라운 태도를 취했다고 지적했다.[32] 하지만 세이건이 쓴 내용을 자세히 읽어보면 세이건 자신은 다른 의사과학 분야에 과다한 적개심을 드러내지 않았을 뿐, 그런 현상이 사실이라는 주장에 동의하는 것은 아니라고 명백히 전제해두었음을 알 수 있다. 그는 자신의 그러한 태도가 초심리학자들이 해석하는 바를 지지한다는 뜻은 아니지만, 어쨌든 RNG를 사용한 마이크로 염력 실험에서는 유의할 만한 결과가 도출되고 있는 것 같다고 조심스레 언급했다.[33]

분명 로버트 얀의 연구결과를 동료 학자들이 함부로 폄훼하지는 못하는 분위기다. 초과학적인 아이디어를 대중적으로 풀어내는 데 천부적인 소질을 지닌 뉴욕 시립대학의 이론 물리학자 미치오 카쿠Michio Kaku 교수는 얀의 실험결과가 염력 효과의 존재를 증명하는 것처럼 보인다고 이야기했다(얀이 진짜로 동전 던지기를 했다고 오해하고는 있었지만). 하지만 그는 곧 대표적인 초심리학 반대론자인 레이 하이만Ray Hyman이 국립 연구 위원회(National Research Council)의 의뢰를 받아 조사하여 보고한 내용을 살펴보고, 그 실험에서 나타난 유의할 만한 결과가 한 사람에게 집중되어 나타났다고 지적했다.[34]

이런 식의 지적은 〈뉴스위크Newsweek〉 지의 과학담당 편집자 샤론 베글리Sharon Begley에 의해서도 제기된 바 있다. 그녀는 얀의 염력 실험이 가장 신뢰성 있으며, 좀 더 연구할 가치가 있다고 두둔하면서도 전체 실험의 15%에 참가한 피험자 한 명이 전체 성공의 절반을 차지했다는 사실에는 문제를 제기했다.[35] 그러면서 얀이 제안한 것과 똑같은 기계를 사용한 다른 연구소에서 유의할 만한 결과가 나오지 않았다는 사실도 지적했다.

하지만 이것이 사실이라면 오히려 염력 옹호론자들에겐 반가운 일이다. 얀의 연구에 뛰어난 염력을 보유한 사람이 참여했다는 뜻이 되기 때문이다. 만일 얀이 주도한 실험이 카쿠 교수가 잘못 알고 있는 것처럼 단순한 동전 던지기였다면 피험자가 능란한 손재주로 실험과정을 조작했다고 주장할 수도 있지만, 다이오드를 이용한 실험이라면 그리 쉽게 조작을 할 수가 없다.

물론 다이오드를 사용한 REG 자체를 문제 삼는 회의론자도 있다. 그러나 얀은 실험 상태가 아닐 때의 반복 측정을 통해 그의 장치가 정말로 무작위하게 동작함을 수차례 확인했다고 주장했다.[36]

1980년대까지 이루어진 통계적 염력 실험의 한계

1930년대부터 1980년대까지 주사위 던지기(조지프 라인)나 방사성 물질 붕괴(헬무트 슈미트), 다이오드 잡음(로버트 얀)과 같이 무작위로 발생하는 사건의 결과에 영향을 미치는 마이크로 염력에 관한 실험을 통해 초심리학자들이 도달한 결론은 염력은 분명히 존재하지만 효과가 너무 미약해서 측정하기가 쉽지 않다는 것이다.

그럼에도 초심리학자들은 우연의 일치처럼 보이는 일상 속의 여러 사건을 무의식적으로 발현된 염력의 영향으로 해석할 수 있다고 본다. 이런 맥락에서 컴퓨터 시스템의 안전을 위해 마이크로 염력 연구가 매우 긴요하다고 주장하는 사람도 있다.

원자력발전소, 항공교통관제, 의료기기 등 인명과 직결된 설비들은 대부분 컴퓨터로 제어되는데, 이제까지는 그런 설비가 고장을 일으킬 경우 기계 자체의 오작동이나 이를 다루는 사람의 실수 말고는 그 원인을 찾을 곳이 없었다. 하지만 염력의 실재를 믿는 초심리학자들은 기계에 작용하는 사람의 염력 또한 고장의 원인이 될 수 있다고 생각한다. 사람들은 누군가가 기계를 잘 다루지 못하는 이유가 기능적인 미숙함이라고 생각하지만, 사람의 마음이 무의식적으로 작용해 기계가 때때로 원인불명의 고장을 일으킬 가능성도 높다는 것이 초심리학자들의 주장이다. 앞서 이야기한 파울리의 경우도 정확히 이런 범주에 포함되는 것 같다. 왜 초심리학자들이 그를 실험대상으로 섭외할 생각을 하지 않았는지 아쉽다.

— 특별한 날에 증폭되는 집단적 염력

그런데 이처럼 일상에서 알게 모르게 염력이 발동되어 주변 환경에 영향을 미친다면 이런 염력이 특별히 증폭되어 나타나는 때가 있지 않을까? 예를 들어 1988년 서울 올림픽 당시처럼 온 국민이 승리를 염원하

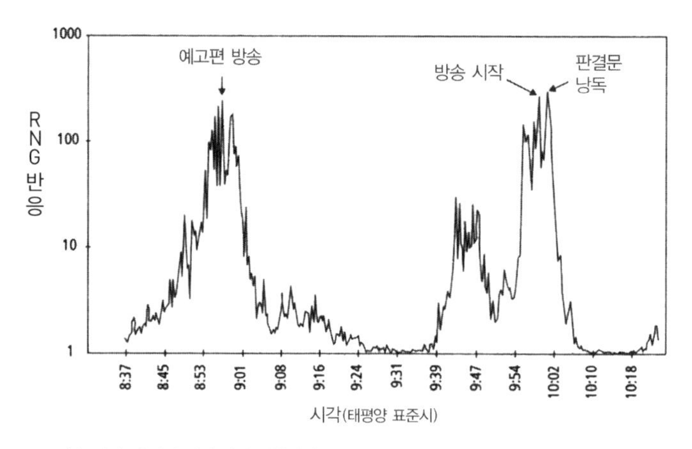

■ O. J. 심슨 재판 당시의 집단 염력 실험결과

고 열렬히 응원하면서 같은 날 같은 시각에 축구 경기를 관전한다면 무언가 강력한 염력이 발생할 가능성은 없을까?

딘 라딘 등의 초심리학자들은 이에 착안해 다음과 같은 실험을 진행했다. RNG를 서로 다른 곳에 여러 대 놓고 사람들에게 경기를 관전하게 한 후 경기 시작 전, 종료 후, 그리고 경기가 진행되는 시간대에 따라서 염력이 작동하는 상황을 체크했다. 그들은 이 실험에서 유의할 만한 결과를 얻었다고 한다. 하지만 대부분의 경우 경기 시간이 길고, 관중들의 흥분이 고조되는 시점을 객관적으로 정하기가 애매해 대중의 정서적인 상태와 염력이 정확히 대응된다고 결론짓기는 힘들었다.

그러던 중 1995년에 TV로 생중계된 O. J. 심슨O. J. Simpson의 재판이 염력 실험에 아주 좋은 기회라는 제안이 나왔다. O. J. 심슨은 한때 세계적인 슈퍼스타였지만, 부정을 저지른 부인을 살해했다는 혐의로 체포되어 재판에 회부되었다. 그의 재판결과는 세계적으로 초미의 관심사였다.

이 재판은 미국뿐 아니라 전 세계 5억 명 이상의 사람들이 큰 관심을 갖고 시청했으므로, 미국과 유럽(네덜란드)에서 동시에 RNG 실험이 이루어졌다. 염력이 일부 지역에 한정되어 나타나는지 여부를 확인하기 위해서였다. 그 결과 예고편이 방송되던 9시경에 RNG 신호가 반응하더니 다시 정상으로 돌아갔다가, 10시경 법정 서기가 판결문을 낭독하는 순간 대서양 양쪽 대륙에 흩어진 5대의 RNG에서 모두 강력한 반응이 나타났다고 한다.[37]

이 실험결과도 조작된 것으로 의심받을 가능성은 없지 않다. 하지만 나는 딘 라딘이 비록 칼 세이건의 글을 자기 편의대로 곡해하기는 했어도, 데이터를 조작해서 사실이라고 우길 정도로 문제가 있는 사람이라고 생각하지는 않는다.

보지 않고도 꿰뚫어 보는 천리안의 소유자들

—— 그들은 맥머니글에게 위성사진을 보여 주지 않고 지도상의 좌표만을 알려주었는데, 맥머니글은 그 좌표만을 가지고 격납고 안의 물체가 지금까지 알려진 것과 비교할 수 없을 만큼 거대한 잠수함이라는 사실을 알아냈다. 4개월 후, 문제의 격납고에서 내륙해로 뚫린 인공통로를 통해 거대한 잠수함이 이동하는 장면이 미국 첩보위성에 포착되었다. 그의 예지적 원격투시가 그대로 들어맞은 것이다.

— 칸트의 신념을 뒤흔든 스베덴보리의 투시 능력

피히테, 헤겔로 이어지는 독일 관념철학의 기초를 세운 독일의 철학자 임마누엘 칸트Immanuel Kant는 그의 대표적인 저서 《순수이성비판》에서 형이상학이 초감각적이고 초경험적인 것을 인식의 범주 안에 끌어들이려는 시도는 오류라고 지적했다. 그런데 그의 이런 신조를 크게 뒤흔든 이가 있었으니, 그는 에마누엘 스베덴보리Emanuel Swedenborg였다. 스웨덴 출신인 그는 철학자, 신학자, 수학자, 과학자, 그리고 발명가로 명성을 떨친 천재적인 학자이자 초능력의 소유자였다.

그의 초능력을 보여주는 대표적인 예로 1759년 7월 19일에 스웨덴의 수도 스톡홀름Stockholm에서 발생한 대화재와 관련된 에피소드가 있다. 그는 이 사건을 480km나 떨어진 괴테보르그Göteborg라는 도시에서 지인들에게 거의 생중계 수준으로 설명해주었다고 한다. 그날 저녁 스베덴보리는 영국에서 배를 타고 괴테보르그에 막 도착해 파티에 참석한 터였는데, 어느 순간 느닷없이 신들린 사람처럼 스톡홀름에 있는 자신의 집 근처에서 일어난 화재를 그림을 그리듯 상세히 묘사하기 시작했다. 당시에는 요즘처럼 통신이 발달하지 못했기에 스톡홀름의 대화재에 관한 소식은 이틀 후에나 괴테보르그에 전해졌는데, 놀랍게도 그 내용이 스베덴보리가 이틀 전에 설명한 것과 정확히 일치했다고 한다.

이 일은 곧 엄청난 화젯거리가 되었고, 철학자 임마누엘 칸트도 큰 관심을 가지고 조사에 착수했다. 그는 1763년 절친 샤를로테 폰 크노블로흐Charlotte von Knobloch에게 보낸 편지에서 '이렇게 신빙성 있는 사례에 누가 감히 의문을 제기할 수 있겠는가'라고 했다.[38]

하지만 3년 후에 집필한 소책자 〈영혼을 보는 자의 꿈Träume eines Geisterseher〉에서 그는 태도를 바꿔 '스베덴보리의 초능력에 관해 진지하게 살펴보았지만 그에 대한 어떤 결론도 내릴 수 없었다'라고 기록했다. 이런 갑작스런 태도의 변화를 대체 어떻게 설명해야 할까?

1969년에 〈영혼을 보는 자의 꿈〉을 영문판으로 번역한 존 매놀레스코John Manolesco는 역자서문에서 '칸트가 나중에 우주의 초월적 지성에 대한 스베덴보리의 철학사상이 자신의 것과 너무나 똑같다는 사실을 알게 된 후 그를 시기·질투하면서 그전까지 그에게 보였던 호의를 접게 된 것'이라고 했다.[39]

직접 눈으로 보지 못하는 사건의 발생을 알아맞히는 능력을 '투시'라고 하며, 스베덴보리처럼 비교적 먼 거리에 떨어진 곳의 상황을 투시하는 경우를 특별히 '원격투시(遠隔透視, remote viewing)'라 부른다.

— 〈네이처〉 지에도 발표된 투시 실험결과

세계적인 권위를 자랑하는 저명한 학술지 〈네이처〉 지에 투시에 관한 논문이 게재되었다는 사실을 알고 있는가? 〈네이처〉는 실제로 유리 겔러와 팻 프라이스Pat Price라는 초능력자들의 실험결과를 논문 형태로 수록한 바 있다.

사실 이들의 투시 실험에 관한 논문이 〈네이처〉 지에 받아들여지기까지는 상당한 논란이 있었다. 하지만 〈네이처〉 지의 편집자들은 전 세계의 초심리학자들과 이 분야에 관심을 갖고 있는 타 연구 분야 종사자들이 스탠퍼드 연구소의 초심리학 분야 연구결과의 질을 측정하고, 이 연구가 초심리학에 얼마나 기여하는지 평가할 수 있도록 하기 위해 이 논문을 싣기로 결정했다고 밝혔다.

이 실험에서 유리 겔러는 전기적으로 차폐된 방 안에서 투시 능력을 검증받았다. 이처럼 그는 외부로부터 전자기신호, 음향 등이 차단된 잘 제어된 환경 안에 있었고, 투시 대상물은 그 방에서 떨어진 다른 방에 있었다. 이미 많은 비판자들로부터 초심리학에 관한 실험이 얼마나 허점투성이였는지 문제가 제기되었으므로 스탠퍼드 연구소의 러셀 타그Rusell Targ와 하롤드 퍼소프Harold Puthoff는 철저한 준비를 통해 논란의 여지를 최소화했다.

200페이지와 203페이지의 그림(1a에서 2c까지)은 겔러의 투시 실험에 관한 내용을 나타낸다. 대부분의 실험은 겔러가 있던 방에서 4m가량 떨어진 방에 투시 대상물을 놓고 이루어졌으나, 그림 1c는 475m, 그림 1e는

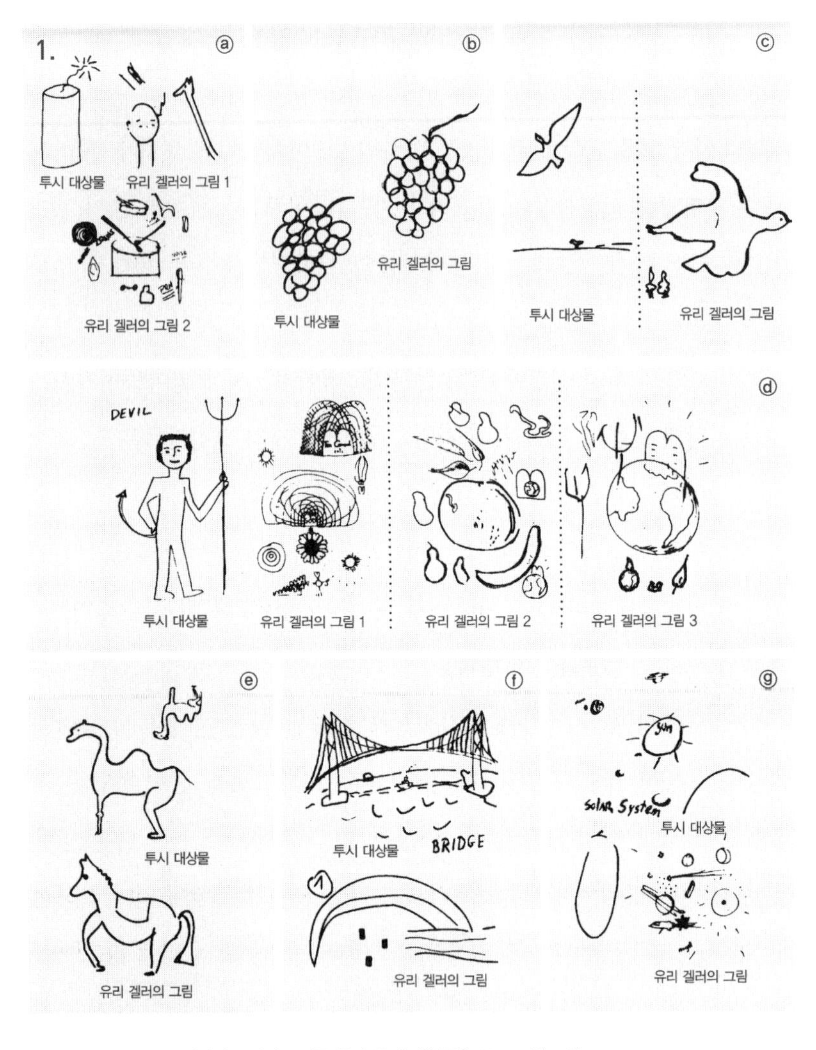

■ 유리 겔러가 멀리 떨어진 곳에서 투시를 통해 투시 대상물을 보고 그린 그림

7m 떨어진 곳에 대상물을 놓고 실험한 결과다. 실험은 모두 13종류로 실시되었는데 이 중 세 가지 실험에 대해서는 유리 겔러가 응답을 하지

않았다.

먼저 그림 1a를 보자. 투시 대상물은 심지가 타들어가고 있는 다이너마이트였는데, 겔러가 첫 번째로 묘사한 것의 핵심은 머리카락이 한 올 있는 목이 긴 대머리였다. 목이 긴 대머리와 다이너마이트 본체는 대체로 원통형이라는 측면에서 유사성이 있고, 심지는 한 올의 머리카락과 대응되므로 겔러의 투시 능력이 어느 정도 인정된다.

다음 실험에서는 좀 더 복잡한 모양이 묘사되었는데, 여기서 핵심은 북과 북채로 볼 수 있다. 북이 실린더 모양이라는 면에서 다이너마이트 본체와 대응되고 북채는 심지와 대응된다고 볼 수 있으나 첫 번째 묘사보다 투시 능력이 떨어진다고 판단된다.

그림 1b는 투시 대상물인 포도송이 그림을 정확히 알아맞힌 것으로 겔러의 투시 능력이 확실히 발휘되었다고 볼 수 있다. 그림 1c는 날개가 몸통에 비해 큰 새를 그린 투시 대상물인데, 겔러는 날개가 몸통에 비해 작은 뚱뚱한 새를 그렸다. 새를 알아맞혔다는 점에서 투시 능력이 인정된다.

그림 1d는 삼지창을 들고 서있는 악마 모습의 그림이 투시 대상물로, 겔러가 묘사한 첫 번째와 두 번째 내용은 모두 투시 대상물과 연관성이 없어 보이나 세 번째 그림에서는 삼지창을 묘사하여 겔러의 투시 능력이 발휘되었다고 볼 수 있다.

그림 1e는 단봉낙타와 그 위에 뒤집어진 쌍봉낙타를 그린 투시 대상물에 대해 겔러가 말을 그린 것으로, 낙타를 꼭 집어서 알아맞히지 못했다는 점에서 높은 점수를 줄 수는 없지만 매우 비슷한 포유류를 묘사했

다는 점에서 어느 정도의 투시 능력을 인정할 수 있다.

그림 1f는 아치교와 현수교가 접목된 형태의 교량을 묘사하고 있는데, 투시 대상물에 대해 겔러는 아치를 표현함으로써 어느 정도 투시 능력을 발휘한 것으로 보인다. 그림 1g는 태양계를 묘사한 투시 대상물에 대한 겔러의 투시 그림인데, 겔러가 묘사한 내용이 천체들의 집합으로 역시 겔러가 비교적 정확히 투시했다고 판단된다.

지금까지 살펴본 그림 1에 대한 실험은 모두 그림을 그리고 투시 대상물을 정해진 위치에 갖다 놓는 데 사람이 관여되었다. 이 경우 유리 겔러가 순전히 투시 능력으로 대상물을 알아맞혔다고 보기 어려운 측면이 있다. 이 작업에 관여된 사람들의 생각을 텔레파시로 감지했을 수도 있기 때문이다. 그래서 다음 실험에서는 컴퓨터에 여러 종류의 그래픽을 입력한 후 그중 하나를 무작위로 선정해 화면에 띄워놓고 이를 알아맞히는 방법이 채택되었는데, 그림 2가 바로 그 내용이다. 이때 겔러가 그림을 완성하기 전까지 어느 누구도 컴퓨터 화면에 띄운 영상을 보지 않았다.

겔러는 그림 2a에서 컴퓨터 화면에 나타난 연 모양의 투시 대상물을 매우 정확히 알아맞혔다. 그림 2b는 거의 보이지 않는 희미한 영상으로 띄운 교회의 그림인데, 겔러가 묘사한 내용이 형태에 있어서 어느 정도 연관성은 보이나 투시에 성공했다고 보기는 어렵다. 그림 2c는 하트 모양에 화살이 꽂힌 모습을 묘사한 투시 대상물을 겔러가 두 차례에 걸쳐 묘사한 내용인데, 두 그림 모두에 화살표가 있다는 점에서 어느 정도의

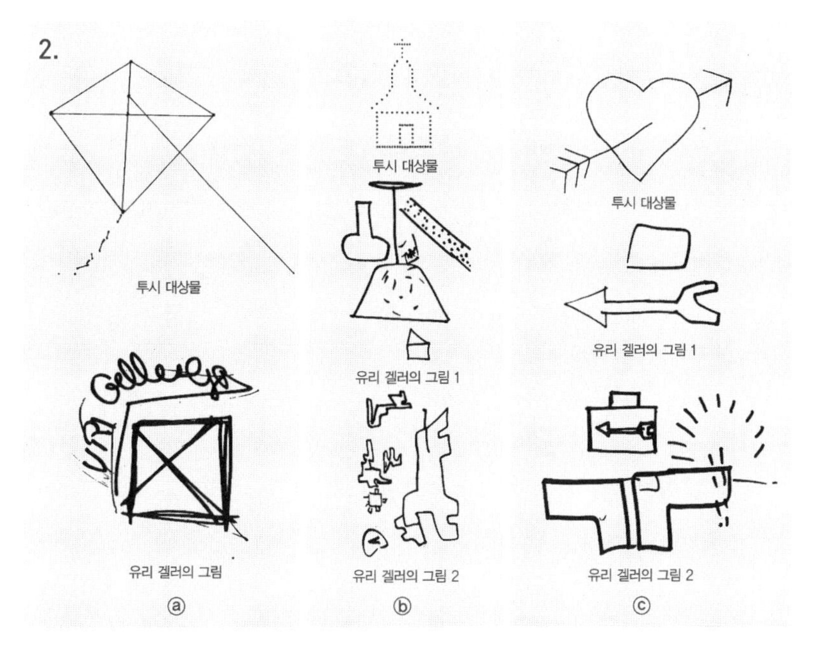

■ 유리 겔러가 멀리 떨어진 곳에서 투시를 통해 컴퓨터 화면에 나타난 투시 대상물을 보고 그린 그림

투시 능력이 인정된다.[40]

〈네이처〉 지에 실렸다는 사실을 염두에 두지 말고 독자 여러분도 유리 겔러의 투시 실험결과를 객관적으로 판단해보기 바란다. 나는 지금까지 살펴본 10가지 투시 실험에서 총체적으로 유리 겔러의 투시 능력이 인정된다고 판단한다.

러셀 타그와 하롤드 퍼소프는 팻 프라이스를 대상으로 한 원격투시 실험결과를 유리 겔러의 실험결과와 함께 〈네이처〉 지에 발표했다. 이 논문에서 기술한 실험방법은 다음과 같다. 우선 팻 프라이스는 공원이나 전자파가 차폐된 실험실 또는 사무실에서 실험을 했다. 그는 한 실험자와 함께 있고, 현장에 나가 있는 다른 실험자(현장 실험자)는 스탠퍼드 연구소에서 차로 약 30분 거리에 위치한, 특징적인 경관을 나타내는 지점들에 대한 좌표를 무작위로 선택해서 현장으로 향한다.

이때 현장 실험자는 프라이스나 그와 함께 있는 실험자에게 자신이 향하는 현장에 대해 아무 언급도 하지 않는다. 그가 현장에 도착한 후 30분간 거기에 머물게 하고 그동안 팻 프라이스가 현장을 스케치하게 하면서 녹음을 한다. 이때 실험자는 현장에 대한 경치뿐 아니라 일어나고 있는 일들에 대해서도 함께 질문한다.

이렇게 실험한 현장은 모두 9곳이었으며, 그곳들을 모두 가본 스탠퍼드 연구소 직원 5명이 판정인으로 선정되어 녹음테이프에 기록된 진술만을 토대로 프라이스가 어디를 묘사하고 있는지 9곳 중에서 선택했다. 이렇게 해서 9군데 중 6군데에 대한 묘사는 거의 정확했고, 3군데는 다소 부정확하다는 판정이 나왔다. 타그와 퍼소프는 비록 프라이스가 일부 실수하긴 했지만, 확률적인 면을 고려하면 이 결과는 그에게 원격투시 능력이 있음을 보여주는 것이라고 결론지었다.[41]

— 원격투시로 목성을 탐색하다

1972년 여름, 미국 심령연구학회(ASPR, American Society for Psychical Research)의 연구부장 칼리스 오시스Karlis Osis 박사는 학회지에 초능력자 잉고 스완Ingo Swan을 대상으로 실시한 투시 실험의 결과를 발표했다. 그는 약

3m 높이의 선반 위에 투시 대상물을 올려놓고, 그 바로 아래에 잉고 스완을 앉힌 다음 투시 대상물이 무엇인지 소형 칠판에 그리도록 했다. 실험은 모두 8가지의 투시 대상물에 대해 이루어졌는데, 스완은 자신의 저서 《지구여 안녕To Kiss Earth Good-bye》에서 자신이 투시 대상물을 거의 전부 알아맞혔다고 주장했다.

실제로 오시스 박사가 이 실험에 대한 어떤 예비지식도 없는 한 심리학자에게 실험에 사용된 8가지 투시 대상물과 그에 해당하는 스완의 그림을 비교하도록 한 결과, 8가지 경우 모두 일치했다고 한다.[42] 하지만 밀본 크리스토퍼Milbourne Christopher라는 마술사는 왜 투시 대상물과 피험자를 격리하지 않았느냐며 이 실험의 정확성에 의문을 제기했다.[43]

스탠퍼드 연구소의 두 과학자 러셀 타그와 하롤드 퍼소프가 집중적으로 연구한 대표적인 두 초능력자는 잉고 스완과 유리 겔러였다. 연구 결과 그들은 이 두 사람에게 탁월한 투시 능력이 있다고 결론지었다. 특히 잉고 스완은 원격 투시에 아주 뛰어난 재능을 갖고 있었다. CIA는 그의 능력이 군사적 차원에서 적의 기밀 시설 등을 탐지하는 데 적합할 것이라는 판단 하에 그에 대한 연구를 수행할 수 있도록 스탠퍼드 연구소를 지원했다.

하지만 유리 겔러에 관한 투시 실험결과는 세계 최고 권위의 〈네이처〉지에까지 실린 반면, 잉고 스완의 실험 내용은 상당 부분 은폐되었다. 이는 원격투시, 즉 천리안이 군사적인 목적에서 극비사항으로 분류되었기 때문인 것으로 보인다.[44]

잉고 스완은 누구보다도 뛰어난 원격투시 능력을 보여주었으며, 군사적 목적의 실험에서 중요한 역할을 했다고 알려져 있다. '스타게이트Stargate'로 알려진 극비 실험의 일부 문서는 비밀이 해제되었지만, 구체적인 실험결과에 대해서는 제대로 알려진 바가 없다.

그는 스탠퍼드 연구소에 이른바 '좌표 천리안(coordinate remote viewing)'이라는 기법을 처음 제안한 것으로 알려졌는데, 지구의 경도와 위도를 알려주면 그 지점에 무엇이 있는지 알아맞히는 기법이다. 타그와 퍼소프는 나중에 CIA로부터 지원을 받아 이 방법을 실험했는데, 지금 소개하는 사례는 그 이전인 1973년에 행한 실험이다. 이 실험에서 스완은 임의로 선택된 지구상의 좌표 10개를 제공받고 그 지점에 있는 시설물들을 알아맞혔다. 그 결과 7개는 매우 정확했고, 2개는 판정하기 애매했으며, 1개는 완전히 틀린 것으로 나타났다고 한다. 타그와 퍼소프는 이런 결과에 고무되어 매우 긍정적인 반응을 보였다.[45]

지구상의 지형지물에 대한 원격투시에서 놀라운 능력을 보여준 잉고 스완은 타그와 퍼소프에게 목성을 원격투시로 관찰하자고 제안했다. 처음에 그들은 스완의 이런 제안을 거절했는데, 당시엔 그의 관찰 내용을 증명할 방법이 없었기 때문이다. 하지만 1973년 4월 27일, 결국 잉고 스완의 목성 원격투시 실험이 이루어졌고, 모든 상황은 녹음기로 녹음되었다. 약 30분간 조용히 있던 스완은 목성의 표면과 대기, 기후 등에 대해 설명하기 시작했다. 그리고 목성에도 토성처럼 둘레를 두른 띠가 있는 것을 보았다고 말했다.[46]

그로부터 6년 후, 이 결과가 사실인지 확인할 수 있는 기회가 왔다.

1979년 목성에 접근한 무인 우주탐사선 보이저Voyager 1호와 2호가 사진을 촬영해 전송해온 것이다. 이 사진을 보면 목성에도 비록 희미하긴 하지만 띠가 존재함을 알 수 있다. 이로써 스완의 목성 투시결과가 사실로 판명되었다.

— 스타게이트 프로젝트

1970년대 이전에 구소련 및 동구권에서 이루어진 초능력 연구에 대해 미국 내에서는 여러 가지 루머와 역정보들이 넘쳐나고 있었다. 아마도 앞서 소개한 쿨라기나에 대한 과장된 정보들이 많았을 것이다. 미국의 CIA와 DIA(Defense Intelligence Agency, 국방부 정보국) 등 군 정보기관들은 이런 정보들에 대해 의구심을 갖고 있으면서도 구소련에 대응하는 초능력 연구가 필요하다고 인식하게 되었다. 그 결과 미국에서 수행되는 여러 종류의 초심리 연구를 20여 년 동안 지원하고 격년으로 그 성과에 대해 평가를 시행했는데, 그중 원격투시가 가장 군사적 목적에 중요하게 응용될 수 있다고 판단하고 이 분야를 집중적으로 지원했다. 이 프로젝트는 스탠퍼드 연구소에서 주관했으며, 잉고 스완, 팻 프라이스 등이 주요 실험대상이었다.

그런데 실험자들은 이들에게 투시 내용이 맞았는지 틀렸는지 등의 피드백은 거의 하지 않았다고 한다. 스탠퍼드 연구소가 내세우는 표면적인 이유는 투시자들이 그런 피드백에 의해 자신감을 잃거나 능력이 떨어질 수 있음을 우려해서였다고 하지만, 투시자들은 자신들이 본 것들이 군사적으로 매우 민감한 사항이었기 때문이라고 믿고 있다.[47]

원격투시 실험은 특정 지역의 사건에 대해 정보가 전혀 주어지지 않은 상태에서 투시자가 감지하도록 이루어졌는데, 보통 동시간대에 일어나는 사건이 투시 대상이었다. 하지만 군사적 정보나 미국 내의 테러 정보와 관련된 내용에 대한 원격투시 실험 중에는 장차 미래에 일어날 일을 감지하도록 요구받는 경우도 있었다고 투시자들이 주장했다고 한다.

미군 내에서 스타게이트 프로젝트가 시작된 것은 바로 이런 원격투시 실험을 보다 과학적으로 수행하기 위해서였다. 스타게이트 팀은 다른 방식의 정보 수집이 모두 끝난 후 좀 더 상세한 내용을 채집할 목적으로 운영되었다.[48]

1995년 초 스타게이트 프로젝트는 군에서 CIA로 이관되었고, 6월 말에 종결되는 수순을 밟았다. 이후 CIA가 그동안의 성과를 분석하기 위해 미국 연구원(AIR, American Institute for Research)에 평가를 의뢰함으로써 프로젝트의 기밀이 해제되었다. 이 평가에는 캘리포니아 주립대 어바인 캠퍼스의 통계학 교수 제시카 어츠Jessica Utts와 오리건 대학 심리학과 교수 레이 하이만이 참여했다. 제시카 어츠는 1988년부터 1989년까지 스탠퍼드 연구소에서 파견 연구원으로 원격투시 결과의 통계작업에 참여했으며, 레이 하이만은 젊은 시절부터 마술사로도 활동한 대표적인 초능력 부정론자였다.

제시카 어츠는 이 프로젝트의 참여자들이 일정한 수준 이상의 초능력을 발휘했으며, 향후에 이런 현상이 어떻게 작동하는지에 대해 규명하고 이를 실생활에 활용할 수 있는 방법을 찾는 연구가 필요하다고 보고서에 썼다. 특히 그녀는 원격투시 실험에서 참여자들의 예지 능력이 매우 잘 드러난 것으로 보인다고 결론지었다.[49] 이런 보고서에 대해 하이만은 초감각 지각의 존재가 증명되었고 특히 예지가 두드러지게 나타났다는 어츠의 결론은 섣부른 것이며, 지금까지 발견된 사항들을 다시 재현해봐야 한다는 내용을 담은 보고서를 제출했다.[50] 결국 하이만의 보고 내용이 미국 연구원의 최종적인 결론으로 채택되었고, 프로젝트는 중단되었다.

— 군 장성들을 놀라게 한 조 맥머니글의 원격투시 능력

주류 학자들은 미국의 원격투시 실험을 쓸데없는 돈 낭비라며 폄하하고 있다. 하지만 초심리학 연구자들은 군과 정보기관에서 20년 이상 원격투시에 공을 들인 데는 그만한 이유가 있지 않겠느냐며, 자주는 아니지만 군 고위급 장성들의 이목을 집중시킬 정도로 중요한 사안에 대해 실제로 놀라울 만큼 뛰어난 원격투시가 이루어졌음을 지적한다.

딘 라딘은 그 대표적인 사례로 조 맥머니글Joe McMonegle이 1979년 구소련의 초매머드 급 잠수함이 내륙에서 비밀리에 건조되고 있던 사실을 원격투시로 알아맞힌 일을 꼽았다.

이러한 내용은 2009년 '염소를 노려보는 사람들'이 미국에서 개봉될 당시 〈라스베가스 선Las Vegas Sun〉 지에 실리면서 화제가 되었다. 이 사례는 7년 동안 스타게이트 프로젝트에 관여했던 폴 스미스Paul Smith 예비역 소령의 2005년 저서《적의 마음 읽기Reading the Enemy's Mind》에서 처음으로 밝혀졌다.

1979년, 미 정보기관은 첩보위성 사진을 분석해 구소련이 발트 해 근처에 거대한 격납고를 건설하고 있다는 사실을 알아냈다. 그리고 당시 뛰어난 원격투시 능력을 보여주고 있던 조 맥머니글이 그 구조물 내부에 무엇이 들어 있는지 파악하는 임무에 투입되었다.

처음에 그들은 맥머니글에게 위성사진을 보여주지 않고 지도상의 좌표만을 알려주었는데, 맥머니글은 그 좌표만을 가지고 격납고 안의 물체가 지금까지 알려진 것과 비교할 수 없을 만큼 거대한 잠수함이라는 사실을 알아내 보고했다.

보고를 받은 상부 고위급 장교들은 말도 안 되는 이야기라고 판단했다. 당시 미국의 다른 첩보기관에 그와 비슷한 정보가 전혀 없었을 뿐더러, 그때껏 맥머니글이 묘사하는 것 같은 거대한 잠수함이 만들어질 수 있다는 생각은 누구도 하지 못했기 때문이다. 결정적으로 그 격납고는 내륙해의 해안에서 100m 이상 떨어져 있어 잠수함을 건조하기에 적합한 곳이 아니었다.

하지만 맥머니글은 그전에도 매우 정확하게 원격투시에 성공한 적이 있었기에, 임무의 최고 책임자였던 국가안보위원회 위원들은 그의 보고 내용을 반신반의하면서 그 잠수함이 언제쯤 진수할 것인지를 예지적 원격투시로 알아보라고 지시했다. 이에 맥머니글은 그 시점이 4개월 후라고 답했는데, 그로부터 4개월 후 문제의 격납고에서 내륙해로 뚫린 인

공통로를 통해 거대한 잠수함이 이동하는 장면이 미국 첩보위성에 포착되었다.[51]

그런데 맥머니글이 정말로 잠수함의 이동을 미리 알아냈다면, 이를 원격투시라고만 하기엔 뭔가 부족하다. 그래서 이런 경우를 보통 '예지적 원격투시'라고 한다. 이 용어는 원격투시보다 예지에 무게를 둔 말이다. 하지만 맥머니글이 발휘한 예지 능력은 과연 진짜였을까? 아니면 그럴듯한 추측일 뿐이었을까? 예지 능력은 오늘날 주류 과학이 주춧돌로 삼는 인과율을 부정하는 요소를 담고 있어 그 실재를 받아들이기란 쉬운 일이 아니다. 그럼에도 정말로 예지가 존재한다는 증거를 제시하는 연구자들이 있다. 그 대표적인 사례로 로버트 얀이 주도한 예지 실험을 4장에서 살펴볼 것이다.

텔레파시, 정신력으로 마음을 해킹하다

—— 현대 물리학의 시대를 연 아인슈타인이 텔레파시의 실재를 주장하는 책에 그 주장을 지지하는 서문을 썼다는 사실을 아는 독자는 별로 없을 것이다. 그는 1930년 싱클레어 부인의 초심리 실험을 소개한 책 《정신 라디오》의 독일어판 서문을 써주었다. 그는 서문에서 이 책의 원고를 매우 흥미 있게 읽었으며, 문외한뿐 아니라 심리학자들도 매우 진지한 반응을 보일 것이라 믿어 의심치 않는다고 했다.

— 옥스퍼드 대학 머레이 교수의 놀라운 텔레파시 능력

지금껏 존재해온 가장 신뢰할 수 있는 텔레파시의 소유자로 옥스퍼드 대학의 그리스학 교수였던 길버트 머레이Gilbert Murray를 꼽을 수 있다. 그는 고대 그리스 희곡을 번역하며 명성을 얻은 저명한 고전학자로, 철학자 버트런드 러셀Bertrand Russell과 소설가 H. G. 웰즈H. G. Wells, 역사학자 아놀드 토인비Arnold Toynbee와도 오랜 교분을 나누었다.

그런 그가 뛰어난 텔레파시 능력을 소유했다는 사실은 그의 업적을 소개하는 주요 웹사이트에 제대로 나와 있지 않다. 머레이가 처음 초심리학에 관심을 가진 것은 반쯤 장난삼아서였는데, 실제로 자기 자신의 텔레파시를 대상으로 한 실험이 매우 성공적인 결과를 내자 굉장히 놀랐다고 한다. 그는 초심리학에서 다루는 사항 중 투시와 텔레파시에 상당한 호감을 보였지만 염력이나 예지, 죽음 뒤의 삶 등에 관해서는 회의적인 태도를 취했다.

머레이는 1915년 7월 9일 영국 심령연구학회 회장에 선출되어 기조

연설을 했는데, 이 자리에서 그는 자신의 텔레파시 능력을 언급하면서 그런 특별한 상태에서는 시각과 후각이 작동하여 상황을 인지한다고 밝혔다. 그는 이 자리에서 텔레파시가 어디에서나 수시로 작동하고 있으며 그것이 언어를 형성한다는 주장을 소개하기도 했다.[52]

그는 1915년부터 1929년까지 가족이나 친구들과 함께 자신의 텔레파시 능력을 실험했다. 그의 실험은 주로 자신의 집에서 이루어졌는데, 실험방법은 항상 동일했다. 머레이가 가족이나 친구들이 있는 서재에서 멀리 떨어진 식당이나 복도의 맨 끝 방에 가서 문을 닫으면, 서재에 남은 사람 중 한 명이 자신이 생각한 주제를 문장으로 쓴다. 그 작업이 끝나면 다른 사람이 머레이를 불러오고, 그의 머리에 떠오르는 내용을 문장으로 기록하게 한다.

이 같은 실험 중 1924년 엘리너 지드윅Eleanor Sidgwick이 보고한 사례는 아놀드 토인비 부부와 관련된 것이었다. 실험은 아놀드 토인비 부부가 머레이 교수를 밖으로 내보낸 다음, 심중에 생각하고 있는 내용을 노트에 기록한 후 그를 불러서 알아맞히게 하는 식으로 진행되었다. 토인비 부인은 "나는 한 가난한 노인의 개가 레스토랑에서 죽어가고 있는 도스토옙스키의 한 소설 서두를 생각한다."고 적고서 머레이 교수를 방으로 들어오게 해 그 내용을 물었다. 그러자 그는 "그것은 어느 책에 적혀 있는 상황 같다. 러시아 책인 것처럼 보이는데 아주 비참한 노인이 그의 죽은 개와 무엇인가 하고 있다는 느낌이다. 아주 불행한 일이다. 그것은 어느 레스토랑 안에서 일어난 일로 처음에 비웃던 사람들이 나중엔 좀 동정적인 태도를 보이는 것 같고…."라고 답하기 시작했다.

이 정도면 매우 정확하게 맞힌 셈이지만, 그들이 상당히 친밀한 사이였기 때문에 그들의 공통 관심사 중에서 소재가 선택되었을 가능성도 배제할 수 없다. 그랬다면 내용을 충분히 알아맞힐 수 있었을 것이다. 하지만 머레이 교수 자신은 그 책을 읽어본 적이 없다고 주장했다.[53]

물론 머레이 교수의 텔레파시 실험이 모두 성공한 것은 아니다. 505번의 실험에서 그는 60% 정도를 맞혔고, 나머지는 맞히지 못했다. 그는 자신의 텔레파시 능력을 직업적으로 사용하지 않았으며, 다른 학문에서 거둔 뛰어난 업적으로 볼 때 이런 능력을 허위로 떠벌리고 다닐 만한 위인은 아니었다. 그의 이 같은 능력은 아놀드 토인비 같은 명사가 기꺼이 증인이 되어준 점으로 보아 매우 신뢰도가 높은 사례라 할 수 있다.

하지만 그의 텔레파시 실험방법은 매우 잘 통제된 과정을 따랐다고 보기 어렵다. 그의 실험에서 아놀드 부인은 자신의 생각을 노트에 적었는데, 이 경우 머레이 교수는 아놀드 부인의 생각을 텔레파시로 읽었을 수도 있지만 그녀가 노트에 적은 내용을 투시로 보았을 수도 있기 때문이다.

— 아인슈타인도 인정한 텔레파시 기록

20세기 초 특수상대성이론 등 물리학계에서 가장 중요한 이슈를 담은 논문을 3개나 발표하면서 현대 물리학의 시대를 연 알베르트 아인슈타인Albert Einstein. 그가 텔레파시의 실재를 주장하는 책에 그 주장을 지지하는 내용의 서문을 써주었다는 사실을 아는 독자는 별로 없을 것이다.

하지만 이는 명백한 사실이다. 그의 절친한 친구 중에는 저명한 미국 작가 업톤 싱클레어Upton Sinclair가 있었는데, 아인슈타인은 1931년 미국 캘리포니아 공과대학에 방문교수로 간 이듬해에 그를 만났다.

싱클레어는 사회 참여소설 《밀림The Jungle》으로 명성을 얻고 1943년 《기름Oil》이라는 소설로 퓰리처상을 받기도 했는데, 아인슈타인을 만난 시점에는 초심리학에 지대한 관심을 갖고 있었다. 그가 이처럼 초심리학에 깊은 관심을 갖게 된 데는 그의 친구인 듀크 대학 초심리학 연구소의 공동 창설자 윌리엄 맥두걸William McDougall 교수의 영향도 컸지만, 무엇보다도 두 번째 부인의 영향력이 지대했다. 그의 두 번째 부인 메리 싱클레어Mary Sinclair는 상당한 수준의 텔레파시 능력자였던 것이다.

싱클레어 부인은 어린 시절부터 이런 능력을 나타내 보였는데, 꿈을 통해 텔레파시적인 정보를 얻었다고 한다. 1928년에 그녀는 자신의 능력을 더욱 증진하기 위해 타인이 그린 그림의 내용을 보지 않고 알아내어 그려보는 훈련을 했다. 그녀는 이때 이루어진 290회의 그림 알아맞히기 실험에서 65번을 제대로 알아맞혔다고 한다.

그녀는 텔레파시에 이용된 목표 그림과 자신이 그린 그림 사이에 명백한 유사성이 있을 때에만 알아맞힌 것으로 간주했다고 한다. 만일 여기에 유리 겔러가 악마의 그림을 투시했을 때 다른 부분은 전혀 떠올리지 못했지만 삼지창이라는 주요 모티브만은 알아맞힌 것처럼, 핵심적인 내용을 맞힌 경우를 포함하면 훨씬 더 많은 그림을 알아맞힌 것으로 볼 수 있다. 현재로서는 그녀의 실험에 사용된 원본을 확인해보지 않고서는 그녀의 능력이 얼마나 뛰어났는지 가늠하기 어렵지만 말이다.

아인슈타인은 1930년에 이런 싱클레어 부인의 초심리 실험 내용을 소개한 업톤 싱클레어의 책 《정신 라디오Mental Radio》의 독일어판 서문을 써주었다. 이 서문의 내용을 잠깐 살펴보면, 아인슈타인 자신은 이 책의 원고를 매우 흥미 있게 읽었으며, 문외한뿐 아니라 전문적인 심리학자들도 이 책에 매우 진지한 반응을 보일 것이라 믿어 의심치 않는다고 되어 있다. 그는 구체적으로 다음과 같이 책을 평가했다.

> "이 책에서 신중하고 솔직하게 보여주고 있는 텔레파시 실험결과들은 확실히 자연적인 현상의 범주를 훨씬 넘어서는 영역에 있다. 한편으로 업톤 싱클레어처럼 양심적인 관찰자이자 작가가 의식적으로 독자들을 기만하려고 이런 책을 썼다고는 도저히 상상할 수조차 없다. 그의 정직성과 신뢰도는 결코 의심받을 수 없다. 따라서 이 책에 기술된 내용들이 텔레파시에 의한 것이 아니라 사람들 간의 무의식적 최면에 의한 영향이라고 해도, 이 또한 심리학적으로 매우 중요한 것임에 틀림없다. 심리학에 관심 있는 독자들이라면 독서목록에서 결코 이 책을 빠뜨려서는 안 될 것이다."[54]

아인슈타인이 쓴 서문을 잘 음미해보면, 그가 자신의 전공 분야인 현대 물리학뿐 아니라 당대의 심리학 분야에도 조예가 깊었다는 사실을 깨달을 수 있다. 특히 당시 지그문트 프로이트에 의해 제기된 '텔레파시가 무의식적 최면에 의한 것일 수 있다'는 견해는 그가 심층심리학에도 관심과 식견이 있었음을 보여준다.

사실 싱클레어 부인의 실험이 정확히 텔레파시 능력에 관한 것이라고 보기는 힘들다. 그녀 자신도 나중에 이 점을 깨달았고, 그것이 투시일 가능성도 있음을 인정했다. 그리고 실제로 송신자 없이도 그림을 알아맞힌 경험으로 보아 자신에게 투시 능력이 있다고 생각했다고 한다. 하지만 송신자가 없었다고 해도 그 그림을 그린 사람이 의도치 않게 텔레파시를 보낼 수도 있지 않겠는가? 이처럼 투시와 텔레파시를 확실히 구분해서 실험하기는 쉽지 않다. 그림을 그려서 알아맞히는 식으로는.

— 순수한 텔레파시 실험방법을 개발한 조지프 라인

여러 변수가 잘 제어된 실험공간에서 통계학적인 실험을 시도한 이는 조지프 라인 교수다. 그는 1930년부터 듀크 대학에서 이러한 실험을 시작했다. 라인 교수는 종전에 사용하던 그림이나 트럼프가 초감각 지각 실험에 부적합하다는 사실을 깨닫고, 보다 체계적인 초감각 지각 실험을 위해 동료 연구자 칼 제너Karl Zener와 함께 제너 카드Zener card라는 것을 처음 고안하여 사용했다. 제너 카드는 별, 사각형, 원, 십자, 물결무늬가 각각 5장씩의 카드에 그려진 총 25장의 카드다. 이 카드를 사용하면 각 무늬가 20%의 확률로 뽑히게 되는데, 반복된 뽑기 실험에서 특정 무늬의 카드가 이보다 높은 확률로 뽑힌다면 이는 그 피실험자가 초심리적 자질이 있음을 의미한다고 볼 수 있다.

1932년 듀크 대학의 신학과 학생인 허버트 피어스 2세Hubert Pierce Ⅱ가 라인 교수에게 찾아와 실험에 자원했다. 그는 자신의 어머니에게 투시 능력이 있는데 자신에게도 그런 자질이 유전된 것 같다고 말했다. 실제로 그를 테스트해보니 그는 25회당 10번꼴로 카드를 알아맞혔다. 이는 40%를 상회하는 매우 높은 수치다.

그런데 이 시점에서 라인 교수는 한 가지 의문을 갖게 되었다. 그가 고안한 실험에서 피실험자가 투시력을 발휘한 것이 아니라 실험자와 텔레파시로 정보를 교환했을 수도 있지 않은가? 그래서 그는 투시 효과만을 알아내는 순수 투시(PC, pure clairvoyance) 실험방법을 고안해냈다. 실험자가 무작위로 카드들을 피실험자에게 제시하되 자신도 그 내용을 확인하지 않고 순서대로 놓았다가 나중에 모든 실험이 끝나고 순서를 확인하여 피실험자가 맞춘 횟수를 기록하는 방법이다. 실험자의 개입 없이 피실험자가 직접 카드 뒷면을 보고 그 카드의 무늬를 생각하여 기록한 다음 뒤집어서 결과를 확인하는 방법도 가능하다.

이런 방법으로 피어스 2세의 투시 능력을 확인해보았더니 기존의 방법을 사용할 때보다는 다소 낮은 확률로 카드를 맞혔다. 그래서 라인 교수는 텔레파시와 투시가 모두 작용하면 카드를 좀 더 잘 알아맞힐 수 있다는 결론에 도달했다.

한편 라인 교수는 순수한 정신감응 실험도 실시했다. '순수 텔레파시(PT, pure telepathy)'라고 명명한 이 실험에서 그는 실험자가 제너 카드를 사용하지 않고 단지 제너 카드의 특정 무늬만을 생각하도록 한 후 피실험자가 이것을 알아맞히도록 했다. 피어스 2세는 이 실험에서 총 950회의 알아맞히기를 시도해 25회당 7.1번꼴로 알아맞혔다. 이 결과는 텔레파시와 투시가 모두 작용하는 경우 25회당 10번꼴로 알아맞히던 것보다

■ 조지프 라인 교수의 연구조교 J. G. 프랫(왼쪽)과 허버트 피어스 2세(오른쪽). 각각 실험자와 피실험자를 맡아 제너 카드를 이용한 투시 실험을 진행하고 있다.

저조하긴 하지만, 여전히 텔레파시 능력이 작용함을 나타내준다.[55]

이 시점에서 러셀 타그와 하롤드 퍼소프가 1974년 〈네이처〉 지에 기고한 유리 겔러의 투시 실험에 대해 다시 생각해보자. 컴퓨터를 사용한 마지막 세 실험을 제외한 나머지 실험은 그림을 그린 사람들의 영향이 존재하며, 따라서 유리 겔러가 이들의 생각을 읽었을 가능성을 완전히 배제할 수 없다. 즉 그 실험들에는 투시뿐 아니라 텔레파시 효과도 작용했을 것으로 추정할 수 있다. 이런 문제는 이미 1934년에 라인 교수가 지적한 바 있으니 그들이 이 사실을 몰랐을 리가 없다. 그럼에도 그들이 제너 카드를 사용한 거의 완벽히 통제된 과학적 방식을 마다하고 직접 사람이 그린 그림을 사용하는 실험을 고집한 이유가 뭘까? 아마도 치밀하고 정교한 방식이 과학자들을 설득하기에는 좋지만, 논문 편집자나 독자들에게 보다 정서적으로 어필하기 위해서는 숫자 놀음보다 그림의 유사성을 직접적으로 보여줄 필요성이 있다고 느꼈기 때문일 것이다.

예를 들어 유리 겔러가 제너 카드를 사용해서 25번 중 15번꼴로 맞혔다고 하자. 완벽히 통제된 상태에서 한 실험이라면 이는 분명히 투시 효과가 있음을 가리킨다. 그러나 타 분야의 전문가들은 그 실험이 제대로 통제되지 않았을 이런저런 이유를 찾아내 공격할 것이다. 예를 들어 카드 뒷면에 어떤 표식이 되어 있었을 것이라는 음모론을 제기하면서 말이다. 물론 타그나 퍼소프가 그런 짓을 저지를 것으로 생각되지는 않지만, 이 실험을 보조하는 다른 공모자가 존재할 여지도 있고 하니 이런 식의 공격을 당해낼 재간이 없다.

또 이런 식의 논쟁이 벌어지면 일반 대중은 십중팔구 공격하는 쪽의 말을 믿으려 한다. '그럼 그렇지' 하고. 그리고 또 한 가지 고려해야 할 것은 제너 카드엔 오직 5가지 문양만 존재한다는 점이다. 제너 카드 실험은 이 5가지 문양 중에서 하나를 알아맞히는 것이기 때문에 피실험자에게 편리한 측면이 있다. 하지만 임의로 그려진 그림을 알아맞힌다는 것은 정말로 초능력이 있지 않고는 쉽지 않은 일이라는 점을 대중은 직감적으로 안다. 결국 이런 어려운 환경에서도 유사한 그림을 그려낸다면 대중의 호응도가 훨씬 높을 것이다. 그리고 실제로 유리 겔러의 실험 결과에는 이런 효과가 극대화되어 있다.

또한 타그와 퍼소프가 사람이 직접 그린 그림을 실험에 사용한 것은 텔레파시적 효과와 투시적 효과가 함께 반영될 때 훨씬 좋은 결과가 나올 것임을 미리 계산에 넣은 의도적 행위였다고도 볼 수 있다.

미래까지도 기억해내는 예지 능력자들

—— 어느 날 아침 그는 중요한 문서를 작성하다가 실수로 잉크를 편지지에 엎지르고 말았다. 그는 급히 하녀를 불러 청소를 시켰는데, 그녀는 당연하다는 듯 자신이 이런 일을 하게 될 줄 알고 있었다고 말했다. 그녀는 그에게 자신이 전날 밤에 자다가 그의 서재에서 잉크 자국을 지우는 꿈을 꾸었다고 했다. 마침 다른 하녀가 서재로 들어와서 그는 즉석에서 사실을 확인해봤는데, 그 말은 사실이었다.

—— 쇼펜하우어의 하녀가 꾼 예지적 꿈

칸트의 적통을 잇는 철학자의 계보에서 19세기에 활약한 독일의 대표적인 염세주의 철학자 아르투르 쇼펜하우어Arthur Schopenhauer를 빼놓을 수는 없다. 그는 칸트와는 달리 초자연적 현상들이 이성적인 체계에 자리매김할 수 없다고는 생각하지 않았다. 칸트의 《유령을 보는 사람의 꿈Dreams of a Spirit Seer》에 대응하는 내용을 담은 자신의 저서 《유령을 보는 것에 대한 에세이Essay on Spirit Seeing》에서 그는 초상현상의 존재가 이미 증명된 것으로 간주하고, 우리들이 일상에서 통상적으로 경험하는 감각을 뛰어넘어 전달되는 어떤 위대한 의지의 직접적 표현이라고 설명했다. 그는 예지적 꿈이라든가 투시에 대해 논의했는데, 특히 앞으로 일어날 일을 미리 꿈속에서 보는 현상을 결정론의 증거로 받아들였다.[56] 그가 이처럼 예지적 꿈에 관심이 많았던 것은 그와 어느 하녀 사이에 있었던 에피소드에 기인한다.

어느 날 아침 그는 중요한 문서를 작성하다가 실수로 잉크를 편지지에 엎지르고 말았다. 그 바람에 심혈을 기울여 써놓은 편지를 모두 버리게 되었을 뿐 아니라 잉크가 바닥으로 흘러 청소까지 해야 했다. 그는 급히 하녀를 불러 청소를 시켰는데, 그녀는 당연하다는 듯 자신이 이미 이런 일을 하게 될 줄 알고 있었다고 말했다. 쇼펜하우어는 그 말을 간단히 무시해버렸지만, 그녀는 그에게 자신이 전날 밤에 자다가 그의 서재에서 잉크 자국을 지우는 꿈을 꾸었으며 그 꿈이 너무 생생해서 다른 하녀들에게까지 이야기했다고 설명했다. 마침 다른 하녀가 서재로 들어와서 쇼펜하우어는 즉석에서 사실을 확인해봤는데, 그 말은 사실이었다고 한다.

쇼펜하우어는 그 하녀의 꿈에 대해 그것이 자신과 통한 텔레파시일까, 아니면 실제로 일어날 사건을 미리 감지하는 예지일까 고민했는데, 텔레파시의 가능성에 대해서는 자신이 잉크를 엎지른 것이 의도적인 행동이 아니라 작은 실수였을 뿐이기에 그녀가 잠자는 동안에 자신의 의중을 알아차렸을 가능성은 없다고 생각하여 예지일 가능성에 무게를 두었다.

물론 쇼펜하우어가 자주는 아니더라도 이따금 잉크를 엎지르곤 했다면 하녀의 꿈은 우연의 일치라고 봐도 무방하다. 하지만 문맥상 쇼펜하우어가 잉크를 엎지르는 일은 거의 일어나지 않았던 것 같다.

쇼펜하우어는 꿈을 꾸는 와중에 예지적인 투시가 일어나기 쉬우며 이런 종류의 수면 중 투시는 생리학자들에 의해 연구될 필요가 있다고 생각했다. 얼마나 투시에 대해 확신을 가졌는지 그는 이를 의심하는 자는 단순한 회의론자가 아닌 무식한 자로 간주해야 한다고까지 주장했다.[57]

쇼펜하우어가 초상현상에 대해 칸트보다 우호적이었던 것은 그가 살던 시기에 심령주의가 크게 유행하여 이에 어느 정도 긍정적인 영향을 받았기 때문으로 볼 수 있다. 실제로 18세기 중반에 이런 조류는 매우 강력하게 확산되었고, 이런 확산에 세계 최고의 지성들이 주도적인 역할을 했다.

— 예지 효과를 발견한 런던 대학 소울 교수

쇼펜하우어의 경우와 같은 우발적인 사례로는 예지를 증명하기 힘들지만, 실험실 안에서의 통계적 실험으로 예지 현상을 확인한다면 좀 더 명확한 예지의 증거를 찾을 수 있을 것이다.

그런데 그런 방법이 1934년경 아주 우연히 발견되었다. 그 해에 런던 대학 수학과 교수 S. G. 소울S. G. Soal은 라인 교수의 연구에 흥미를 갖고 그 실험을 되풀이해보려고 했다. 그는 그 후 약 5년간 160명을 대상으로 총 12만 8,350번의 제너 카드 맞히기 실험을 했다. 그러나 의미 있는 결과는 나오지 않았고, 확률의 기대치를 넘는 편차도 보이지 않았다. 그래서 소울 교수는 라인 교수의 연구 보고가 가짜든지, 아니면 영국인은 초감각 지각 능력이 없든지 둘 중 하나라는 식으로 잠정적인 결론을 내렸다. 그런데 이와 비슷한 사례는 1917년 스탠퍼드 대학에서도 있었다.

스탠퍼드 대학 설립자 릴랜드 스탠퍼드Leland Stanford에게는 7명의 동생이 있었는데, 그중 초심리학에 심취해 있던 토마스 W. 스탠퍼드Thomas W. Stanford가 1911년 스탠퍼드 대학에 '심령연구기금'을 기탁했다. 이 기금의 목적은 심령현상과 그 밖의 초능력을 연구하는 교수를 두기 위한 것이었다. 존 에드가 쿠버John Edgar Coover가 제1대 '토마스 웰튼 스탠퍼드 심령연구교수(Thomas Welton Stanford Psychical Research Fellow)'에 임명되었는데, 그는 1912년부터 5년간 텔레파시와 투시에 대한 1만여 회의 실험을 행한 후 1917년 자신의 연구 결과를 정리하여 《스탠퍼드 대학에서의 심령연구 실험들Experiments in Psychical Research at Stanford University》이라는 제목의 책을 펴냈다. 이 책에서 그는 이 실험들에 대해 완전히 부정적인 결론을 냈다. 특히 텔레파시에 관한 아무 증거도 발견하지 못했으며 그의 실험 결과는 확률적으로 무의미한 수준에 머물렀다고 지적했다.[58]

하지만 소울 교수와 쿠버 교수의 문제점은 피실험자를 무작위로 여러 명 선정해 엄청난 횟수의 실험을 밀어붙였다는 것이다. 이는 앞서 소개한 라인 교수 같은 초심리 연구자들의 방법과 근본적으로 다르다. 라인 교수 등은 초능력 자질이 있는 사람들을 추려서 그들에게 집중해서 초감각 지각 실험을 하거나, 아니면 무작위로 선정된 사람들에게 초능력을 발휘할 수 있는 환경을 만들어주어 실험을 했다. 그럼으로써 유의미한 결과들이 나왔던 것이다. 무작위로 선정된 일반인들을 대상으로 실험을 하면 투시나 텔레파시 등의 초능력 효과를 찾아보기 힘든 것이 당연하다.

이때 한 가지 반전이 일어난다. 소울 교수의 동료로 도형 그림을 이용한 텔레파시 실험을 하고 있던 웨이틀리 카링톤Whately Carington이 소울 교수에게 혹시 피실험자가 예정된 카드보다 나중에 나올 카드를 맞추는 것은 아닌지 확인해보라며 조언을 해주었다. 실제로 카링톤의 피실험자

중에서 이처럼 약간 엇박자로 카드를 예측하는 듯한 사람이 있었기 때문이다.

그래서 소울 교수는 그동안 쌓아둔 데이터를 다시 정리하다가 놀랍게도 B. 섀클턴B. Shackleton이라는 이름의 피실험자가 한 장 앞의 카드를 매우 잘 적중시켰음을 깨달았다. 그 적중률은 확률의 기대치를 훨씬 넘어서는 것이었다.

이 실험에서 매우 특정적인 사실이 드러났는데, 섀클턴의 예지 능력이 약 2.6초 후의 미래를 내다본다는 점이었다. 즉, 카드를 교체하는 시간 간격이 2.6초일 때 그는 자신이 보고 있는 카드의 다음 카드가 무엇인지를 상당히 정확히 맞추었다. 이 속도를 빠르게 해서 1.3초 간격으로 카드를 교체하면 그는 자신이 보고 있는 카드의 다음다음 카드를 알아맞혔다.

이 실험은 섀클턴과는 다른 방에서 카드를 뒤집고 있는 실험자조차 다음 카드가 무엇인지 모르도록 통제되었고, 또 카드는 미리 쌓아놓아 뒤집힐 순서가 정해져 있었던 것이 아니라 난수표에 의해 뒤집힐 카드가 결정되었으므로 예지 외에 텔레파시나 투시가 작동될 여지가 없었다.[59]

만일 섀클턴이 소울 교수의 실험에 참여하지 않았다면, 소울 교수도 쿠버 교수와 마찬가지로 초능력 회의론자가 되었을 것이다. 그러나 소울 교수에게는 운 좋게도 섀클턴이라는 예지 능력 있는 피실험자가 찾아왔고, 초심리학 역사에 중요한 업적을 남긴 학자로 그의 이름을 올려놓게 되었다.

이처럼 초심리 실험을 행할 때는 처음부터 초능력이 뛰어난 사람을 피실험자로 선정하는 것이 매우 중요하다. 1945년 영국 심령연구학회 회장이 된 조지 티렐George Tyrrell의 예지 실험이 그 전형적인 예다. 그는 투시 실험에서 뛰어난 능력을 보여준 한 피실험자에게 예지 능력이 있는지 확인해보았다. 그는 5개의 상자에 무작위로 불이 들어오게 하는 장치를 만들어 불이 들어오기 전에 피실험자가 어느 상자에 불이 들어올지를 미리 맞히도록 했다. 이를 우연히 알아맞힐 확률은 수십만 분의 1에 불과한데, 이 실험을 2,255번 실행한 결과 피실험자가 이 비율을 상회하는 유의미한 적중률을 보여 예지 능력이 있는 것으로 나타났다.[60]

— RNG를 이용한 헬무트 슈미트의 예지 실험

텔레파시 능력을 갖고 있던 길버트 머레이 교수는 예지 현상이 존재한다는 주장에 거부감을 느꼈다. 그는 예지가 정말로 현실에서 일어난다면, 사람들은 미래에 상처를 입기 때문에 미리 울며, 곧 넘어져야 하기 때문에 미리 일어날 것을 준비해야 하는 '앨리스의 이상한 나라'에 살고 있는 셈이라고 했다. 그러면서 '결과가 원인에 선행할 수 없다'는 인과율에 어긋나는 현상은 용인될 수 없다고 말했다.

사실 소울 교수의 발견은 같은 초심리학 연구자들 사이에서도 논란이 되었다. 현대 과학에서 중요시되는 인과율에 위반되는 예지가 실재한다는 주장은 현대 과학 패러다임의 붕괴를 선언하는 것과도 같기 때문이다.

하지만 초심리학자들의 실험결과는 예지가 실재할 가능성을 드러내는 것처럼 보인다. 앞서 헬무트 슈미트가 염력 실험에 RNG를 이용했다고 했는데, 그는 이를 예지 실험에도 이용했다. 100명을 대상으로 한 첫 예지 실험의 적중률, 즉 결과는 확률적 기대치인 25%에 매우 근접했다. 그런데 그중 한 명은 유의할 만한 수준을 넘어 27.2%라는 높은 적중률을 보였다. 그에게는 정말로 예지 능력이 있었던 것으로 보인다. 그 자신도 예지적인 꿈을 자주 꾸었기에 본인의 능력을 확인해보고자 그 실험에 참가했기 때문이다.

그러나 슈미트가 인정하듯 그의 RNG 실험으로는 예지와 염력을 엄밀히 구분할 수 없었다. 피험자가 염력을 사용해서 앞으로 일어날 사건을 조작한 것인지, 아니면 무작위로 일어날 사건을 미리 보고 알아맞힌 것인지가 모호했기 때문이다. 1980년대 중반부터 염력의 효과에 초점을 맞춘 실험이 고안되기 시작했지만, 예지에 초점을 맞춘 실험에는 분명 한계가 있었다.[61]

— 프린스턴 대학의 예지적 원격투시 실험

로버트 얀 교수의 주도 아래 실시된 프린스턴 공학 비정상 현상 연구 프로그램에서는 400여 건에 달하는 이른바 예지적 원격지각(Precognitive Remote Perception) 실험이 실시되었는데, 여기에는 약 40명의 피실험자가 참여했다.

예지적 원격지각이란 원격투시와 예지가 동시에 나타나는 현상으로,

■ 맨 위부터 차례대로 노스웨스트 기차역, 키트 피크 전파망원경 천문대, 도나우 강. 프린스턴 공학 비정상 현상 연구에서 피실험자들은 이 장소들을 원격투시로 매우 정확히 묘사해냈다.
ⓒ Robert G. Jahn and Brenda J. Dunne

이를 확인하는 방법은 다음과 같다. 먼저 피실험자가 행위자에 대하여 그가 미래의 특정 시각에 어디에 있을 것인지 미리 지각하고 그 환경을 기술한다. 필요에 따라서 그 환경과 유사한 내용이 담긴 사진을 선택하게 한다. 이때 피실험자가 어떤 시각을 선택하고 어떻게 기술하며 어떤 사진을 선택하는지 행위자가 모르도록 한다. 그리고 행위자는 미리 준비해둔 여러 행선지 중 무작위로 한 곳을 골라 그곳으로 간 후, 나중에 자신의 행적에 대해 보고하며 피실험자가 미리 정해둔 시간에 자신이 어디에 있었는지를 밝힘으로써 피실험자의 예지가 맞았는지 확인한다. 이러한 실험결과는 전혀 유사성이 없을 경우를 0.00으로, 완벽하게 동일한 환경을 기술했을 때를 1.00으로 놓고 평가하여 점수를 매긴다. 그들의 실험 결과 대부분의 경우가 0.60 이상을 기록하여 매우 높은 수준의 예지적 원격지각 능력을 보여주었다.

위에 제시된 사진 중 가장 위쪽의 사진은 미국 일리노이Illinois 주 글렌코Glencoe에 소재한 노스웨스트Northwest 기차역인데, 여기서 8km 떨어진 위치에서 피실험자는 35분 후를 예지하여 원격투시로 거의 정확히 기차역을 묘사해 0.85점을 받았다.

그 아래 사진은 미국 애리조나Arizona 주의 키트 피크Kitt Peak에 소재한 전파망원경 천문대다. 피실험자는 여기서 3,540km 떨어진 곳에서 45분 후를 예지하여 콘크리트나 시멘트로 만든 것 같은 아래가 움푹 들어간 반구半球를 묘사해 0.73점을 받았다.

마지막으로 가장 아래쪽 사진은 슬로바키아 브라티슬라바Bratislava의 도나우Donau 강으로, 여기서 9,012km 떨어진 피실험자가 23시간 30분 후를 예지하여 물, 몇 개의 기둥 같은 수직선, 원반 같은 둥근 물체 등을 묘사해 0.88점이라는 높은 점수를 받았다.[62]

최면과 염력, 그리고 초감각 지각의 만남

—— 그러나 어떤 물질도 우리 우주에서 에너지로 변하지 않고 완전히 소멸할 수는 없으므로, 마지막 남은 가능성은 그 절반의 원반이 캡슐 바깥 어디론가 이동한, 즉 순간이동된 경우다. 이는 매우 놀라운 결론이다. 플라스틱이라는 견고한 벽을 통과해서 또 다른 견고한 물질이 이동하다니! 도대체 어떻게 이런 일이 가능할까?

— 최면과 초감각 지각

현재까지 초심리학자들이 실험을 통해 알게 된 사실은 이른바 '퇴행 효과(decline effect)'라는 것이 존재한다는 점이다. 처음에는 상당히 유의한 수준의 초심리 능력을 발휘하던 사람도 시간이 흐름에 따라 그 능력이 줄어든다. 초심리 현상을 비판하는 사람들은 이것이 바로 초심리 현상이 허구라는 증거라고 주장한다. 많은 횟수를 반복하면 모든 현상이 확률적인 기대치로 수렴하는 것은 당연한 귀결이라는 논리다.

그러나 볼프강 파울리는 초심리 현상이 실재한다고 믿었고, 정서적 측면이 그런 현상의 발현에 커다란 영향을 끼친다고 해석했다. 피험자가 정서적으로 질려버리면 초심리 효과가 나타나지 않는다는 의미다.[63]

이를 극복하는 방법은 무엇일까? 초심리학자들은 자가최면이 효과적이라는 사실을 발견했다. 실제로 자가최면에 잘 빠지는 사람에게는 퇴행 효과가 현저히 작게 일어난다. 그런데 피험자가 자가최면 상태에 있을 때 초심리 현상이 활성화된다는 점은 초창기의 초심리 연구자들도 이미 알고 있던 사실이었다.

영국 심령연구학회가 1882년 설립 초기에 실시한 초심리 실험의 주요 관심 대상 중 하나는 최면상태가 텔레파시 신호를 감지하는 데 도움이 되는가였다. 그래서 한 피험자를 최면상태에 빠지게 한 후 다른 사람이 보낸 텔레파시 신호를 알아맞히도록 하는 실험도 다수 행해졌다.

이 실험에서 한 피험자는 자가최면 상태에서 눈을 가린 채 방에 있고, 텔레파시를 전달할 다른 피험자는 밖에서 미리 준비된 그림을 본 후 방으로 들어와 자신이 본 그림에 대한 기억을 되새긴다. 그러면 최면상태에 빠진 피험자가 자신에게 떠오르는 영상을 기록하여 다른 피험자가 본 그림과 비교한다.

이런 실험에서 자가최면 상태의 피험자는 모두 37번의 실험 중 8번만 전혀 엉뚱한 그림을 그렸고 나머지는 상당히 유사한 그림을 그렸다. 이는 그때껏 텔레파시 실험에서 나타났던 적중률에 비해 매우 획기적인 결과라고 당시 관련자들은 판단했고, 따라서 최면이 텔레파시 실험에 매우 중요한 요소라고 결론지었다.[64]

1890년에 엘리너 지드윅이 최면상태의 피실험자들에게 시행한 2자리 숫자 알아맞히기 실험에서는 피실험자들이 664회의 실험 중 117번이나 숫자를 정확히 맞혀냈다. 이는 적중률이 1/5~1/6이나 된다는 뜻이다. 텔레파시의 작동 없이 2자리 숫자를 우연히 맞출 확률은 1/90밖에 되지 않는데 말이다.[65]

초감각 지각에 미치는 최면의 효과는 구소련에서도 보고된 바 있다. 레닌그라드 대학의 I. L. 바실레프I. L. Vasiliev 교수는 텔레파시 실험을 시작함과 동시에 최면요법을 사용했는데 그 자신이 피실험자가 되어 텔레파시를 보내는 역할을 맡았고, 그의 환자들이 텔레파시를 받는 역할을 하도록 했다. 또 이 실험을 주관하는 사람들은 바실레프나 그의 환자들이 자신이 지시받을 내용을 미리 알지 못하도록 실험을 설계했다.

실험은 이런 식이었다. 먼저 바실레프에게 최면을 거는 사람이 바실레프에게 최면상태에서 환자들에게 지시할 내용을 일러준다. 그러면 바실레프는 최면상태에서 그 지시를 대상 환자에게 텔레파시로 전송한다. 이때 대상 환자는 레닌그라드의 바실레프 연구실에서 멀리 떨어진 곳에 있으며, 실험자가 대상 환자의 행동을 관찰하고 기록한다.

실제로 행해진 실험에서 바실레프는 자신의 환자에게 특정 시간에 잠을 자도록 텔레파시를 보냈다. 그리고 환자가 실제로 언제 취침했는지 기록했다. 이런 식의 실험을 여러 환자들을 대상으로 실시한 후 결과를 모아 대조해본 결과, 실제 지시 사항과 환자들의 행동이 상당 부분 일치했다고 한다.[66]

— 간츠펠트 실험

최면요법은 그 놀라운 효용에도 불구하고 아직도 많은 영역에서 이단시하는 경향이 있다. 초심리 연구 분야도 상황은 다르지 않아 사람이 직접 관여하는 최면요법은 점점 지양되는 추세다. 최면을 거는 사람들이 최면에 걸리는 사람들에게 모종의 영향을 끼칠 것이라고 초심리학을 공격하는 사람들에게 의심받을 수 있기 때문이다. 그 대신 장비를 이용하여 비교적 객관적인 환경에서 의사疑事 최면 효과를 유도하려는 시도가 바로 '간츠펠트(Ganzfeld, 전역全域)' 실험이다.

실험방법은 이렇다. 피실험자의 눈에 탁구공을 반으로 쪼개서 씌우고 귀에는 헤드폰을 씌운 후, 헤드폰으로 노이즈 음향을 흘려보내고, 탁구공을 통해 밝은 적색 빛을 쪼인다. 이런 환경에서 피실험자는 약한 최면 상태에 빠져 환각을 보기 시작하는데, 이때 다른 방에 있는 참여자는 짧은 비디오 영상을 보고 간츠펠트 상태에 빠진 피험자에게 텔레파시로 그 장면을 송신한다.

비디오 영상이나 그 밖의 시각 자극물은 광범위한 종류 중에서 무작위로 선택된다. 송신자가 영상에 정신을 집중하는 동안 피실험자(수신자)는 자신이 수신하는 영상에 관해 지속적으로 얘기한다. 그 후 송신자가 본 영상과 피험자가 구술한 내용을 비교한다. 마지막으로 피실험자가 간츠펠트 상태에서 풀려나면, 그에게 몇 개의 영상을 보여주면서 그 영상이 그가 간츠펠트 상태에서 수신한 영상과 얼마나 일치하는지 점수를 매기도록 한다.

피실험자가 가장 높은 점수를 준 것이 송신한 영상과 일치하면 '맞힌 것'으로 간주한다. 만일 이 실험에 진짜 영상 1개와 가짜 영상 3개로 구성된 판정 세트를 사용한다면, 피실험자가 영상을 맞힐 확률은 1/4이다. 충분히 많은 횟수의 실험에서 이보다 유의할 수준만큼 높은 적중률이 나온다면 피실험자에게 텔레파시 능력이 있다고 볼 수 있다.

초심리학 연구에 간츠펠트 실험방법을 처음 도입한 찰스 호노톤Charles

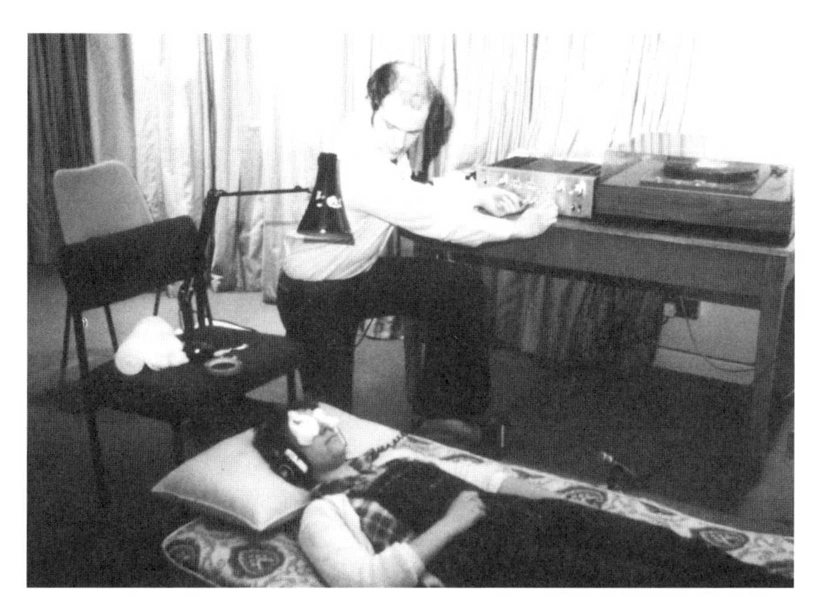

■ 간츠펠트 상태에 빠진 피실험자. 눈에는 반으로 쪼갠 탁구공을, 귀에는 헤드폰을 쓰고 있다.

Honorton은 1974년부터 1982년까지 모두 42회의 간츠펠트 실험을 시행한 후, 1982년 초심리학 협회(Parapsychological Association) 연례모임에서 초심리 현상의 존재를 증명할 충분한 결과를 얻었다고 발표했다. 하지만 초심리 현상의 대표적인 부정론자인 레이 하이만은 방법상의 몇 가지 문제를 꼬집으며 그의 결론을 반박했다.

처음에 호노톤은 하이만이 제기한 문제점을 조목조목 반박했으나,[67] 결국 문제가 될 수 있는 부분을 조정하기로 결심하고 1986년 레이 하이만과 공동으로 간츠펠트 실험에 대한 엄격한 표준과 절차적 규범을 제대로 정해 다시 실험을 수행하기로 했다.[68]

이후 1986년에서 1989년까지 이들 간의 합의 하에 철저히 준비된 실험이 이루어졌고, 354회의 실험 중에서 피실험자들이 122회를 맞힌 것으로 나타나 34%의 적중률을 보였다. 이 실험에서 우연히 영상을 맞힐 확률은 1/45,000밖에 되지 않으므로, 통계적으로 볼 때 이는 놀라운 결과임에 틀림없다.[69]

이쯤 되자 초심리 현상의 문제점을 집요하게 물고 늘어지던 하이만도 강한 반론을 제기하지 못하고, 향후 동일한 방식을 사용하는 다른 연구자들도 지속적으로 유의할 만한 결과를 내는지 지켜보자는 선에서 간츠펠트 실험에 대한 그의 태도를 결정했다. 스스로 깊이 개입하고 설계한 방식대로 이루어진 실험에서 유의할 만한 수준의 결과까지 도출되었기 때문이다. 내가 보기에 하이만은 더 이상 호노톤의 발목을 잡을 수 없게 되었다. 이 정도면 초심리 현상이 정말로 존재한다고 선언할 만도 하다.

— 염력과 초감각 지각의 '통일장 이론'

공간을 초월하는 초감각 지각

현재까지 우리에게 알려진 대부분의 정보 전달 수단이나 힘은 공간상의 거리에 의존한다. 다시 말해 멀면 멀어질수록 약해진다. 예를 들어 먼 항성에서 오는 빛, 즉 별빛을 생각해보자. 그 별이 우리에게서 멀리 떨어질수록 그 빛이 전달해주는 정보는 적다. 이를 증폭하기 위해서는 그 빛을 받는 커다란 접시 안테나가 필요하다. 라디오의 전파도 방송국에서 멀리 떨어질수록 수신이 잘 안 된다. 중간에 전파를 증폭해주는 기지국을 세우는 이유다.

소리 또한 마찬가지다. 음원에서 멀리 떨어질수록 소리는 작게 들린다. 그래서 대형 강의실에서는 마이크를 사용해야 한다. 우리 주변에 항상 작용하는 힘들에서도 이런 현상을 찾아볼 수 있다. 전자기력과 중력은 거리의 제곱에 비례해서 줄어든다. 예컨대 거리가 10배 늘어나면 전자기력과 중력은 100배나 약해져버린다. 이처럼 자연에는 압도적으로 거리에 의존하는 것들이 많다.

앞서 우리는 초감각 지각이 라디오나 빛처럼 작용하는 듯 보이는 일종의 정보 전달 수단이라는 점을 확인했다. 또 염력도 전자기력이나 중력처럼 실제로 물체에 작용하는 힘으로 표출됨을 보았다. 그렇다면 초심리 현상이 거리에 의존해야 현재 우리의 과학상식에 맞을 것이다. 문제는 초심리 현상이 이와는 전혀 다른 양태를 보이며 우리의 상식을 뒤집는다는 사실이다.

초심리학이 성립된 초기에 초감각 지각을 매개하는 것이 뇌파일 수 있다는 이론이 등장했다. 뇌파는 대뇌피질의 신경세포에서 발생하는 시냅스 전위電位가 모여서 일어난다는 설이 가장 유력한데, 한마디로 뇌 속에 흐르는 전류라고 보면 된다. 만일 이런 전류에 의한 신호가 초감각 지각에 사용된다면, 그 효과는 거리에 의존할 것이다.

듀크 대학의 라인 교수도 이런 점이 궁금했다. 만일 초심리 현상을 일으키는 어떤 에너지가 지금까지 알려진 물리적 장場처럼 공간에 방사되어 퍼져나가는 성질이 있다면, 거리가 멀어질수록 영향력이 거리의 제곱에 비례해서 줄어들 것이다. 따라서 투시 능력을 측정해 거리가 멀수록 능력이 현저히 떨어진다면, 초심리 현상을 불러일으키는 에너지가 물리학에서 말하는 장 형태로 존재한다고 말할 수 있으며, 초심리 현상에 뇌파가 작용한다는 가설에 상당한 무게가 실릴 것이다. 만일 그 반대라면, 우리에게 친숙한 장이 아닌 다른 무언가에 의해 초심리 현상이 일어난다고 볼 수밖에 없다.

라인 교수는 초감각 지각이 거리에 의존하는지 여부를 알아보기 위해 피어스 2세를 대상으로 실험을 했다. 이 실험에서 피어스의 투시 능력은 거리에 상관없이 균일하게 발휘되었으며, 라인 교수는 이 결과로부터 초감각 지각을 일으키는 에너지가 물리적 장의 형태로 방사되지 않는다고 잠정적으로 결론지었다.[70]

물론 이런 결과에 반론을 제기하는 학자들도 있다. 지금까지의 실험들은 엄격한 규준이나 방법론적인 합의 없이 진행되었기 때문에 좀 더 엄격하게 통제된 실험방법이 필요하다는 것이다.[71] 나는 머지않은 미래에 호노톤 같은 뛰어난 초심리학자가 나타나서 좀 더 엄밀한 실험을 수행하여 이 같은 문제를 해결해줄 것으로 기대한다.

염력과 초감각 지각의 동시성

지금까지 살펴보았듯 염력 능력이 있는 초능력자들은 초감각 지각력도 뛰어난 것으로 알려져 있다. 에몰라에프나 유리 겔러, 그리고 잉고 스완 모두 염력과 초감각 지각에서 뛰어난 능력을 발휘했다. 물론 능력 발휘가 어느 한쪽으로 편중되는 경향은 있다. 유리 겔러는 초기의 스탠퍼드 연구소에서 행한 일련의 투시 실험을 제외하고는 나중에 주로 쇼 무대에서 염력을 발휘하며 먹고살았다. 잉고 스완의 경우는 미군의 필요에 따라 주로 원격투시에 매진했다. 구소련의 에몰라에프는 원래 초감각 지각이 뛰어났지만 염력은 없었는데, 30세부터 열심히 노력해서 염력을 획득한 경우다. 길버트 머레이 교수의 경우 자신이 뛰어난 텔레파시 또는 투시 능력이 있었음에도 염력을 부인했는데, 그도 에몰라에프처럼 노력했다면 염력을 획득했을 것이다.

염력을 가진 사람에게 초감각 지각이 있다는 것도 사실이지만, 염력이 잘 발휘되는 상태일 때 초감각 지각도 잘 발휘되는 경향이 있다는 것 또한 사실이다.[72] 예를 들어 에몰라에프는 염력 시연을 하기 전에 몸 풀기로 뒤집힌 카드의 색깔 알아맞히기를 했는데 이런 투시 능력이 잘 발휘될 때 염력을 시도했다. 만일 잘 맞춰지지 않으면 아예 염력 시연을 포기했다고 한다.[73]

라인 교수는 초감각 지각과 염력의 상호관계에 대해 염력 또한 초감각 지각처럼 시간과 공간에 대해 독립적인 현상이며, 초감각 지각은 염력의 발현 과정에 반드시 필요하다는 결론을 얻었다. 가령 정신이 물질에 영향을 끼치려면, 초감각 지각이 시간과 공간의 정확한 지점에 집중되어야 한다는 의미다.[74]

최근 중국에서 보고되는 염력 실험결과에서도 염력이 발휘되는 조건에서 동시에 초감각 지각이 발휘된다는 내용이 담겨 있다.[75] 스탠퍼드 연구소의 스캇 허바드Scott Hubbard, 에드윈 메이Edwin May, 그리고 하롤드 퍼소프는 이를 참고하여 〈내셔널 지오그래픽National Geographic〉 지의 내용을 알아맞히는 투시 실험을 하면서 광증폭관(photomultiplier tube)의 변화를 관찰했다. 그 결과 투시 실험결과가 좋으면 광증폭 수치도 높아지며, 그 상관관계도 유의할 만큼 크게 나타난다는 사실을 확인했다.[76]

이처럼 염력이 초감각 지각과 '함께 가는' 이유는 무엇일까? 비록 외형적으로 발현되는 현상은 전혀 별개인 듯 보이지만 사실은 이 2가지가 공통된 기원을 갖고 있는 것이 아닐까? 이런 의문을 가지고 연구해온 초심리학자 중에 이 두 현상은 사실 공통적인 기원을 가지며, 따라서 이들을 구분하지 말고 통일적으로 기술하자고 주장하는 사람들이 있다.

염력도 공간을 뛰어넘어 작용하는가?

앞서 우리는 초감각 지각과 염력이 공통적인 근원을 갖고 있을 것이라는 점을 확인했다. 그렇다면 초감각 지각과 마찬가지로 염력도 거리에 상관없이 작동되어야 하지 않을까?[77] 딘 라딘 등이 O. J. 심슨 재판과 동시에 실시한 범세계적인 실험은 이런 기대에 상당히 부응하는 결과를 보여주는 듯하다.

그런데 지금까지 염력을 시연하는 사람들은 왜 가까이 있는 물체에 염력을 작용시키는 실험만 해왔을까? 실제로 쿨라기나, 에몰라에프, 유리 겔러 모두 자신의 손 근처에서 물체를 공중부양시키거나 굽히고 부러뜨리는 모습만 보여주었고, 이런 식의 실험이 많은 연구자들에 의해 반복되면서 이제는 이런 실험방법이 초심리학 연구자들에게 보편적으로 받아들여지고 있다.[78]

초능력자들이 가까운 물체에만 염력을 시전하려는 이유는 염력도 가까운 곳에 잘 작용할 것이라는 그들의 믿음 때문일지도 모른다. 멀리 떨어진 물체가 가까이 있는 물체보다 훨씬 움직이기 힘들 거라는 식의 선입견 때문에 먼 물체를 움직이려는 시도를 아예 하지 않았거나 시도했다고 하더라도 믿음이 없어서 제대로 움직이지 않았을 수 있다.

실제로 초능력이 발휘되는 데는 피실험자의 심리적 상태가 매우 중요한 것으로 나타나 있다. 향후에 비교적 멀리 떨어진 곳에 있는 물체에 영향을 주는 염력 실험이 시도되어 실제로 염력이 멀리 있는 물체에도 큰 차이 없이 발휘된다는 사실이 확인된다면, 염력과 초감각 지각이 공통된 근원을 가진다는 가설이 더욱 힘을 받을 것이다.

— 염력과 인체 에너지

조지프 라인 교수의 아내 루이자 라인Louisa Rhine을 비롯한 일단의 연구자들은 아직까지 물리적으로 규명되지는 않았지만 염력에 사용되는 힘은 인체의 생리 시스템으로부터 끌어내어지는 에너지에 의해 발생한다고 가정한다.[79] 이런 가정은 매우 그럴듯해 보인다. 실제로 염력을 실험할 때 초능력자들이 신체 에너지를 심하게 소모하기 때문이다.

구소련의 에몰라에프는 염력을 처음 시연하던 초창기에 시연이 끝나고 나면 기억상실이나 구토 등 심한 후유증을 보이곤 했다. 푸시킨 등은 이런 후유증을 완화하는 방법을 발견했다. 누군가가 옆에 앉아 있으면 그런 후유증이 생기지 않는 것이었다. 연구자들은 누군가가 옆에 있을

■ 미국 스탠퍼드 연구소에서 염력을 실험하고 있는 유리 겔러

경우 그로부터 에너지를 흡수하여 자신의 상실된 기력을 보충한다는 가설을 만들었다. 이는 옆 사람에게서 우리가 흔히 말하는 '기氣 에너지'를 흡수한다는 의미로 보인다. 이를 실험한 구소련 과학자들은 옆에 앉는 보조자를 '에너지 기부자(energy donor)'라고 지칭했다.[80]

페이지 상단의 사진을 보자. 유리 겔러가 옆 사람들의 손을 꼭 잡고 있는 것이 보인다. 이들도 아마 에너지 기부자 역할을 하는 중일 것이다.

4부에서 다룰 초능력자라고 볼 수 있는 '영매'라는 사람이 교령회를 할 때도 옆 사람들이 영매의 손을 꼭 잡는데, 이 행위에는 2가지 효과가 있는 듯하다. 우선 대부분의 참석자들이 믿고 있듯 그 영매가 손을 사용하여 마술적 속임수를 부리는 것이 아니라는 확신도 심어주고, 다른 한

편으로 그들에게서 에너지도 뽑아 사용하기 위한 목적으로 보인다. 몇몇 영매들이 염력을 시연할 때 신체에서 엑토플라즘이라는 반투명한 물질을 뿜어내는데, 이 엑토플라즘은 육안으로는 잘 보이지 않지만 사진에는 잘 찍히는 성질을 가진다. 프랑스의 생리의학자 샤를 리셰Charles Richet는 이 물질이 물체를 받쳐주는 역할을 한다고 보았는데, 나는 이를 일종의 부산물로 보고 싶다. 이 물질은 영매 자신의 몸속에서 나오는 것일 수도 있지만, 때에 따라서 교령회에 참석하여 자신의 손을 잡고 있는 옆 사람들에게서 뽑아내는 것일 수도 있다.

19세기 중엽 영국의 윌리엄 크룩스William Crookes 교수가 주도한 실험에서 다니엘 더글러스 홈Daniel Douglas Home이라는 물리적 영매(physical medium)는 초능력을 이용해 무거운 탁자를 들어 올리는 등의 시연을 보였다. 이에 대해 루이자 라인은 그 탁자의 무게가 홈의 순수한 육체적 힘만으로도 충분히 들어 올릴 수 있을 정도밖에 되지 않는다고 지적했다. 초능력을 사용하더라도 육체적인 힘으로 들어 올릴 수 있는 한계중량보다 무거운 물체를 들어 올릴 수는 없다는 뜻이다.[81] 하지만 초능력자들이 타인의 에너지를 흡수한다면 실제로 발휘되는 염력은 엄청나게 커질 것이다.

그렇다면 초능력자들은 염력 시연을 할 때처럼 반드시 가까이에 사람들이 있어야 염력을 활용할 수 있는 것일까? 거리에 의존하지 않는 초심리 현상의 특성으로 미루어볼 때, 염력을 잘 활용할 수 있는 초능력자라면 굳이 옆에 사람이 있지 않더라도 그의 생체 에너지를 활용할 수 있으리라 기대된다. 앞으로 누군가가 이런 실험을 시도해보기 바란다.

— 유리 겔러의 비물질화가 의미하는 것

앞서 유리 겔러가 탄화바나듐 원반의 절반가량을 비물질화했다는 사실을 소개했다. 그런데 원반의 나머지 반쪽은 대체 어디로 갔을까? 만일 겔러가 그 반쪽을 가루로 만들었다면 캡슐 안에서 가루가 발견되었어야 한다. 하지만 캡슐 속에서는 그런 흔적을 전혀 찾아볼 수 없었다.

아니면 겔러가 탄화바나듐을 가루로도 보이지 않을 정도로, 다시 말해 분자 수준으로 잘게 쪼갠 것일까? 하지만 그랬다면 탄화바나듐은 기체 상태가 되고, 기체는 상온에서 상당한 부피를 차지하기 때문에 캡슐이 폭발하거나 뚜껑을 열 때 폭음이 발생했을 것이다. 하지만 그런 일은 일어나지 않았다.

그렇다면 원반의 절반가량이 그냥 사라져버렸다는 말이 되는데, 어떤 물질이 우주에서 사라지려면 아인슈타인의 이론에서처럼 등가의 에너지로 변환되는 방법밖에는 없다. 만일 겔러가 없앤 만큼의 물질이 에너지로 바뀌었다면 핵폭발에 버금가는 엄청난 에너지가 분출되었어야 한다. 하지만 그런 일 또한 발생하지 않았다.

그러나 어떤 물질도 우리 우주에서 에너지로 변하지 않고 완전히 소멸할 수는 없으므로, 마지막 남은 가능성은 그 절반의 원반이 캡슐 바깥 어디론가 이동한, 즉 순간이동된 경우다. 이는 매우 놀라운 결론이다. 플라스틱이라는 견고한 벽을 통과해서 또 다른 견고한 물질이 이동하다니! 이처럼 겔러의 염력은 우리가 알고 있는 그 어떤 수준의 힘과도 구분되는 놀라운 특성을 지닌다. 도대체 어떻게 이런 일이 가능할까?

옥스퍼드 대학의 라이얼 왓슨Lyall Watson 교수는 자신의 저서 《생명조류Life tide》의 서문에서 놀라운 염력을 발휘하는 이탈리아의 5살짜리 여자 아이에 대해 이야기한다. 클라우디아라고 불리는 그 소녀는 왓슨 교수의 눈앞에서 손바닥 위에 놓인 노란색 털이 보송보송한 테니스공을 순식간에 검은색 고무공으로 바꾸는 묘기를 보였다. 제임스 랜디 같은 마술사가 이 얘기를 들으면 다섯 살배기가 그런 묘기를 부린다는 데 다소 놀랍다는 반응을 보이긴 하겠지만 그 정도의 공 바꿔치기 묘기는 마술의 기본이라고 말할 것이다. 문제는 그 아이가 노란 털이 덮인 공을 고무공으로 바꿔치기 한 것이 아니라 공의 안팎을 뒤집었다는 사실이다. 왓슨 교수는 묘기 시연 직후에 공을 절개해서 이 사실을 확인했다. 그는 위상기하학에 대한 지식을 이리저리 살피며 이 현상에 어떤 의미가 있는지 독자들에게 이해시키려고 노력한다. 그리고 고백한다. 이런 기상천외한 초능력을 목격하고 나서 세계관이 완전히 바뀌어버렸다고.[82]

유리 겔러의 염력과 지금 소개한 소녀의 염력을 동시에 고려하면 염력의 중요한 특성에 대해 어느 정도 감을 잡을 수 있다. 염력은 우리의 상식을 뛰어넘어 물질을 어떤 장애물에도 구애받지 않고 순간적으로 어디로든 이동시킬 수 있는 힘인 것이다. 《염소를 노려보는 사람들》에는 주인공이 벽을 뚫고 지나갈 수 있다는 자신감에 수차례 벽 뚫기를 시도하지만 실패만 거듭한다는 대목이 나온다. 그처럼 조금 부실한 초능력자에겐 어림도 없겠지만, 클라우디아 같은 소녀라면 전혀 불가능한 일은 아닐 것이라는 생각이 든다. 이처럼 염력의 실재는 우리가 가진 공간이동 개념의 본질까지도 뒤집어놓는 놀라운 사실임에 틀림없다.

초심리 현상을 설명하는 우주의 새로운 법칙

—— 브라이언 조지프슨이나 러시아 학자들의 여러 가설은 비생명체와 생명체의 작동원리가 근본적으로 다르다는 주장을 담고 있다. 나는 오래전부터 생명 현상의 본질에 의구심을 가졌다. 우리 세계에는 전자기적, 전기화학적 작용의 영향이 매우 크게 작용한다. 그렇다면 생명체는 이런 작용들이 모여 자연적으로 발생한 것일까, 아니면 다른 무언가가 생명체의 형성에 중요한 역할을 한 것일까?

—— 초심리학에서 양자역학까지

초심리 현상을 설명하려는 많은 학자들은 지금까지 그 단서를 양자역학에서 찾아왔다. 초심리학에서 나타나는 비국소적 성질은 양자역학의 가장 기묘하고도 중요한 특성이기 때문이다.

아인슈타인의 상대성이론은 어떤 물체나 정보도 빛의 속도를 넘어서 이동하거나 전달될 수 없다고 말한다. 그런데 양자역학에 의하면 특정한 유형의 정보는 아무리 먼 거리라도 순식간에 이동할 수 있다. J.S. 벨J. S. Bell은 실제로 우주에 이런 특성이 있는지 판별하기 위한 방법을 제시했고, 최근 들어 그러한 특성이 우주에 존재하는 것으로 드러났다.[83]

아인슈타인은 한동안 이런 일이 절대 일어날 수 없다고 생각했다. 그는 상대성이론을 통해 중력이 작용하는 데 전혀 시간이 걸리지 않는다는 뉴턴의 전제를 부정하고, 중력이 작용할 때도 빛이 이동할 때와 똑같은 시간이 걸린다고 주장함으로써 뉴턴의 고전역학 체계를 뒤흔드는 혁명을 일으켰다. 그런 그가 '시간이 전혀 걸리지 않는 작용'이라는 새로운 개념이 등장하자 큰 거부감을 느꼈고, 이를 반박하기 위해 오랫동안 양자역학의 거두 닐스 보어Niels Bohr 와 논쟁을 벌였다. 그러나 주류 과학계는 결국 이를 우주의 보편적인 법칙으로 받아들였다.[84]

우리 우주를 구성하는 모든 물질은 아무리 멀리 떨어져 있어도 아원자 수준에서 서로 연결된 운명공동체라는 사실을 주류 과학자들도 인식하게 된 것이다. 그 결과 우주의 홀로그램 모델이 등장했으며, 데이비드 봄은 '내재적 질서(implicate order)'라는 용어를 사용하여 양자역학의 새로운 철학적 해석을 내놓았다.[85]

유리 겔러의 일화에서도 알 수 있듯 데이비드 봄은 초심리학에 대한 관심이 매우 컸지만, 자신의 이론으로 직접 초심리 현상을 설명하려 했다는 객관적 정황은 보이지 않는다. 그럼에도 많은 초심리학자들은 원격투시 같은 초심리 현상을 설명하는 데 그의 이론을 자주 인용한다.[86]

초감각 지각을 설명하는 양자역학적 입자 프시트론

데이비드 봄은 양자계의 상태가 코펜하겐 학파의 해석처럼 원래 정해져 있지 않고 확률적 가능성만 갖고 있다가 측정에 따라 한순간 정해지는 것이 아니라고 말한다. 양자계의 상태는 원래 정해져 있긴 하나 그 계 자체가 가능한 모든 잠재적 상태를 가지고 그때그때 어떤 특정 사건이 일어날 것 같은 방향으로 찾아다니고 있는 것이라는 해석이다.

케임브리지 대학의 에이드리언 돕스Adrian Dobbs는 봄이 제안하는 가상적 계를 표현하는 방법으로 허虛의 질량을 갖는 프시트론psytron이라는 입자를 제안하며, 이 입자의 움직임에 의해 새로운 시간 차원이 표현될 수 있다고 말한다. 그는 텔레파시와 투시, 그리고 예지를 설명하기 위해 이 입자가 만유인력과 전자기력이 지배하는 결정론적 세계를 계량하는 시간이 아니라 양자역학이 제시하는 확률론적 세계에 적합한 또 하나의 시간 차원에 필요한 입자라고 설명한다. 프시트론 형태로서 초감각 지각의 전달은 대단히 불안정한 뇌 속의 특정 뉴런에 작용하고, 이 뉴런은 양자적인 불확정성 수준에서 반응하게 된다는 것이 돕스의 모델이다.[87]

그런데 이런 종류의 가상적 입자는 초감각 지각을 그럴듯하게 설명해 줄 수 있을지 몰라도 염력을 물리학적으로 설명하기에는 부적합하다. 그런 허의 질량을 갖는 입자가 쿨라기나나 유리 겔러가 보여주는 것처럼 거시적 세계에 영향을 준다고 생각하기는 힘들기 때문이다.

초감각 지각과 염력을 모두 설명할 수 있는 양자역학적 모델

현재의 주류 과학 분야 중 초심리 현상을 가장 잘 설명할 수 있는 것은 양자역학이다. 그래서 많은 학자들이 양자역학으로 초심리 현상을 설명하려고 한다.[88]

조지프슨 효과를 예측하여 1973년 노벨 물리학상을 수상한 케임브리지 대학의 브라이언 조지프슨Brian Josephson 교수는 포티니 팔리카라-비라스Fotini Pallikara-Viras와 함께 쓴 논문 〈양자적 비국소성의 생물학적 이용Biological Utilization of Quantum Nonlocality〉에서 염력과 텔레파시가 모두 양자역학적인 현상일 수 있다는 가설을 제기했다.[89]

그는 이 논문에서 염력이나 텔레파시처럼 마음의 작용으로 일어나는 현상들은 양자적 비국소성의 생물학적 이용이라는 형태를 띠며, 그런 아원자 수준에서 관찰되는 비국소성이 궁극적으로 좀 더 큰 생명체의 분자 수준에서 나타나는 비국소적 현상들을 설명해준다고 말한다.

그에 의하면 생물학적 비국소성이 물리학 실험실에서 일반적으로 연구되는 물질과 생명체의 차이를 드러낸다. 생명체에 의한 현실의 지각은 우리가 사용하는 과학적 방법과 근본적으로 다른 매우 효율적인 원리를 따르고 있으며, 이 때문에 생명체는 통상의 과학적인 수단으로 관측할 때 나타나는 불규칙한 패턴 속에서도 의미 있는 정보를 읽어낼 수 있다는 것이다. 그는 벨이 보여주는 것과 같은 멀리 떨어진 물체들 간에 존재하는 연결고리를 생명체가 직접 활용하는 현상의 이론적 바탕에 이런 상보적 지각력이 자리한다고 주장한다.[90]

하지만 여기서 한 가지 주의해야 할 점이 있다. 조지프슨 등의 이론은 초심리 현상을 완전히 양자역학적으로만 설명하려는 것이 아니다. 그 이론이 의미하는 바는 생명체가 초심리 현상을 발현할 때 양자역학적 통로를 활용한다는 것이다. 딘 라딘은 그의 저서 《의식이 있는 우주The Conscious Universe》에서 이를 명확히 했다. 그는 생명체의 특이성에 관한 법칙이 있다면, 이는 양자역학보다 포괄적이어야 한다고 지적했다.[91]

— 생명체와 초심리 현상

우리는 앞서 초감각 지각과 염력이 동일한 조건에서 발휘되는 듯 보인다는 사실에 근거하여 이 두 가지가 사실은 동일한 근원을 갖고 있을 것이라고 추정했다. 이는 마치 전기력과 자기력이 전혀 별개가 아닌 동일한 법칙에 기원을 두는 것과 같다.

러시아의 푸시킨 등은 초심리 현상을 기존의 초감각 지각이나 염력의 구분과 다소 차이가 있는 개념인 '시공간 초심리 현상(space-and-time psi-phenomena)'과 '장과 힘 및 물질 에너지학적 초심리 현상(field-and-force & material-energetics psi-phenomena)'으로 부른다. 각각은 대체로 초감각 지각과 염력에 대응되지만 그것들과는 조금 다른 범주에 속한다. 그들은 모든 초심리 현상이 서로 긴밀히 연관되어 있지만, 아직 이들을 통합적으로 설명할 수 있는 이론이 만들어지지 않았기 때문에 편의상 이렇게 나누어서 설명하는 것이라고 말한다.

그들은 저술을 통해 양자역학에 기초한 초심리 현상의 서구적 해석을 소개했지만, 이에 동의한다고 표현하지는 않았다. 그러나 초심리 현상이 생명체의 특이성을 반영한다는 데는 이론의 여지가 없다. 그들은 생명체에 부여되는 시공간이 별도로 존재하며 생명 현상 자체가 시공간의 성질을 변화시킨다고 말한다. 이런 능력은 인간이 의식변형 또는 최면 상태에 빠져 있을 때 특히 잘 발휘된다.

푸시킨 등에 따르면, 생명체에 의해 시간이 흐르는 속도가 느려지거나 빨라질 수 있으며, 강력한 초능력자는 특정 사건에 대한 시공간의 틀을 창조해낼 수도 있다. 또 장과 힘 및 물질 에너지학적 초심리 현상은 생명체가 내뿜는 바이오플라스마bioplasma에 의해 발현 가능하다. 이런 장은 오직 생명체에서만 관측되는 것으로, 음(−)의 엔트로피를 만들어내고 전자기파를 이용하지 않는 정보 전달을 가능하게 하며 시간의 단절이나 역전, 생명체의 내적 변화를 이끌어낸다. 이런 생명장을 그들은 '바이오 중력장(biogravitation field)'이라고 부르는데, 이 장은 어떤 장벽도 뚫고 통과하는 성질을 가졌다고 주장한다.[92]

브라이언 조지프슨이나 러시아 학자들의 여러 가설은 비생명체와 생명체의 작동원리가 근본적으로 다르다는 주장을 담고 있다. 나는 오래전부터 생명 현상의 본질에 의구심을 가졌다. 우리가 사는 세계에는 전자기적, 전기화학적 작용의 영향이 매우 크게 작용한다. 그렇다면 생명체는 이런 작용들이 모여 자연적으로 발생한 것일까, 아니면 또 다른 무언가가 생명체의 형성에 중요한 역할을 한 것일까?

1960년대에 스탠리 밀러Stanley Miller와 헤럴드 유리Herald Urey는 원시대기에 전기방전을 일으키면 유기물이 생성된다는 사실을 실험을 통해 입증했다. 그리고 그들의 발견은 오늘날 널리 신봉되는, 무기물에서 유기물을 거쳐 원시 생명체가 만들어진다는 '생명 탄생 신화'의 토대가 되었다. 전기방전 또는 그와 유사한 전자기적 에너지가 생명체의 '창조'를 매개한다는 것이 그 믿음의 핵심이다. 하지만 생명체가 정말 이런 식으로 발생할 수 있을까?

19세기에 광학이 전자기학으로 환원되고, 20세기에 화학이 양자 및 통계이론으로 환원되었듯 이제는 생물학, 심리학도 기본적인 물리법칙으로 기술되어야 한다고 대부분의 물리학자들은 믿고 있다. 하지만 생명 현상을 다루는 일부 학자들은 이런 믿음을 냉소적으로 바라본다.

그 대표적인 사람은 아이러니하게도 물리학적 방법을 생물학에 적용하여 DNA의 분자구조를 밝힘으로써 분자생물학이라는 분야를 개척한 1962년 노벨 생리의학상 수상자 프란시스 크릭Francis Crick이다.

그는 지구가 처음부터 다시 시작하거나 지구와 매우 비슷한 환경을 지닌 행성이 존재하더라도 현재 지구상에 생명체가 존재한다는 이유로 그곳에서도 생명이 시작될 가능성이 매우 높다고 생각해서는 안 된다고 말한다. 그는 이를 '확률의 허구'라고 부르면서, 그런 일을 기대하는 것은 52장의 카드를 4명에게 2회 반복해서 나누어줄 때 두 번째에도 첫 번째와 똑같은 패를 받기를 바라는 것과 같다고 말한다.[93] 실제로 밀러와 유리의 실험실에서 작은 바이러스가 우연히 생겨날 확률은 동전을 600만 번 던졌을 때 계속해서 앞면만 나올 확률보다도 낮다.[94]

정통 물리학자 중에도 생명 현상을 단순히 현재 우리가 아는 물리법칙으로 환원할 수 없다고 보는 사람들이 있다. 그 대표적인 인물은 양자역학의 창시자 중 한 사람으로 1933년 노벨 물리학상을 수상한 에르빈 슈뢰딩거Erwin Schrödinger다.

그는 생명 현상이 물리학의 '확률에 의한 장치'가 아닌 전혀 다른 어떤 장치에 인도되어 펼쳐지는 규칙적이고 법칙성을 갖는 현상이며, 물리학자들은 생명을 갖지 않는 것을 연구 대상으로 삼아왔기 때문에 물리학자들의 이론이 생명 현상을 포괄하고 있지 않다고 말한다. 그의 주장에 의하면 생물과 비생물의 구조가 근본적으로 다르기 때문에 이들 사이에는 서로 다른 물리법칙이 적용된다고 봐야 한다.[95]

물론 그가 초심리학을 지지하기 위해 이런 주장을 한 것은 아니다. 하지만 오늘날 밝혀지고 있는 여러 사실로 볼 때 슈뢰딩거가 제안한 생명체에 적용되는 또 다른 물리법칙은 바로 초심리학이 암시하는 법칙을 가리키고 있는 듯하다. 특히 생명 현상이 양자역학적 얽힘을 활용한다는 조지프슨 등의 모델은 매우 그럴듯해 보이는데, 그 이유는 이런 방법이 과학자들이 요구하는 우주의 보편성을 적절히 보장해주기 때문이다.

오늘날 물질과학자들은 '우리에게 특별한 것이란 없다'라는 코페르니쿠스의 원리를 굳게 믿는다. 이 원리에 따르면 지구상에 생명 현상이 존재한다는 사실은 보편적으로 다른 천체에도 그런 것이 있어야 함을 의미한다. 하지만 이런 생명 현상이 별다른 상호작용 없이 우주 이곳저곳 무수히 많은 장소에서 발생한다는 것은 프란시스 크릭이 지적하듯 엄청난 기적을 요구하는 일이다.

결국 코페르니쿠스의 원리가 충족되려면 우주 곳곳의 생명 현상이 상호 간에 긴밀히 연결되어 있어야 하고, 보편적으로 생명이 유지될 수 있는 조건을 갖추지 못한 곳에도 그런 생명의 싹은 있어야 한다. 그리고 그것이 사실이라면 우리는 우주가 물활론적인 특성을 갖고 있다고 가정하지 않을 수 없다. 딘 라딘의 책 제목처럼 정말로 '의식이 있는 우주'여야 하는 셈이다.

—— 생명 현상의 근원에 도사리고 있는 초심리 현상

지금까지 초심리 현상의 제반 특성을 살펴보았다. 아직까지 주류 과학자들의 인정을 받지는 못하고 있지만, 나는 수많은 실험적 결과들이 초심리 현상의 실재를 증명하는 것 같다고 생각한다. 근대 들어 인류는 물질과학 분야에서 놀라운 성과를 거두었다. 하지만 생명체에 일어나는 현상에 대해서는 아직도 제대로 된 논리적 설명을 하지 못하고 있으며, 생명의 탄생은 여전히 신화의 영역에 정체되어 있다. 초심리 현상은 생명에 관련된 아직 알려지지 않은 우주의 법칙이 작용하여 일어나는 현상으로 보인다.

카를 융은 초심리학의 결과가 생명의 물활론적 특성을 보여준다고 하면서, 초심리 현상은 더 이상 부정할 수 없는 사실이라고 주장했다. 그리고 초심리 현상으로 인해 우리는 정신과 물리의 양립성에 얽힌 미스터리를 이해하는 데 좀 더 가까이 접근할 수 있게 되었다고 지적했다. 결국 심령적 관점이나 물질적 관점은 모두 형이상학적인 편견에서 비롯된 것으로, 이제 우리는 생명과 물질에 심령적 측면이 있으며 정신에도 물질적 측면이 있다고 봐야 한다는 것이다.[96] 염력과 초감각 지각의 실재를 선언하는 가장 명료한 제안이다.

나는 초심리 현상이 보여주는 제반 특성이 그동안 생명이 어떻게 발생하게 되었느냐는 물음에 적절한 답을 준다고 본다. 프란시스 크릭은 생명의 발생을 기적에 비유했다. 물론 초심리적인 차원의 영향이 존재하지 않는다면 그의 주장이 옳다. 그러나 나는 표면에 두드러지게 나타나지는 않아도 생명 현상의 밑바탕에 확률의 허구를 뒤집는 원동력으로서 초심리적 현상이 도사리고 있다고 생각한다.

Nature of the Spirits

최근 사후세계가 존재하지 않는다는 스티븐 호킹 교수의 발언 이후 이 문제에 대한 세간의 관심이 고조되었다. 예로부터 초월, 삼매경, 신의 계시 같은 종교적 체험은 육체를 벗어난 영원한 세계와 관련된 것으로 여겨졌지만, 최근 심리학과 뇌과학이 발전하면서 이들 모두가 유물론적으로 설명 가능하다는 식으로 주류 과학의 입장이 정리되었고, 죽음 뒤의 삶에 대한 고전적 믿음은 근거를 잃고 있다. 하지만 심령론은 정신 현상을 물질과 다른 무언가의 작용으로 본다. 이런 사상의 기원은 고대 이집트에 있다. 고대 이집트에서는 인간이 죽으면 육신은 썩지만 비육체적 존재는 소멸되지 않는다고 믿었다. 정말로 육체를 떠난 영혼이 독립적으로 존재한다는 증거가 있을까? 심령론 옹호론자들은 유령이나 폴터가이스트 현상, 영매술, 환생, 근사 체험 등을 그 증거로 내놓는다.

PART 4

영혼은 어떻게

우리 앞에 모습을 드러내는가

유령, 염력의 산물인가 죽은 자의 영혼인가?

—— 그는 그 형체를 자세히 살펴보기 위해 물가로 다가가다가 어느 순간 소스라치게 놀랐다. 잘 알고 지내던 중학교 동창 친구가 물 위에 서 있는 것이었다. 그의 온몸에 소름이 돋기 시작했다. 그곳은 분명 사람 키보다 깊은 곳이었는데도 그 친구는 발목 정도까지만 잠긴 채 물 위에 뜬 것처럼 서 있었다. 그리고 얼마 후에 마치 스르르 미끄러지듯 저수지 안쪽으로 멀어졌다.

죽음 이후의 세계에 대한 대중적 믿음을 잘 반영해 만든 대표적인 영화로 '사랑과 영혼(Ghost)'이 있다. 이 영화에는 죽었지만 이승에서 중요한 일을 하기 위해 천국행을 유보한 채 거리를 방황하는 유령, 그리고 이런 존재와 소통하는 영매가 등장한다. 천신만고 끝에 자신의 임무를 완수한 유령은 온몸에서 광채를 내며 하늘에서 내리쬐는 밝은 빛으로 이루어진 길을 따라 천국으로 향한다. 애잔한 주제가로 더욱 인상 깊었던 이 영화는 많은 이들에게 죽은 후에도 삶이 존재할 수 있다는 희망을 안겨주었다.

정말 죽은 후에도 삶은 계속되는 것일까? 최근 사후세계死後世界가 존재하지 않는다는 영국 케임브리지 대학 스티븐 호킹Stephen Hawking 교수의 발언 이후 이 문제에 대한 세간의 관심이 고조되었다. 예로부터 초월, 삼매경, 신의 계시 같은 종교적 체험은 육체를 벗어난 영원한 세계와 관련된 것으로 여겨졌지만, 최근 심리학과 뇌과학의 발전에 힘입어 이들 모두가 유물론적으로 설명 가능하다는 식으로 주류 과학의 입장이 정리되면서 죽음 뒤의 삶에 대한 고전적 믿음은 근거를 잃어가고 있다.

그럼에도 불구하고 현재의 주류 과학 패러다임에 속한 학자 중 일부는 고전적 종교 패러다임을 부둥켜안은 채 죽음 뒤의 삶을 고집하고 있기도 하다. 그 대표적인 이로 서울대 물리학과 임지순 교수를 들 수 있다. 그는 미국 과학학술원 정회원에 선출된 후 특정 언론과의 인터뷰에서 '죽음 뒤에도 삶이 있다'는 자신의 견해를 밝혔다.[1]

이런 태도는 직업상 유물론적 사고방식으로 철저히 무장할 수밖에 없는 물리학자들에게서 흔히 찾아보기 힘든 태도이고, 좀 심하게 말하면 '자기 철학이 없는 발언'이다. 그가 만일 현재의 주류 과학을 대표하는 학자라면, 그는 오늘날 철저하게 신봉되는 유물론의 입장에서 영혼불멸 등의 심령론적 세계관을 공격함이 옳다. 하지만 심령론적 세계관은 정말 근거가 전혀 없는, 과학적으로 받아들일 수 없는 사상일까?

유물론은 생명체를 일종의 기계장치로 보며, 우리의 의식이나 무의식 같은 정신 현상을 일종의 컴퓨터와 마찬가지인 뇌 안에서 일어나는 전기화학적 현상으로 설명하려 한다. 그에 반해 심령론은 정신 현상을 물질과 다른 특별한 작용으로 보려고 한다. 비록 이 세계에서 생명은 육체에 의존해서 활동하지만, 육체를 초월해서도 존재 가능하며 따라서 육체적 삶을 마감하더라도 또 다른 생이 존재한다는 것이다.

사실 이 같은 사상의 기원은 역사를 거슬러 고대 이집트에서 찾아볼 수 있다. 고대 이집트에서는 인간이 죽으면 육신은 썩지만 비육체적 존재들로 혼魂이라고 해석할 수 있는 바ba와 정령, 진수, 그리고 제2의 육체 또는 백魄이라고 부를 수 있는 카ka는 소멸되지 않고 존속한다고 믿었다.[2] 그렇다면 정말로 육체를 떠난 영혼이 독립적으로 존재한다는 증거가 있는가? 심령론 옹호론자들은 유령이나 폴터가이스트 현상, 영매술(mediumship), 환생, 근사 체험 등을 그 증거로 내놓는다.

— 죽어가는 사람이 꿈속에 찾아오다

나는 대학 교수이기도 하지만, 벤처회사에서 일하며 LED나 화학센서, 태양전지에 관한 사업도 하고 있다. 내가 회사일로 자주 만나는 사람이 한 분 있는데, 그분이 최근 나에게 아주 흥미로운 얘기를 해주었다.

그가 중학교 때 사귀던 여자 친구가 있었는데, 그 여학생 집에 놀러 가면 그 집 할머니가 항상 손자사위 왔다고 하면서 반겨주었으며, 정말 친손자처럼 잘 챙겨주었다고 한다. 그러다가 고등학교에 입학할 무렵 그는 여자 친구와 싸우고 헤어져 한동안 만나지 않았다. 그렇게 몇 년이 지난 어느 날, 갑자기 그 여자 친구가 아닌 그녀의 할머니가 그의 꿈에 나타났다. 그는 여자 친구가 꿈속에 나타났다면 당연하게 생각했겠지만, 전혀 생각지도 않던 할머니가 꿈에 나타난 것은 무척 이상했다고 한다.

그리고 서너 달 후에 우연히 그 여자 친구의 여동생을 길거리에서 만났다. 이런저런 얘기를 하는 중에 그 여동생은 최근에 할머니가 돌아가셨다고 알려주었다. 혹시나 해서 돌아가신 날짜를 물어봤더니 놀랍게도 자신이 꿈을 꿨던 바로 그날이었다고 한다. 그는 이 얘기를 내게 하면서 할머니가 자신을 정말 아끼셔서 돌아가시는 순간 영혼이 자신을 찾아온 것이 아닐까 하고 신기해했다.

우리는 주변에서 이와 비슷한 얘기를 가끔씩 듣곤 하는데, 그때마다 정말로 영혼이 존재하는 것은 아닌가 하고 심각하게 생각해본 독자들도 있을 것이다. 죽은 사람이 꿈속이 아닌 생시에 나타나는 경우도 있다. 데이비드 폰타나David Fontana라는 심령현상 연구자가 수집한 다음의 기록이 그 좋은 예다.

한 젊은 여성의 이웃집에 매우 친절한 할머니가 살고 있었다. 할머니는 어느 날인가 병에 걸려 투병생활을 하기 시작했다. 그러던 어느 날, 젊은 여성은 그 할머니가 외출하는 모습을 부엌 창문 너머로 목격하고 할머니가 완쾌되어 외출이 가능해졌다고 생각했다. 그런데 그날 저녁, 그녀는 그 할머니가 유명을 달리했다는 사실을 알게 되었다. 그리고 그 시각은 그녀가 할머니를 목격했던 바로 그때였다고 한다.[3]

1부에서 UFO 최근접 체험자들이 초상적 체험을 한다는 사실을 소개한 바 있다. 그런데 내가 직접 조사한 UFO 목격자 중에도 유령 체험을 한 사례가 있다. 나는 가족과 함께 드라이브를 하다가 하늘에 떠 있는 UFO를 목격했다는 분과 장시간 대화를 나눈 적이 있다. 그는 가정에 충실한 평범한 소시민이었는데, 비밀스러운 자신의 얘기를 털어놓으면서 내 인생관에 지대한 영향을 끼친 매우 중요한 사람이 되어버렸다. UFO 목격담을 이야기하던 그가 갑자기 생각났다는 듯 다음과 같은 이야기를 불쑥 꺼냈다.

그는 중학교를 시골에서 다녔으나 집이 이사하는 바람에 고등학교는 대도시에서 다녔다. 고등학교 1학년 때 새로운 환경에 적응하느라 예전 친구들과 연락도 한 번 못했고, 그가 살던 시골에도 가보지 못했다. 그러다 이듬해 여름방학에 친척들에게 인사하고 친구들도 만날 겸 시골 고향을 찾았다고 한다. 그 동네는 저수지를 사이에 두고 아랫마을과 윗마을로 나뉘어 있었는데, 그가 예전에 살았던 곳은 윗마을이었기에 정류소가 있는 아랫마을에서 차에서 내려 저수지를 지나 윗마을로 가게 되었다.

그 무렵엔 이미 저녁이 되어 주위가 어둑어둑해지고 있었는데, 저수지 쪽을 보니 사람의 실루엣 같은 것이 떠 있었다. 그는 그 형체를 자세히 살펴보기 위해 물가로 다가가다가 어느 순간 소스라치게 놀랐다. 잘 알고 지내던 중학교 동창 친구가 물 위에 서 있는 것이었다. 그의 온몸에 소름이 돋기 시작했다. 그곳은 분명 사람 키보다 깊은 곳이었는데도 그 친구는 발목 정도까지만 잠긴 채 물 위에 뜬 것처럼 서 있었다. 그리고 얼마 후에 마치 스르르 미끄러지듯 저수지 안쪽으로 멀어졌다.

유령을 본 것이 틀림없다고 생각한 그는 죽을힘을 다해 윗마을로 달음박질쳤다. 그리고 다음날 다른 친구를 만나 자신이 저수지에서 본 그 친구에 대해 물어고는 큰 충격을 받았다. 그 친구는 1년 전 여름에 바로 그 저수지에서 수영을 하다 익사했다는 것이었다.

— 유령 출현 방식의 분류와 통계적 특성

이 사례는 어쩌면 유령의 존재에 대한 좀 더 확실한 증거가 될 수 있지 않을까? 죽기 직전, 혹은 죽어가는 사람의 모습이 보이는 현상은 유령이 아니라 텔레파시와 같은 초심리적인 힘이 일으키는 현상일 가능성도 있다. 하지만 죽은 지 한참이나 지난 사람의 유령은 이런 식으로 설명할 수 없다.

유령의 존재 여부는 오랜 옛날부터 인류에게 매우 중요하고 심각한 이야깃거리였으며, 그 이유는 아마 그것이 죽은 후에도 삶이 존재한다는 사실을 증명하는 리트머스 시험지로 여겨졌기 때문일 것이다. 이런 관점에서 볼 때, 만일 유령이 실재한다는 객관적 증거를 찾는다면 이는 죽음 뒤에도 삶이 있다는 확증이 될 수 있을지도 모른다.

영국 심령연구학회에는 이미 1800년대 말에 영혼의 존재를 증명하는 듯한 이야기들을 수집하여 분석한 사람이 있었다. 영국 심령연구학회의 초창기 주요 회원이었던 케임브리지 대학의 여류 수학자 엘리너 지드윅은 1890년부터 '유령 체험에 대한 통계조사(Census of Hallucinations) 프로젝트'를 실시해 4년 뒤인 1894년에 그 결과를 발표했다.

그녀는 영국 전역에 설문지를 보내서 일반인들의 유령 목격 체험에 대한 총 1만 7,000여 건의 응답을 접수했고, 응답자의 10% 정도가 유령의 형상을 목격하거나, 소리를 듣거나 유령과 접촉했다고 답했다.[4] 그로부터 약 반세기 후에 실시된 한 조사에서는 영국인의 14% 정도가 이런 체험을 하는 것으로 나타났다. 또 1970년대 말에 미국에서 실시된 한 조사에 의하면 미국인의 17% 정도가 유령을 체험했다.[5] 이처럼 자신이 유령을 보았다고 믿는 사람은 전 세계 인구의 10%를 상회하고 있으며, 그 비율은 과학기술의 발달과는 무관하게 거의 일정한 수준을 보인다.

에드문드 거니Edmund Gurney의 조사에 의하면 유령을 보는 체험은 특정 한 지역이나 인물과 관계있다. 즉 유령은 특별한 친분이 있는 사람에게 나타나거나, 살아생전 거주하던 곳 또는 인연이 있는 특정 장소에 나타난다는 것이다. 물론 두 가지가 모두 함께 나타나는 경우도 있다.[6]

루이자 라인이 듀크 대학에서 실시한 조사에서도 이와 비슷한 경향이 나타났는데, 그녀가 조사한 죽은 자의 유령을 보았다는 49건의 보고서 중 16건은 목격자가 그 유령을 잘 알고 있는 경우였고, 15건은 목격자와 유령 간의 개인적인 친분은 없으며 유령이 특정 장소에 나타나는 경우였다. 그리고 9건의 보고서에는 목격자와 장소에 모두 인연이 있는 유령이 출현했다고 기록되어 있었다.

이들의 의견을 종합해보면, 유령 목격 체험에서 발견되는 유령은 '위기 유령(crisis apparitions)', '출몰 유령(haunting apparitions)' 또는 '재현 유령(recurrent apparitions)', 그리고 '집단적 유령(collective apparitions)'의 3가지로 구분된다. 위기 유령은 어떤 사람이 죽고 나서 잠시 동안 친지들에게 나타나는 유령이다. 거니의 분류 중 개인에 관련된 유령에 해당하는데, 임종 직후에 나타날 확률이 가장 높고, 시간이 지날수록 현현 빈도가 급격히 줄어든다고 한다. 데이비드 폰타나가 수집한 앞의 사례가 바로 이 경우에 해당할 것이다.

출몰 유령은 거니의 분류 중 특정 지역에 관련된 유령으로, 유령의 출현이 좀 더 지속적인 경우다. UFO 목격자가 보았다는 저수지의 친구 유령은 개인 유령인 동시에 출몰 유령이기도 하다. 그 친구는 저수지에 빠져 죽었기 때문에 1년 후에도 여전히 그 지역에 나타났던 것으로 보인다. 대부분의 유령 체험은 지극히 개인적인 일이지만, 집단적 유령은 이와 달리 여러 사람에게 거의 동일한 형태로 나타나는 경우에 속한다.

— 유령은 죽은 자의 영혼인가?

유령 체험은 정말로 죽음 뒤의 삶을 입증하는 증거일까? 대중에게 유령은 죽은 자의 혼령이라고 받아들여지고 있고, 납량 특집 드라마는 이런 믿음을 토대로 유령 또는 귀신을 등장시킨다. 이처럼 유령은 사람이 죽은 뒤에도 존재하는 영혼이나 의식意識에 의해 생겨나는 존재라고 주장하는 이론을 '무형존재 이론(discarnate-entity theory)'이라고 한다. 사람이 죽어 육체가 땅으로 돌아가도 영혼은 없어지지 않기 때문에 유령으로 지각된다는 개념이다.

그렇다면 우리에게 나타나는 유령은 우리가 살고 있는 시공간에 물질적인 토대를 두고 있는 것일까? 지드윅은 유령은 통념적으로 받아들여지는 공간에 실재하는 물질로서 나타날 수 없다고 한다. 그녀는 만일 유령이 물질적 실체라면 나체로 나타나는 것이 합리적이지 왜 의복을 걸치고 나타나는가 하는 의문에서 이런 결론에 도달했다.

사실 지금까지 목격되었다고 보고된 유령들은 항상 옷을 입고 나타났다. 죽은 영혼에게 도대체 옷이 왜 필요할까? 그래서 지드윅 부인은 죽은 사람의 유령을 보는 일이 사실은 죽은 영혼의 실제 모습을 보는 것이 아니라 그 영혼과의 텔레파시에 의해 일어나는 정신적 환각이라고 생각했다.

하지만 그녀는 곧 자신의 이론이 출몰 유령을 설명하기에 다소 부적합하다고 생각했다. 어떤 영혼이 평소 알고 있던 사람에게 모종의 메시지를 전달하기 위해 자신의 특징적 모습과 관련된 환각을 일으키도록 한다는 것은 합리적인 설명일 수 있지만, 불특정인들에게 모습을 드러내는 존재의 의도는 불분명하다고 보았던 것이다. 그래서 지드윅 부인은 출몰 유령의 경우에는 특정 장소가 물리적인 영향을 일으켜 목격자의 뇌에 환각을 일으키기도 한다는 가설을 제시했다.[7]

— 유령 체험을 설명하는 초심리학적 이론

유령 체험이 죽은 자의 영혼과 관계있다는 통념과 달리 영국 심령연구학회의 초창기 멤버 대부분은 그 현상을 초심리 이론으로 설명해야 한다고 생각했다. 실제로 유령 체험이 반드시 죽은 자와 관련되지는 않는다는 증거들이 존재했기 때문이다.

엘리너 지드윅을 비롯한 영국 심령연구학회의 창립 멤버들이 대거 참여하여 1886년 공동 저술한 《살아 있는 자의 환영Phantasms of the Living》에는 유령 목격에 대한 700여 사례가 채록되어 있는데, 여기에는 유령 체험의 경우 죽은 자가 아니라 위기 상황에 닥치거나 죽을 뻔했던 사람들을 보는 사례가 많다는 사실이 드러나 있다.[8]

이런 사실은 엘리너 지드윅이 실시한 유령 체험에 대한 통계조사에도 나타나는데, 유령 체험을 했다는 응답자들의 32%가 살아 있는 사람의 모습을 보았다고 주장하여 죽은 사람의 모습을 보았다는 14.3%보다 훨씬 많았다.

마이어스 등이 조사한 바에 따르면, 유령은 죽기 직전에 나타나는 경우가 압도적으로 많으며, 죽은 후 수일이 지나면 출현 빈도가 급격히 줄어들고 1년이 지나면 거의 나타나지 않는다. 마이어스는 임종하는 순간의 영혼이 유령으로 나타나는 현상은 죽음 때문이 아니라 죽음 직전의 코마나 섬망 상태에서 비롯된다.

루이자 라인의 조사결과에서도 이런 경향을 확인할 수 있는데, 그녀가 수집한 총 825건의 사례 중 죽은 후에 나타난 유령은 88건으로, 살아 있을 때 나타난 440건이나 죽어가는 상태에서 나타난 297건보다 훨씬 적었다.

그런데 나중에 그린Green과 맥크리McCreery가 조사한 결과에 의하면 수집된 사례 중 2/3가 죽은 사람의 유령을 본 경우였고, 오직 1/3만이 살아 있는 사람의 유령을 본 것이었다. 그러나 죽은 사람의 유령을 본 사례에서는 마이어스 등이 조사한 경우처럼 유령이 죽고 나서 1주일이 안 되었을 때 자주 나타나며, 시간이 경과할수록 출현 빈도가 급격히 줄어든다고 한다.[9]

영국 심령연구학회의 초기 멤버들은 살아 있는 사람들의 모습이 유령처럼 나타난다는 사실로부터 유령 체험이 사후에 생존해 있는 존재를 보는 현상이 아닌 위기 상황에 처한 사람과 연결되는 텔레파시에 의한 통신이라고 설명했다. 사람의 뇌는 죽음의 위기에 직면한 순간 최후의 생존 시도로서 멀리 떨어진 친지에게 마음으로 상황을 알릴 수 있다는 설명이다. 일반적으로 '위기 유령'이라고 불리는 이런 존재들은 죽음에 임박하거나 위기 상황에 처할 때 친한 사람들에게 텔레파시를 보내며, 텔레파시를 받아들이는 사람은 이를 정신적 환각의 형태로 체험하게 된다는 얘기다. 환각은 대응하는 외부로부터의 물리적 자극이 없음에도 그것이 실재한다고 인식하는 심리적 상태를 이른다.

이런 식으로 설명하면 유령은 어떤 물리적 실체가 아니라 환각에 불과한 것이 된다. 하지만 앞의 논의를 자세히 살펴보면, 매우 드물긴 하지만 죽은 지 시간이 꽤 흐른 후에 유령으로 나타나는 경우도 있다. 이런 경우는 어떻게 설명할 것인가? 코마 상태라고 해도 살아 있는 경우라면 텔레파시 이론으로 설명이 가능하겠지만, 이미 죽고 나서 상당한 시일이 경과한 후에는 텔레파시를 보낼 사람이 존재하지 않는 것 아닌가?

앞서 소개했듯 이미 죽어서 이 세상에 존재하지 않는 존재가 오랜 기간 지속적으로 나타나는 경우의 유령을 '출몰 유령'이나 '재현 유령'이라고 일컫는다. 대부분의 유령 체험은 사람이 죽고 난 후 그 출현 횟수가 급속도로 줄지만, 그렇지 않고 특정 장소와 관련하여 지속적으로 유령이 나타나는 경우가 바로 출몰 유령 사례다. 이 경우 그 장소는 대개 흉가이며, 유령이 나타난다는 소문이 나는 곳이다.

대표적인 예로 카를 융의 유령 체험이 있다. 1920년 융은 자신의 친구가 빌려준 영국의 한 시골집에서 일주일을 보낸 적이 있었다. 그런데 그가 그곳에 머무는 동안, 밤중에 간간이 무언가를 두드리는 소리가 나거나 액체가 떨어지는 것 같은 소리가 들려오고 집에서 악취가 진동하는 등 지속적으로 이상한 일이 발생했다. 그는 잠을 제대로 이룰 수가 없었다.

그 체험이 시작되는 순간, 융은 갑자기 몸이 무기력해지고 이마에 식은땀이 맺히는 것을 느꼈다고 한다. 이런 현상은 그의 침대에 놓인 여벌의 베개 위로 어떤 여성의 얼굴이 나타나면서 절정에 달했다. 융의 얼굴에서 불과 40cm밖에 떨어지지 않은 곳에 나타난 그 얼굴은 한쪽 눈만 뜨고 있었으며, 그 눈으로 융을 뚫어지게 노려보았다. 소스라치게 놀란 그는 다급히 촛불을 켰고, 그러자 그 무시무시한 유령은 사라졌다. 나중에 지역 사람들에게 들어보니, 이전에 그 집을 빌렸던 사람들도 하루나 이틀밖에 버티지 못하고 모두 허둥지둥 뛰쳐나갔다고 한다.[10]

이 같은 출몰 유령 현상을 초심리적으로 설명하기 위해 이른바 '출몰 유령의 사이코메트릭 이론(psychometric theory of haunting apparitions)'이 제안되었다. 이는 실제로 죽은 자의 영혼이 특정 장소에 작용하지 않고, 그 존재의 이미지만이 각인되어 그 장소에 남는다는 이야기다.[11]

일반적으로 '슈퍼 ESP 이론'이라고도 불리는 이 이론에 염력 또한 관련되어 있다는 주장도 있다.[12] 초감각 지각, 즉 ESP와 염력이 함께 발현되는 경향이 있다는 점은 3부에서 살펴보았다. 이 이론의 해석은 크게 두 가지로 나뉘는데, 하나는 심령적으로 깊이 각인될 만큼 끔찍한 사건이 발생했을 때 그 사건의 전말이 훗날 사람들의 심령에 의해 입수될 수 있는 형태의 정보로 일정 장소에 스며든 것이 유령이라는 주장이다. 가령 처녀귀신이 특정 장소에 계속 나타나는 까닭은 그곳에서 피살당한 처녀의 억울한 마음이 서려 있기 때문이라는 식의 설명이다.

환각으로 유령을 본 최초의 사람이 받은 충격과 공포감이 그 장소에 각인되었다가 해를 거듭할수록 메아리치듯 울려 퍼지면서 여러 사람에게 전달되는 과정에서 유령이 출몰하게 된다는 설명도 있다. 이러한 슈퍼 ESP 이론의 두 가지 해석이 가진 공통점은 유령을 죽은 자의 영혼에서 비롯되었다기보다 특별한 정보를 감지할 수 있거나 확대·재생산할 수 있는 인간 본연의 심령능력에서 비롯된 것으로 본다는 점이다.

— EVP, 유령의 소리를 체험하다

무형존재 이론이 되었건, 초심리 이론이 되었건 지금까지는 유령 체험이 주로 환각작용에 의한 현상이라는 주장을 소개해왔다.

하지만 유령 체험이 환각이 아니라는 증거를 찾는 연구자들도 있다. 그들은 거기에 어떤 물리적인 현상이 게재된다고 믿는다. 그들은 유령이 나타났을 때 들리는 특별한 소리가 존재한다고 주장한다. 연구자들은 이를 '전자음성 현상(EVP, Electronic Voice Phenomenon)'이라고 부른다. EVP는 보통의 청각으로 쉽게 알아들을 수 없는 유령의 음성을 전자장치로 녹음하는 것을 가리키기도 한다.

EVP는 1920년 과학 전문 월간지 〈사이언티픽 아메리칸〉에 발명왕 토마스 에디슨Thomas Edison에 관한 기사가 실리면서 처음으로 대중의 관심사가 된다. 발명왕 에디슨이 죽은 사람과의 대화에 사용할 수 있는 장치를 개발 중이라고 주장한 것이다. 그의 아이디어는 과학계로부터 철저히 무시당했으며, 에디슨 자신도 1931년 죽을 때까지 약속한 기계를 내놓지 못했다. 그런데 훗날 에디슨처럼 EVP 연구에 매달린 몇몇 사람이 나타났다. 그리고 아주 우연히도 에디슨이 그렇게 원했던 바로 그런 기회가 찾아왔다.

1960년대 중반 스웨덴의 가수이자 다큐멘터리 영화 제작자인 프리드리히 유르겐손Friedrich Jürgenson은 《우주로부터의 목소리Voices from the Universe》와 《죽은 자와의 무선 통신Radio Communications with the Dead》라는 책을 저술했다. 그가 이런 책을 저술하게 된 동기는 그가 제작 중이던 다큐멘터리에 배경음으로 쓸 새의 지저귐 소리를 녹음하다가 사람의 음성 같은 것이 함께 녹음되는 현상을 발견했기 때문이다.

처음에 그는 이런 잡음이 누군가가 실제로 떠드는 목소리가 우연히 녹음된 것이라고 생각했는데, 여러 차례 반복되는 녹음에서도 이런 목소리가 녹음되자 여기에 뭔가 다른 요인이 작용함을 알게 되었다. 그리고 그 음성을 자세히 들어보니 누군가의 잡담이 아니라 유르겐손 자신에게 직접 대화를 거는 투라는 느낌을 받았는데, 특히 그 음성이 자신의 애칭을 부르며 가족 중에서 죽은 사람들의 이름도 간간이 언급한다는 사실을 깨달았다. 유르겐손은 8개 국어를 구사할 수 있었는데, 그가 분석해보니 그 음성은 독일어와 이탈리아어, 헝가리어, 스웨덴어로 이야기하고 있었으며 이는 분명 죽은 친지들이 자신에게 말을 걸어오고 있는 것이었다.

그래서 그는 이 사실을 스웨덴 심령연구학회에 보고했지만 별다른 주목은 받지 못했다. 다소 의기소침해진 유르겐손은 자신의 경험을 책으로 남겨야겠다고 결심하고 앞에서 언급된 두 책을 썼던 것이다. 그런데 이 책들에 주목한 철학자가 있었으니 그는 라트비아 출신의 콘스탄틴 라우디브Konstantin Raudive였다.

그는 유르겐손의 실험을 자신도 직접 해본 후 유령의 음성이 녹음되는 것이 사실이라고 확신했다. 그는 특히 2만 5,000개가량의 단어를 상당히 정확하게 발음하는 음성을 녹취하는 데 성공하여 그 결과를 토대로 1968년 《돌파구Breakthrough》라는 책을 썼다.[13] 그는 자신의 성공적인 실험결과를 발표하기 위해 여러 전문가를 초대해 청문회를 열었다. 패널로는 당시 그 지역에서 명망이 있는 과학자와 초심리학자들이 초대되었다. 독일 프라이베르크 대학의 한스 벤더 교수, 율레 아이젠버드Jule Eisenbud, 월터 어포프Walter Uphoff 교수 등이 그들이었는데, 그들 대부분은 그 목소리가 실제로 특정한 단어를 발음하고 있다는 사실을 인정했다.[14]

라우디브는 그 목소리의 주인공이 자신의 죽은 어머니라고 판단했다. 그 음성이 그녀의 고향인 라트비아의 한 지역 방언을 사용하고 있었으며, 말하는 내용을 들어보아도 그것이 라우디브 어머니의 목소리라는 사실을 알 수 있었기 때문이다. 예컨대 그 목소리에는 "네 엄마… 엄마가 여기 있다. 엄마가 너와 함께 한다. 엄마가 방 안에 있다."는 식의 메시지가 담겨 있었다. 더욱 놀라운 사실은 라우디브가 어떤 질문을 하면 그 목소리가 응답을 했다는 점이다!

나중에 라우디브는 유르겐손과 함께 전자음성 현상에 대해 연구하게 되는데, 비록 이 현상을 최초로 발견한 사람은 유르겐손이지만 연구 내용면에서는 라우디브가 훨씬 구체적이고 뛰어났던 것 같다. 유르겐손은 이에 대해 "나는 라우디브가 녹음한 내용에서 그의 질문에 대한 일관된 내용을 담은 응답을 확인했으며, 이는 마치 영계와 전화가 연결된 것과 같은 현상이다."라고 놀라움을 표시하며 다음과 같이 말했다. "그 음성은 '죽은 자들'의 목소리가 틀림없으며, 그럼에도 그들은 항상 살아 있음을 강조한다. 그들은 죽음 후의 삶을 살고 있다는 것이다. 내가 최대의 신념과 확실성을 갖고 단언하건대 이 메시지들은 의심할 여지 없이 '죽은 자들'로부터 오는 것이다.[15]

그러나 유르겐손이 이렇게까지 확신을 가졌음에도 메시지 안에는 어딘지 이해가 되지 않는 내용들이 섞여 있었다. 예를 들어 라우디브의 죽은 어머니는 '두통'이라든가 '아프다'라는 표현을 사용했는데, 어떻게 육체를 벗어난 영혼이 두통이나 아픔을 겪을 수 있을까? 생전에 육체가 고통 받을 때 영혼이 받은 상처가 각인되어 있어 실제로 육체적 고통이 수반되지 않더라도 그 기억이 그대로 재현된다고 설명해야 할까? 하긴, 실제로 이런 메커니즘이 가능해야 지옥 불에 떨어진 범죄자들의 영혼도 뜨거운 맛을 보게 되겠지만.

— 유령의 음성은 염력이 내는 소리일 뿐인가?

물론 전자음성 현상을 '죽은 자의 행위'로 보지 않는 연구자도 있었다. 라우디브의 청문회에 패널로 참여했던 프라이베르크 대학 심리학과 교수 한스 벤더가 대표적인 예다. 그는 당시 대학에서 심리학과 초심리학을 가르치고 있었는데, 그는 심층심리학의 전문가로 카를 융과 긴밀히 교류했으며 특히 초심리학 분야에서 융의 두터운 신임을 받았다.

벤더는 대학의 기술자와 과학자들로 구성된 팀을 이끌고 유르겐손과 함께 그의 비정상적인 음성 녹음 현상을 재현하는 실험을 했다. 그들은 여러 장소에서 다양한 녹음기를 사용하여 녹음을 시도했으며, 가능한 한 일상적인 잡음이 끼어들지 않도록 녹음기기에 최대한 짧은 선을 연결하고 등방위 마이크로폰(unidirectional microphone)을 사용했다. 심지어 오실로스코프와 전자기파 측정 장비까지 동원했는데, 녹음이 진행되는 동안 외부에서 잡신호가 들어가는지 여부를 확인하기 위해서였다. 이렇게 벤더의 지휘 하에 철저히 통제된 상황에서 녹음을 실시한 결과, 여전히 인간의 음성 같은 것이 녹음된다는 사실을 확인했다. 그렇다면 이런 비정상적 음성에 대한 벤더의 견해는 무엇이었을까?

그는 비록 그 음성을 초정상적인 것으로 보았지만, 이를 죽은 자의 영혼으로부터 기인된 것이 아닌 유르겐손의 무의식적 염력 자질에 의한 현상으로 해석했다. 즉 유르겐손의 무의식에 각인된 메시지가 녹음테이프에 음성으로 녹음된다는 얘기다. 그가 '정신-역학적 자동작용(psycho-mechanic automatism)'이라고 명명한 메커니즘에 따르면 인간의 무의식은 ESP와 자발적 염력의 조합에 의해 음성으로 구현될 수 있다.

이에 대해 데이비드 폰타나는 자신의 저서 《사후의 삶이 존재하는가?Is there an afterlife?》에서 '만일 벤더가 유르겐손이나 라우디브에게 염력적인 자질이 있다고 믿었다면 왜 라인 박사가 듀크 대학 실험실에서 염력의 실체를 규명하기 위해 행했던 것과 같은 체계적인 실험을 하지 않았는가'라며 의문을 제기했다.[16] 잠시 후 폴터가이스트와 관련된 그의 활약에 대해서도 소개하겠지만, 사실 벤더는 실험실에서 이루어지는 초심리 실험보다는 자발적으로 발생하는 현상들에 더 관심을 갖고 있었다. 실제로 카를 융도 이런 자발적 초심리 현상에 훨씬 큰 관심을 가졌으며, 라인 교수에게 쓴 한 편지에서 벤더의 접근 방법을 더욱 신뢰하는 것처럼 이야기한 적이 있다.[17]

— 사진기에 포착된 레인험 홀의 유령

영국 노퍽 주에 소재한 레인험 홀Raynham Hall이라는 저택에서 찍힌 사진은 고전적인 유령 사진의 대표적인 예로 꼽힌다. 이 저택에는 18세기 중반부터 진홍색 드레스를 입은 여자 유령이 자주 출몰한다는 소문이 전해오고 있다. 연구자들은 이곳에 출몰하는 여자 유령이 저택의 안주인으로 살다가 1726년에 사망한 도로시 타운센드Dorothy Townsend라고 믿는다. 그 안주인이 생전에 진홍색 계통의 옷에 집착했기 때문이다.

도로시는 영국 최초로 수상이 된 로버트 월폴Robert Walpole 경의 여동생으로, 그녀의 아버지가 후견인이었던 찰스 타운센드Charles Townshend의 두 번째 아내가 되었다. 타운센드 가는 영국의 유력한 정치 가문으로, 찰스는 로버트 월폴과 함께 당시 국왕 조지 1세George I의 총애를 받았으며 영국 북부의 책임자가 되기도 했다. 도로시에 대해서는 여러 가지 설이 많은데, 찰스가 첫 부인과 사별한 후 그의 두 번째 부인이 되기 전까지 다른 귀족의 정부情婦로 지내는 처녀였다는 얘기도 있다.

어쨌든 그녀의 결혼 생활은 순탄치 못했으며, 죽기 몇 년 전부터는 레인험 홀에 가택연금된 상태였다고 한다. 결국 그녀는 비극적으로 삶을 마감했는데, 그 후 이 저택에서 그녀의 유령을 목격했다는 사람들이 나타나기 시작했다.

그중 가장 유명한 일화는 조지 4세에 관한 것이다. 이 저택에 머물던 황태자 시절 어느 날 밤, 그는 머리가 온통 헝클어지고 얼굴이 창백한 작은 여인이 암적색 드레스를 걸친 채 그가 자고 있는 침대 옆에 서 있는 모습을 보았고, 너무 놀란 나머지 즉시 그 저택을 떠났다고 한다.

또 다른 예로는 1849년 레인험 홀의 대규모 파티를 담당했던 사람 중 한 명인 루시아 스톤Lucia Stone과 찰스 타운센드의 친척인 로프투스Loftus 소령의 일화를 들 수 있다. 그들은 밤늦게까지 체스를 두다가 그만 자기 위해 침실로 가던 도중, 암적색 드레스를 입은 여인이 거실에 나와 있는 것을 목격했다. 그들 중 한 명이 그날 파티에 참석한 손님이라고 생각하고 그녀에게 말을 걸었지만 그녀는 곧 사라져버렸다.

대담한 성격을 지닌 루시아는 그녀와 이야기를 해봐야겠다고 생각하며 다음날 밤늦게까지 잠들지 않고 그녀가 출현하길 기다렸다. 그녀는 기대에 부응하듯 또다시 루시아의 앞에 나타났는데, 이번에는 그녀를 좀 더 긴 시간 동안 자세히 관찰할 수 있었다. 여전히 그녀는 화려한 양단으로 장식된 암적색 드레스를 입고 있었는데, 으스스하게도 두 눈이 있어야 할 자리에 검은 구멍만이 뚫려 있었다고 한다.

레인험 홀에 나타난 유령

만일 이 정도의 전설적인 얘기만 떠돌았다면 레인험 홀의 유령도 앞서 언급한 출몰 유령의 고전적 사례와 별로 다르지 않았을 것이다. 그리고 그것이 목격자들의 환각 정도로 치부될 수도 있었을 것이다. 그러나 실제로 이 장소에서 유령이 사진에 찍힌 일이 있다.

1936년, 지역 잡지사 〈컨트리 라이프Country Life〉 지 기자 캡틴 프로반드Captain Provand와 인드라 쉬라Indra Shira는 레인험 홀을 취재하면서 이곳저곳에서 사진을 촬영하고 있었다. 그러던 중 계단 아래로 내려가던 도로시 타운센드의 유령을 발견하고 촬영에 성공했다. 사실 이 사진을 찍을 때 프로반드는 그 유령을 보지 못했다. 조수인 쉬라가 계단 쪽에 뭔가 있다고 해서 얼떨결에 셔터를 누른 것이다.

프로반드는 자신이 아무것도 보지 못했기 때문에 조수가 상상 속에서 뭔가를 봤을 뿐이라고 생각했지만, 조수는 반투명한 존재가 분명히 있는 것을 두 눈으로 똑똑히 봤다고 주장했다. 나중에 네거티브 필름을 확인해보니 역시 불분명한 형체가 계단에 서 있음이 확실해졌다. 그들은 즉시 이 네거티브 필름을 화학자 벤자민 론스Benjamine Lones에게 가지고 가서 그 필름을 조사해보고 어떤 조작도 가해지지 않았음을 증언해달라고 부탁했다. 후에 많은 전문가들이 이 필름을 검사해보았고, 그것이 어떤 식으로도 조작되지 않았다고 결론지었다. 이 사진은 유령을 찍은 가장 고전적인 사진으로 꼽히며, 유령의 존재를 주장하는 수많은 책에도

여러 차례 실렸다.[18]

오늘날에는 사진을 매우 정교하게 수정하거나 합성할 수 있어 진위를 판별하기가 매우 까다롭다. 결국 오래된 사진일수록 진짜일 가능성이 높다. 당시의 기술 수준으로 미루어 볼 때 레인험 홀 유령 사진을 조작할 수 있는 유일한 방법은 이중노출인데, 이는 필름이 여러 프레임으로 구성되어야 가능한 일이다. 이 사진은 당시 전문가들의 철저한 검증을 거쳐 진짜로 판정받았기 때문에 함부로 조작되었다고 말하기 어렵다.

이 사진이 찍힐 때의 에피소드를 보면 유령 목격에 대한 몇 가지 의문이 든다. 쉬라의 눈에는 포착된 유령의 모습이 프로반드의 눈에 보이지 않았다는 사실은 두 사람의 시각적 감수성이 서로 다름을 의미하는 것일까? 또 이런 형체가 사진에 찍혔다는 것은 유령의 모습을 보는 데 눈보다 사진기가 민감하다는 뜻일까? 그런데 실제로 유령 사진을 찍었다는 얘기 중에는 사람의 눈에 띄지 않았는데 나중에 필름을 인화해보니 유령이 찍혔다는 식의 에피소드가 많다.

CCTV에 촬영된 유령

영국 국왕 헨리 8세는 여러 명의 왕비를 교수대에 보낸 것으로 유명하다. 런던 근교에 한때 그가 머물던 햄프턴Hampton 궁전이 있는데, 이곳은 그의 5번째 왕비 캐서린 하워드Catherine Howard의 유령이 출몰한다고 널리 알려진 곳이다. 그녀는 부정을 저질렀다고 헨리 8세로부터 의심을 받아 자신의 방에 구금되어 있었다. 죽음이 임박했다는 사실을 깨달은 그녀는 자신의 방을 빠져나와 예배당에 있는 왕을 만나 마지막 선처를 부탁하려고 하다가 붙잡혀서 결국 참수형을 당했다고 한다.

그런데 그녀의 유령이 자주 목격된 곳은 이른바 '악령이 출몰하는 갤러리(Haunted Gallery)'라 불리는 곳으로, 당시 캐서린이 구금되어 있던 방과 예배당의 중간쯤에 위치한다. 유령이 출몰하는 다른 장소와 마찬가지로 이곳도 무성한 소문이 나도는 관광명소다. 하지만 소문은 소문일 뿐, 정말로 유령이 나타난다는 증거는 찾아볼 수 없었다. 2003년이 되기 전까지는.[19]

2003년 햄프턴 궁에 설치된 여러 대의 감시 카메라 중 한 대에 망토를 걸치고 두건을 쓴 존재가 포착되면서 한바탕 유령소동이 벌어졌다. 그 존재가 캐서린 하워드의 유령이라는 주장이 곧 제기되었는데, 그녀가 살던 시대엔 귀부인들이 외출할 때 자신의 신분을 감추기 위해 망토와 두건을 착용했기 때문이다.

이 장면은 악령이 출몰하는 갤러리 근처에 설치된 화재경보기가 오작동한 후 주변 감시 카메라의 비디오테이프를 조사하던 중에 발견되었다. 영상에는 안쪽에서 어떤 이가 출구를 세차게 열었다가 다시 닫는 장면이 찍혀 있었다. 그전에도 화재경보기의 오동작이 2차례 더 있었고, 그때마다 문이 여닫히는 현상이 비디오에 포착되었지만 그 2번의 경우에는 어떤 존재도 화면에 등장하지 않았다. 오직 3번째 영상에만 이 존재의 모습이 나타난 것이다.

경비원 제임스 파욱스James Faukes는 BBC 방송과의 인터뷰에서 그 사건은 정말 믿을 수 없을 만큼 기괴하다고 하면서 그 이유가 비디오에 포착된 존재가 사람 같아 보이지 않기 때문이라고 설명했다. BBC 뉴스에 따르면, 오스트레일리아에서 온 관광객 한 명도 같은 날 같은 곳에서 그 유령을 목격했다고 방명록에 기록했다.[20]

햄프턴 궁의 한 관계자는 관광 가이드들이 비디오 화면에 나오는 의상을 소유하고 있지 않으며, 문제의 장소에는 아예 출입이 허용되지 않는다고 언론에 밝혔다. 이 사건은 심령론자들과 비판자들 사이에 격렬한 논쟁을 불러일으켰고, 그 진위는 아직도 밝혀지지 않고 있다. 여기서 중요한 점은 거의 동일한 사건이 3번 일어났는데 그중 두 번은 문이 저절로 열리고 닫혔다는 사실이다. 3번째 비디오에서는 그런 일을 어떤 존재가 행했다는 사실이 드러난다. 즉 사건의 일관성 측면에서 본다면 그 존재는 2번은 모습이 전혀 보이지 않도록 행동하고, 마지막 1번은 자신의 정체를 알리기 위해 모습을 드러냈다고 볼 수 있다.[21]

이는 매우 지능적인 행위다. 누군가가 아주 정교한 계획을 짜서 화재경보기를 오작동하게 하고, 동시에 문이 저절로 여닫히는 것처럼 보이게 하는 동작을 2번 반복하고 나서 마지막으로 1번 더 반복할 때는 자신이 직접 출현했던 것일까? 만일 그렇다면 감시 카메라가 작동하고 있는 상황에서 왜 그렇게 어려운 작업을 수행했으며, 누가 그런 일을 감쪽같이 해낼 수 있었을까?

햄프턴 궁 사건은 상식적으로 조작되었다고 보기 어렵지만, 별의별 해괴한 짓을 다하는 괴짜들이 있는 것도 사실이고 보면 이 사건을 유령의 존재에 대한 확실한 증거로 보기도 어렵다. 내가 그렇다는 것이 아니라 현재의 주류 과학적 입장에 위반되는 모든 사항을 무조건 의심할 수밖에 없는, 주류 과학을 신봉하는 과학적 비평가들의 입장에서는 뭔가 합리적인 설명이 존재해야 한다는 얘기다. 그리고 햄프턴에서의 귀신이 곡할 사건에 분명 어떤 음모가 도사릴지도 모른다고 일단 추정해야 할 것이다. 음모론이 나왔으니 말인데, 이 사건은 어쩌면 햄프턴 궁을 세계 최대의 관광명소로 만들려는 영국 왕실의 음모일지도 모르겠다. 독자 여러분도 http://goo.gl/M9Rz5에서 영상을 확인하고 진위를 판별해보기 바란다.

— 뮤직비디오에 깜짝 출연한 흰 소복의 여인

1997년 봄, 우리나라의 대표적인 발라드 가수 이승환은 차은택 감독의 연출로 자신의 5집 앨범 수록곡 '애원'의 뮤직비디오를 촬영하고 있었다. 그 뮤직비디오에 전동차가 플랫폼으로 진입하는 장면이 필요해서 촬영팀은 지하철 5호선 광나루역에서 그 장면을 촬영하기로 했다. 그런데 촬영을 마치고 편집을 위해 비디오를 검토하던 중 이상한 점이 발견되었다. 전동차 앞쪽 운전실의 조종사 옆에 머리를 산발하고 소복을 입은 음산한 얼굴의 여성이 서 있는 것이었다.

이 사실이 외부에 공개되면서 그해 4월 초 큰 소동이 벌어졌다. 주요 언론사들은 이전부터 음반이나 영화를 제작할 때 귀신을 목격하면 소위 '대박'이 난다는 속설이 있어왔기 때문에 제작진이 뮤직비디오를 조작한 게 아니냐며 의심성 기사를 내보냈고, 그 후 사건은 일파만파로 번져 귀신의 실체에 대한 논란이 분분해졌다. 제작진은 급기야 지하철 관계자들로부터 사건의 원만한 마무리를 위해 비디오가 조작됐다고 고백하라는 강요까지 받게 되었다.

이후 차은택 감독이나 이승환은 비디오가 조작됐다고 고백한 적이 없다. 하지만 언론은 뮤직비디오 관계자의 코멘트를 인용해 제작사 측에서 귀신 사진이 합성·조작된 것이라고 밝혔다는 보도를 내보냈다. 사태가 심각해지자 차 감독과 이승환은 원본 비디오 필름이 컴퓨터로 합성·조작되었는지 여부를 공개적으로 검증하기 위해 40여 곳의 언론사 기자들을 초청했다. 그러나 이미 비디오가 조작되었다고 공표된 것처럼 흘러가는 상황에서 그 자리에 참석한 기자는 단 2명밖에 없었다.

이승환은 2007년 11월 28일 방영된 MBC '황금어장 라디오스타'에 출연하여 '노이즈 마케팅이 아니냐'는 MC들의 질문에 "당시엔 그런 합성기술도 없었고, 그 사건은 살면서 가장 억울했던 일이었다."라고 항변했다.

또 그는 2011년 5월 20일 방송된 케이블 TV MBC 드라마넷 '미인도'에서도 귀신소동 문제를 언급하며 이 때문에 한동안 방송활동을 중단했다고 말했다. 그는 이 방송에서 "대중의 싸늘한 반응에 충격을 받고 방송활동에 회의를 느꼈다."며 결국 활동중단에 이르렀음을 털어놓았다. 그리고 "귀신소동이 있으면 음반이 잘된다는 이야기가 나에게는 전혀 통하지 않았으며 오히려 그 당시 사람들의 오해의 시선 때문에 은둔생활을 하게 됐다."고 밝혔다.[22]

실제로 그는 6집 앨범에 '귀신소동'에 대한 자신의 심경을 표현한 곡 '귀신소동'을 실었는데 그 가사의 일부는 다음과 같다. '철벽소신 앞세워 아니라는 날 몰아세우며 살아가면서/지워지잖는 커다란 흠집이 난 거야/못 볼 걸 보고야 말았거든/곱씹을수록 억울해'[23]

이 사건은 1997년 5월 SBS '토요미스테리극장' 3회에서도 '지하철 유령은 누구인가?'라는 제목으로 다루어졌는데, 이 방송은 그 유령의 정체를 연정에 얽힌 사건으로 1960년 광나루에서 죽은 김학자라는 여인이라는 식으로 몰고 갔다.

사건이 일어난 지 이제 15년이 다 되어 가는데도 이승환이 여러 차례 방송에서 이 얘기를 꺼내는 걸 보면 그 사건 때문에 그가 매우 큰 곤욕을 치렀다는 사실을 알 수 있다. 정말 그 비디오테이프는 조작된 것일까?

그 영상이 100% 진짜라고 확신하긴 어렵다 하더라도, 햄프턴 궁의 유령 비디오와 비교해보면 이승환의 비디오가 진짜일 가능성이 훨씬 높아 보인다. 햄프턴 궁의 유령은 단독으로 출현했기 때문에 회의론자들이 주장하듯 누군가가 망토를 뒤집어쓰고 연출한 장면일 가능성이 분명 존재하며, 그렇지 않다 하더라도 2003년 당시의 기술로 이런 영상을 합성하기는 그리 어렵지 않다. 관광산업의 성패를 걸고 영국 정보기관의 정예 첩보원들이 총동원된 '미션 임파서블 작전'이었다면 말이다.

하지만 이승환의 뮤직비디오는 움직이는 전동차 운전실의 조종사 바로 옆에 서 있는 산발한 여인의 모습이 찍힌 것으로, 만일 누군가가 의도적으로 그런 장면을 연출하려고 했다면 도시철도공사와 사전에 얘기를 끝마쳤어야 한다. 그런데 도시철도공사가 이런 무리한 연출을 해서 무슨 이득을 얻겠는가? 그렇지 않아도 전동차에 뛰어들어 자살하는 사람이 많아 고민인데, 이런 연출은 도시철도공사의 이미지에 먹칠을 할 뿐 그들에게 아무런 득도 가져다주지 않을 것이다. 실제로 문제의 뮤직비디오가 언론에 공개된 후 이를 조작으로 몰고 가는 데 가장 열심이었던 곳이 바로 도시철도공사였다.

또 비디오테이프가 조작된 것이라면 당시의 그래픽 기술 수준을 짚고 넘어가야 한다. 한국 영화에서 본격적으로 CG가 사용된 것은 1994년 고소영과 정우성이 주연한 영화 '구미호'다. 이 영화에서 고소영이 구미호로 변신하는 장면에 사용된 CG에는 현재보다 훨씬 큰 제작비가 소요되었다. 문제의 뮤직비디오를 보면 움직이는 전동차 운전실에 여자 유령이 함께 타고 있는데, 이처럼 동영상에 가공의 인물을 삽입하려면 매 프레임에 모두 CG를 사용해 유령을 합성해야 한다. 하지만 여기에 드는 비용은 당시로서는 결코 적지 않은 것이다. 누군가가 '대박'이 터지기를 바라며 뮤직비디오에 유령을 삽입할 생각이었으면 이렇게까지 힘들이지 않고 지하철역 플랫폼 한구석에 정지해 있는 유령을 삽입하는 것이 합리적일 것이다. 이런 이유로 나는 그 비디오가 진짜라고 믿는다.

그렇다면 이런 물질적 토대를 가진 유령은 죽음 후의 세계에 영혼이 존재한다는 증거가 될 수 있을까? 앞서 초능력에 대해 언급하면서 인간의 염력으로 물질화가 가능하다는 주장을 소개했다. 만일 그렇다면, 인간이 염력으로 유령의 형체를 만들어내는 일도 가능하지 않을까? 실제로 그런 능력을 가진 존재가 있으니, 물리적 영매라 불리는 이들이 바로 그들이다.

폴터가이스트, 보이지 않는 누군가가 우리와 함께 살고 있다

—— 10월에 접어들면서 사무실의 조명에 이상이 생기기 시작했다. 조명기구가 저절로 흔들리거나 스위치를 건드리지 않아도 불빛이 점멸하고, 심지어 전구가 폭발하기까지 했다. 복사기는 작동을 시키지도 않았는데 누전이 일어났다. 달력의 종이가 저절로 찢겨나가고 액자에 걸린 그림이 뒤틀어지며, 180kg이나 되는 캐비닛이 수m나 미끄러지는 등 전기와 상관없는 기괴한 일도 자꾸 벌어졌다.

— 독일 로젠하임의 소리정령이 출몰하는 사무실

악령이 들렸다고 믿어지는 흉가에 얽힌 으스스한 이야기는 동서고금을 막론하고 전해 내려온다. 그런데 그런 집과 관련해 나타나는 현상에는 조금씩 다른 면이 있다. 햄프턴 궁의 사례처럼 유령이 출몰하는 집이 있는가 하면, 시각적 체험 대신 집 안에서 이상한 소리가 주기적으로 들린다거나 집기가 저절로 움직이는 현상이 보고되기도 한다. 이는 상당히 물리적인 현상으로, 여태껏 정확한 원인이 밝혀지지 않은 채 독일에서 오래전부터 사용되어온 '폴터가이스트(poltergeist, 소리정령)'라는 표현만이 그대로 쓰이고 있다.

1967년, 폴터가이스트 현상의 대표적인 사례가 독일 남부 바이에른Bayern 주에 위치한 작은 마을 로젠하임Rosenheim에서 발생했다. 변호사 지그문트 아담Sigmund Adam은 그해 여름부터 자신의 법률사무소에 이상한 일들이 연속적으로 일어나는 바람에 패닉에 빠졌다. 4대의 전화기가 계속해서 울려댔지만 정작 그가 수화기를 들었을 때는 아무도 응답하지 않았던 것이다. 그는 전화기에 문제가 있다고 생각하고 4대를 모두 교체했으나 응답 없는 전화는 계속해서 걸려왔다. 아담은 지역 전화국에 도움을 청했고, 기술자가 와서 사무실로 들어오는 전화선을 조사했지만 아무런 이상을 발견할 수 없었다.

그러던 중 아담은 전화국에서 날아온 요금 청구서를 받고 까무러칠 뻔했다. 그의 사무실에서 누군가가 정확한 시간을 알려주는 서비스에 수천 통의 전화를 걸었다며 요금을 내라는 것이었다. 횟수를 따져보니 분당 6번꼴로 누군가가 그의 사무실에서 유료 서비스를 신청한 셈이었다. 그런데 이 서비스는 상대방이 전화를 받지 않으면 요금이 청구되지 않는 것으로, 누군가가 터무니없는 장난을 하는 것도 이상했지만 그에 해당하는 서비스가 매번 초고속으로 이루어졌다는 것도 황당한 일이었다. 그는 곧바로 자신의 통제 하에서만 전화를 사용할 수 있도록 조치하고, 전화국에 요청해서 바깥으로 나가는 통화 수를 측정하는 기계를 설치했다. 그 후 5주 동안 그는 무려 600여 통의 전화가 시간을 알려주는 서비스로 연결되는 것을 확인했다. 물론 사무실에 있는 어느 누구도 그런 전화 서비스를 이용한 적은 없었다.

10월에 접어들면서는 그 사무실의 조명에 이상이 생기기 시작했다. 조명기구가 저절로 흔들리거나 스위치를 건드리지 않아도 불빛이 점멸을 거듭하고, 심지어는 전구가 폭발하기까지 했다. 또 복사기는 작동을 시키지도 않았는데 누전이 일어났다. 아담은 전력회사에 연락해서 사무실의 전선에 이상이 있는지 확인했지만 아무 이상도 발견되지 않았다. 전력회사는 사무실로 들어오는 전선에 전압계를 달아서 외부에서 들어오는 전기에 어떤 문제가 있는지 확인하려고 했다. 그러자 때때로 퓨즈를 녹여버리고도 남을 만큼의 전력이 사무실에 유입됨을 발견했다. 하지만 이상하게도 두꺼비집의 퓨즈는 전혀 녹아내리지 않았다. 이는 전력이 두꺼비집을 기준으로 외부에서 흘러들어온 것이 아니라 내부에서 갑자기 흐른 것을 의미했다. 도대체 어떻게 이런 일이 가능하단 말인가? 로젠하임의 공공시설 담당 기술자인 폴 브루너Paul Bruner가 이 사건을 면밀히 조사했지만 끝내 그 이유를 알 수 없었다.[24]

그런데 이 사무실에서 일어난 소동은 단지 조명기구나 전화기, 또는 복사기처럼 전기공급에 관한 시스템에 국한된 것이 아니었다. 달력의 종이가 저절로 찢겨나가고 액자에 걸려 있는 그림이 뒤틀어지며, 서랍장이 스스로 여닫히고 중량이 180kg이나 되는 오크나무 캐비닛이 수m나 미끄러지는 등 전기와 아무 상관없는 기괴한 일도 자꾸 벌어졌다. 이 사건이 소문을 타고 퍼지면서 경찰과 과학자들도 면밀한 조사에 착수하게 되었다.

그 와중에 알란Allan이라는 마술사는 이런 일련의 현상에서 조작을 발견했다고 주장했다. 그는 《가짜 유령Falsche Geister-echte Schwindler》이라는 책에 로젠하임의 변호사 사무실에서 일어난 소동 모두가 조작된 것이라고 썼다. 하지만 정부관료, 과학기술자와 경찰들이 지켜보는 가운데 이 모든 것을 조작하는 일은 불가능했다. 실제로 이 현상을 입회한 경찰들은 눈앞에서 일어나는 모든 일을 자세히 기록하고 거기에 서명까지 했다. 더군다나 여기에 조작이 가해졌다면 그 중심에는 당연히 변호사인 아담이 있어야 했다. 그렇다면 결국 모든 소동이 아담의 주도 하에 용의 주도하게 기획되었다는 말이 된다. 바로 이 점이 알란이 책에서 결론지은 부분이었다. 변호사 아담은 그 책을 펴낸 출판사를 법원에 고소하여 그 책을 더 이상 팔 수 없도록 조치할 것을 요청했고, 결국 그 책의 서점 배포는 중단되었다. 이로써 로젠하임 사건이 최소한 법적으로는 사무실 사람들의 조직적인 조작극이 아니었음이 확인되었다.

— 물리학적으로 파헤쳐보는 로젠하임 사건

이 사건이 언론을 통해 소문나자 막스 플랑크Max Planck 연구소의 두 물리학자 프리드베르트 카르거Friedbert Karger와 거하드 지카Gerhard Zicha가 흥미를 가지고 조사에 나섰다. 카르거는 1967년 박사학위를 받은 플라즈마 물리학자로 그해 막스 플랑크 연구소에 합류했다. 그는 1980년부터 2004년 은퇴하기까지 막스 플랑크 연구소의 거대 핵융합 시설인 토카막 ASDEX(Tokamak ASDEX), 스텔라레이터 W7-AS(Stellarator W7-AS) 등의 책임자를 맡은 실험 물리의 대가였다.

■ 유리 겔러(왼쪽)와 대화를 나누는 프리드베르트 카르거(오른쪽)

그는 이처럼 상당한 성공을 거둔 현역 물리학자였지만, 다른 한편으로 주류 과학 이외의 경계적 학문에 대한 탐구도 계속 이어왔다. 그가 로젠하임 사건에 관심을 갖게 된 것은 말하자면 이런 미지의 영역에 대한 탐구심에서였다.

카르거와 지카는 먼저 역전류 검출관(storage oscilloscope)을 설치해놓고 조작을 포함한 모든 물리적 원인을 하나하나 검사하기 시작했다. 또한 외부로부터의 전원을 차단하고 성능이 좋은 자가 발전기를 돌려 사무실에 전원을 공급했다. 하지만 여전히 전기장치의 급격한 전류 변화와 액자나 물건의 요동 현상이 발견되었다. 그 결과 그들은 다음과 같은 결론에 도달했다.

첫째, 실험 물리에 쓰이는 장비로 측정해보니 이 사건은 이론 물리로 설명할 수 있는 한도를 벗어나 있다.

둘째, 이 사건은 짧은 시간 동안 작용하는 비주기적인 힘의 결과로 발생하는 듯하다.

셋째, 이 사건에는 전기동역학적인 효과뿐 아니라 기계적으로 유도된 힘도 작용하는 것 같다.

넷째, 폭발 현상이 관찰될 뿐 아니라 물체들의 매우 복잡한 운동도 게재되어 있다.

다섯째, 이런 운동은 정체를 밝혀내기 어려운 지능적으로 조종되는 힘들에 의해 수행되는 것 같다.

그들은 사건의 원인을 규명하기 위해 노력했으나 현대 물리학으로는 이 사건을 도저히 설명할 수 없다는 사실을 깨달았고, 카르거의 세계관은 이 사건을 계기로 완전히 바뀌어버렸다고 한다.[25]

그렇다면 이 사건이 조작된 사기극일 가능성은 전혀 없는 것일까? 최소한 이 사건이 100% 조작에 의해서만 일어나지는 않았다는 증거가 있다. 분당 6차례나 걸린 유료 시간 서비스 통화가 그것이다. 1967년 당시의 기계식 전화기로는 이런 속도로 전화를 걸 수 없었다. 몇몇 과학자들은 이처럼 조작의 증거를 찾을 수 없는 모든 폴터가이스트 현상을 정전기나 전자기장, 고주파, 저주파 또는 전리된 대기로 설명할 수 있다고 주장한다. 매우 드문 일이긴 하지만 전화기나 복사기, 전등과 같이 전기로 구동되는 장치가 자연적으로 형성된 이런 것들의 영향을 받으면 얼마든지 오동작이 일어날 수 있고, 그 에너지가 특별히 높은 상태라면 전구의 폭발도 가능하다는 것이다.

그렇다면 물건들이 저절로 움직이는 현상은 어떻게 설명할 수 있을까? 존 허치슨John Hutchison은 실험실 안에서 전자기장을 이용해 폴터가이스트 현상에서 볼 수 있는 공중부양 효과를 재현해냈다고 주장한다. 그가 발견한 이른바 '허치슨 효과'는 테슬라 코일을 포함한 전기력 장치에 의해 나타나는데, 이 장치가 전자기적 영향을 일으켜 금속이나 비금속으로 된 무거운 물체를 공중부양시킬 수 있으며 이런 장치를 이용하면 금속이 순간적으로 부러지거나 결정구조가 바뀐다고 한다.[26]

또 미국의 물리화학자 데이비드 터너David Turner는 폴터가이스트 현상과 구전 현상이 서로 연관되어 있다고 생각한다. 그는 수십 년간 구전 현상을 연구하고서 그것이 폴터가이스트 현상에서 볼 수 있는 이상한 일들을 설명해준다고 주장한다.[27]

하지만 로젠하임 사건의 경우 문제의 사무실 외부로부터 어떤 전자기적 영향도 가해지지 않도록 외부로부터의 전원공급을 끊고 대단히 신뢰성이 좋은 자가 발전시설로 전원을 공급했는데도 여전히 문제가 발생했다. 이런 상황에서도 존 허치슨이나 데이비드 터너가 말하는 효과가 작용했다면, 누군가가 그 집에 허치슨 효과를 일으키는 '허치슨 기계'를 설치했거나 지속적으로 구전을 일으키는 실험실이라도 차렸어야 한다.

그런데 허치슨이 실험실에 꾸며놓은 허치슨 기계는 구성이 복잡하고 정교한 장치로 1967년에는 존재하지도 않았다. 게다가 구전은 아직 아무도 정확한 발생 메커니즘을 모르며, 실험실에서 쉽게 만들지도 못한다. 따라서 누군가가 구전체를 인공적으로 만들어 문제를 일으켰다는 주장은 공상과학소설 같은 얘기며, 결국 자연적으로 발생하는 구전을 고려해야 하는데 이는 매우 드물게 관찰되는 현상이므로 로젠하임에서처럼 오랜 시간 동안 문제를 일으킨 원인으로 구전 현상을 지목하는 것도 어불성설이다.

—— 한스 벤더가 지목한 용의자 안네마리 슈나이더

두 물리학자가 더 이상 원인을 규명할 수 없다며 자포자기한 바로 그때 한스 벤더가 등장했다. 로젠하임 사건이 일어난 1967년, 한스 벤더는 독일의 프라이베르크 대학에 심리학과 교수로 임용되어 심리학과 초심리학 분야를 가르치고 있었다.

벤더는 막스 플랑크 연구소의 두 물리학자와 함께 자동카메라와 녹음

■ 한스 벤더(오른쪽)에 의해 로젠하임 사건의 용의자로 지목된 안네마리 슈나이더(왼쪽)

기를 사무실에 설치해놓고 어떤 일이 일어나는지 하루 24시간 동안 체크했다. 그 결과 그는 1967년 여름 사무실에 취직하여 근무하고 있던 19세의 여비서 안네마리 슈나이더 Anne-Marie Schneider 그 현상과 긴밀히 관계되어 있음을 알아냈다. 벤더는 그녀가 사무실에 들어서면 전등이 깜빡거리기 시작하는 것을 비디오로 촬영하는 데 성공했고, 그녀가 전등 아래로 걸어가면 전등갓이 좌우로 흔들거린다는 사실도 발견했다. 그녀를 인터뷰한 벤더는 그녀가 자신의 직업과 상사를 매우 싫어하며, 분노의 감정을 감추느라 애쓰고 있음을 알았다.[28]

결국 벤더는 그녀를 사건의 용의자로 지목하고 그녀에 의한 자발적 염력이 모든 소동의 근원이라고 선언했다. 이 사건은 1973년 영국 BBC TV 다큐멘터리 시리즈 '무모한 짓(Leap in the Dark)'의 첫 이야기로 소개되었다. 이 방송에서 슈나이더는 다음과 같이 억울함을 호소했다.

"나는 아주 평범한 사람이며, 제대로 사고할 수 있도록 발달한 뇌를 갖고 있습니다. 물론 나에게는 그런 짓을 할 수 있는 능력이 없어요. 믿어주세요. 그것은 뭔가 나와는 상관없는 다른 일일 거예요."

사실 슈나이더는 자신이 소동의 원인으로 내몰리는 데 이루 말할 수 없는 스트레스를 받았을 것이다. 만일 이런 상황에서 그녀가 스스로 범인이라고 시인한다면, 수천 통의 전화 사용료나 사건 규명에 소요된 비용을 자신이 전부 물어내야 할지도 모른다고 생각했을 테니 말이다.

결국 1968년 1월 중순 슈나이더는 직장을 그만두었고, 그러자 사무실에 다시 평온이 깃들었다. 그녀는 몇 차례 직장을 옮겼는데 새로 옮긴 직장에서도 번번이 전기장애를 일으키곤 했다. 또 그녀는 약혼자와 헤어지기도 했는데, 이유인즉슨 볼링장 스코어보드의 숫자가 저절로 바뀌어 그녀가 의심을 샀고, 그 일로 서로 티격태격하다 파혼에 이르게 된 것이다.

하지만 1969년 그녀가 결혼함과 동시에 그녀 주변에 생기곤 했던 크고 작은 혼란은 영원히 종식되었다. 벤더는 정신적 압박감에 시달리는 어린 여성에게서 흔히 폴터가이스트 현상이 일어나며, 정신적 안정을 찾으면 그런 현상도 감소한다고 주장했다. 최소한 슈나이더의 경우에는 이런 해석이 잘 맞는 듯하다. 그녀가 결혼과 함께 어느 정도 정신적 강박에서 벗어나고 안정을 찾았으며, 그럼으로써 폴터가이스트 현상도 잦아들었다고 볼 수 있으니까.

— 심리기능 장애이론과 무형존재 이론

로젠하임 사건은 폴터가이스트 현상의 대표적인 사례로 꼽힌다. 그런데 원래 폴터가이스트라는 용어는 독일어로 시끄러운 소리를 내는(poltern) 영혼(geist)을 의미한다. 이런 이름이 붙은 것은 19세기 전까지 폴터가이스트 현상은 악마, 마녀, 또는 죽은 자의 영혼에 의해 발생한다고 생각되어왔기 때문이다.

하지만 후에 폴터가이스트 현상이 살아 있는 사람에 의해 발생한다는 이론이 나왔고, 오늘날 대부분의 초심리학자들은 이에 동의한다. 초심리학적으로 해석하자면 폴터가이스트 현상은 살아 있는 사람의 자발적인 염력에 의해 일어난다는 것이다. 한스 벤더도 기본적으로 이런 이론에 동의하며, 그의 방법론은 철저히 이 이론을 따르고 있었다.

한스 벤더는 슈나이더의 심리상담을 진행하면서 1930년대에 낸더 포더Nandor Fodor가 제안한 '심리기능 장애이론(psychological dysfunction theory)'을 적용했다. 포더에 따르면 폴터가이스트 소동은 죽은 자의 영혼이 아니라 심하게 억제된 분노나 적개심 또는 성적 긴장상태로 고통받는 사람에 의해 일어난다.[29]

초심리학자로 더욱 유명한 포더는 한때 지그문트 프로이트와 공동연구를 수행했던 심층심리학 전문가이기도 하다. 포더의 심리기능 장애이론은 미국의 심리학자이자 초심리학자인 웨스트 조지아 대학 윌리엄 롤William Roll 교수의 지지를 받았다. 롤은 1960년대부터 100여 개국에서 400년에 걸쳐 발생한 116건의 폴터가이스트 사례를 연구하여 그가 '재현자발염력(RSPK, Recurrent Spontaneous Psycho-Kinetics)'이라고 명명한 효과를 확인하였다. 재현자발염력이란 되풀이해서 자발적으로 나타나는 염력 효과다. 롤에 따르면 폴터가이스트 소동의 장본인은 대부분 처벌을 두려워하지 않으며 적개심을 표현하는 방법으로 염력을 발휘하는 10대 이하의 어린아이다.[30]

이처럼 심리기능 장애이론은 재현자발염력 개념과 결합하여 로젠하임 사건과 같은 몇몇 폴터가이스트 현상을 이해하는 체계적인 접근법으로 자리매김했다.

이런 이론의 반대편에는 무형존재 이론이 있다. 심령주의를 신봉하는 무형존재 이론의 지지자들은 폴터가이스트가 산 자보다는 죽은 자의 혼령으로부터 비롯된 현상이라고 확신한다.

두 견해는 그 나름의 설득력이 없지는 않지만 무형존재 이론보다는 심리기능 장애이론이 더 많은 지지를 받고 있다. 그런데 심리기능 장애 이론보다 무형존재 이론이 더 맞아 떨어지는 듯 보이는 사례들도 분명히 존재한다.

앞서 소개한 카를 융의 유령 체험도 그런 사례 중 하나다. 이 체험에서 융은 두드림 소리나 액체를 붓는 소리를 들었다고 했는데, 이는 폴터가이스트 현상의 전형적인 예다. 그러나 이런 현상은 융에게만이 아니라 그전에 살았던 임차인들 모두에게 나타났다. 따라서 이 사건의 원인은 융보다 그 집 자체에 더 크게 있다고 볼 수 있다. 이런 경우엔 재현 자발염력 이론을 적용하기가 어렵다.

— 영국 코벤트리 폴터가이스트 사건

2011년 3월 28일자 영국 〈선Sun〉 지는 영국 코벤트리Coventry의 홀브룩스Holbrooks 마을에 사는 리사 매닝Lisa Manning과 파트너 앤서니 파웰Anthony Powell, 그녀의 11살짜리 딸 엘리Ellie와 6살배기 아들 제이든Jaydon에게 일어난 끔찍한 사건을 소개했다.

〈선〉 지에 따르면 리사의 가족이 이 마을에 이사 온 지 1주일이 지나면서 아이들이 '이상한 소리가 들리고 물건들이 저절로 움직인다'고 말하기 시작했다. 또 그들이 키우던 개가 희한하게 죽는 일도 벌어졌다. 그들은 시체를 수의사에게 가져갔는데, 그는 개가 무언가에 밀려 계단에서 떨어져 죽었다고 말했다. 이쯤 되자 매닝은 마치 공포영화의 주인공이라도 된 것처럼 깊은 공포를 느끼기 시작했다.

하지만 그러거나 말거나 사태는 심각해져만 갔다. 전등이 깜박거리고 밤에는 누군가가 계단을 오르는 듯한 소리까지 들려왔다. 매닝은 집에서 일어나는 사건의 객관적인 자료를 만들기 위해 딸 엘리의 방에 몰래 카메라를 설치했고, 그 카메라에 촬영된 영상은 〈선〉 지의 관련 웹사이트에 공개되었다. 이 영상을 보면 옷장 문이 저절로 열리고 의자가 저절로 옷장 쪽으로 움직였다가 다시 원래 위치 쪽으로 돌아오는 것을 볼 수 있다.

그녀는 이 집의 주인인 화이트프라이어즈Whitefriars 부부에게 제발 다른 곳으로 옮길 수 있록 해달라고 애원했다고 한다. 3월 23일경에는 더욱 괴기스러운 일이 일어났다. 그들이 너무 무서워서 거실에 모여 있는데 갑자기 방문이 굳게 잠기고 열리지가 않았다. 문을 열고 바깥으로 나갈 수 없었던 그들은 창문을 겨우 통해 빠져나올 수 있었다. 엘리는 〈선〉 지 기자에게 "나는 집에 가는 것이 무섭고 특히 2층에는 올라가기 싫어요."라고 말했다.

집 주인 화이트프라이어즈 부부는 인터뷰하는 기자에게 자신들은 이 가족에게 새로운 집으로 이사 가라고 권유했다고 말했다. 그 지역의 복지 담당자인 데이브 라운드Dave Round는 〈선〉과의 인터뷰에서 자신은 이 사건을 1월부터 알고 있었는데, 그녀가 겪는 사건에 동정심을 느껴 그들을 최대한 도우려고 노력해왔으며 2월에는 그녀의 요청대로 한 사제를 소개해주었다고 말했다. 그래서 실제로 그 사제가 이 집에 와서 기도를 하고 작은 십자가들을 가족에게 나누어주었으나, 그 효과도 오래가지 못하고 3월 중순에 접어들면서 사태가 더욱 악화되다.

상황은 〈선〉의 기사를 접한 영매 데렉 아코라Derek Acorah가 개입하면서 바뀌기 시작했다. 그는 이 집에 1900년 심장마비로 사망한 짐Jim이라는 이름의 유령이 거주하고 있다는 사실을 확인하고 그 유령을 집에서 내보내는 데 성공했다.[31]

이 사건은 아주 최근 일어난 것으로, 유감스럽게도 과학적인 조사가 제대로 이루어지지 못했기에 그 진실성을 가늠하기 어렵다. 어쩌면, 미혼모인 리사 매닝이 일가족과 공모하여 〈선〉으로부터 거액의 제보료를 받기 위해 꾸며낸 일인지도 모른다. 전국적인 유명세를 타려고 그런 사건을 만들었을 수도 있다. 만일 그렇지 않다면 두 아이들이 관련된 자발적 염력일 가능성도 있다.

그런데 이 사건은 폴터가이스트 현상이 죽은 자의 유령과 연관될 수 있다는 점을 시사한다. 홀연히 등장한 영매에 의해 유령의 정체가 드러나는 것처럼 스토리가 전개되었으니 말이다. 실제로 매우 철저히 조사된 폴터가이스트 사건에 죽은 사람의 유령이 개입되었다는 그럴듯한 증거가 제시된 경우도 있다. 대표적인 예가 1848년에 미국 뉴욕New York 주 하이즈빌Hydesville의 어느 일가족에게 일어난 사건이다.

— 살해당한 억울한 자의 영혼이 말을 걸어오다

근대 심령주의에 불씨를 당긴 사건이 1847년 말 미국 뉴욕 주 로체스터Rochester에서 가까운 작은 마을 하이즈빌에서 일어났다. 모든 일은 존 데이비드 폭스John David Fox와 마가렛 폭스Margaret Fox 부부가 두 딸 매기Maggie와 케이트Kate를 데리고 이곳에 이사 오면서 시작됐다. 폭스 부부에게는 세 아들과 세 딸이 있었는데, 그들은 다른 아이들을 모두 출가시키고 14살짜리 둘째 딸 매기와 11살짜리 막내딸 케이트와 함께 살고 있었다.

그 지방은 겨울에 바람이 매우 세차게 불어서 집에서 워낙 심한 소리가 나곤 했기 때문에 그들은 집에 이사 온 후 곧바로 이상한 낌새를 눈치 채지는 못한 것 같다. 그런데 봄이 되고 바람이 잦아들면서 그 집에 뭔가 이상한 일이 일어나고 있음이 감지되었고, 3월 말경에 두 딸이 이웃에 사는 메리 레드필드Mary Redfield라는 여인에게 이 이야기를 털어놓으면서 그 집의 비밀이 처음으로 외부에 알려졌다.

일가족은 한밤중에 누군가가 노크를 하는 듯한 소리를 들었는데, 그 소리는 동쪽 침실에서 나는 것 같았다. 또 가끔 의자를 마룻바닥에서 끄는 것 같은 소리도 들려왔는데, 그 소리는 정확히 어디서 나는지 확인할 수 없었다. 그 소리는 매일 저녁 일가족이 잠자리에 들고 나면 들리기 시작했다. 그들 가족은 모두 한 침실에서 잤는데, 맨 처음 이상한 소리를 확인한 날에 모두 일어나 촛불을 켜들고 집 안을 구석구석 뒤졌으나 아무것도 발견하지 못했다. 이렇게 뭔가가 두드리는 소리에 며칠 동안 시달리던 일가족에게 마침내 결정적인 순간이 다가왔다.

1848년 3월 31일, 오후 내내 조용하던 집에서 밤이 되자 고즈넉한 두드림 소리가 나기 시작했다. 며칠 동안 제대로 잠도 자지 못하고 시달렸기에 아이들이나 어른들이나 모두 기진맥진한 상태였으며, 특히 아이들은 병이 날 지경이었다. 그래서 그날은 일찌감치 아이들부터 잠자리에 들게 했다. 아이들이 잠자리에 들자 한동안 그래왔던 것처럼 두드림 소리가 들리기 시작했다. 그런데 막내딸 케이트가 이를 흉내 내서 침상의 나무를 두드리자 미지의 노크 소리가 이 소녀의 두드림 소리를 다시 흉내 내는 것이 아닌가? 소녀가 나무를 두드리는 횟수에 맞춰 정확히 그 소리도 두드림을 시작한 것이다.

이때 폭스 부인이 끼어들었다. 그녀는 미지의 존재에게 열을 세어보라고 지시했고, 그 미지의 존재는 정확히 10번 노크 소리를 냈다. 그 다음으로 그녀는 아이들의 나이를 차례대로 맞추도록 요구했고, 미지의 존재는 그 요구에도 응했다. 폭스 부인은 보이지 않는 지성체가 관여하고 있다는 사실을 깨닫고 그 정체가 무엇인지 파악하기로 마음먹었다. 그래서 그 미지의 존재에게 사람이라면 소리를 내서 신호하라고 요구했다. 하지만 아무런 소리도 나지 않았다. 그녀는 다시 미지의 존재에게 유령이면 2번 노크하라고 말했는데, 그러자 즉시 2번의 두드림 소리가 났다. 다음으로 폭스 부인은 그 존재가 원한 맺힌 유령인지, 그 집에서 죽고 그 집에 묻혔는지 차례로 질문하여 긍정적인 답을 얻었다. 폭스 부인은 마지막으로 이 현상의 객관성을 확보하기 위해 이웃집 사람들을 불러와도 여전히 답을 해줄 거냐고 유령에게 물었고, 역시 긍정적인 답을 얻었다. 두 딸은 이때 침대 안에서 서로 끌어안은 채 무서움에 떨고 있었는데, 나중에 지역 신문 기자에게 폭스 부인이 이 얘기를 하자 그 기자는 소녀들이 만우절 장난에 폭스 부인이 쉽사리 넘어가는 것이 너무 기뻐서 서로 끌어안은 것이 아니었겠냐는 식으로 기사를 써냈다. 하지만 문제는 그렇게 단순하지 않았다.

밤 8시경 이웃집의 메리 레드필드 부인이 그 집에 불려갔다. 폭스 씨가 직접 달려가서 이웃집 문을 두드리고 자초지종을 얘기하자 남편은 시큰둥해했지만, 레드필드 부인은 며칠 전 아이들에게서 들은 이야기도 있고 해서 도대체 무슨 일이 벌어지고 있는지 궁금했던 터라 직접 확인하고자 그 집에 갔던 것이다.

그녀가 함께한 상황에서도 미지의 존재와의 노크 소리를 통한 대화는 계속되었다. 그 상황에 고무된 레드필드 부인은 남편을 불러왔고, 이웃에 사는 여러 부부들도 유령과의 대화 장면을 보러 달려왔다. 그들은 유령과의 대화를 통해 5년 전 그 집에서 행상인이 살해당했고, 지하실에 묻혔다는 사실을 알게 되었다. 그리고 그 살인자가 5년 전 그 집에 살던 존 벨John Bell이라는 사람임을 확인했다. 유령이 말하기를, 그는 행상인의 돈이 탐나서 살인을 저질렀는데, 1848년 당시에는 인근의 다른 마을에 살고 있었다.

그날 밤 모인 사람들은 그 마을에 사는 가족들의 자식 숫자라든가 최근 죽은 사람의 수 등 그 마을 사람들의 여러 가지 일을 물어보았고, 그 유령은 모든 것을 아주 정확하게 알아맞혔다. 유령은 마을 사람들에게 일어난 일들을 속속들이 알고 있는 듯 했으며, 이웃에게 터놓고 얘기하지 않은 비밀스러운 일까지 꿰뚫어보았다. 이쯤 되면 아이들이 만우절 장난으로 꾸민 일은 아님이 확실했다.

레드필드 부인의 남편 찰스 레드필드Charles Redfield는 지하실로 내려가 시신을 찾으려고 했으나 발견하지 못했다. 그 후 며칠 동안 지하실의 시신을 찾기 위한 시도가 계속되었으나 물이 차올라서 실패하고 말았다. 이 사건으로 그 지역은 한바탕 전국적인 주목을 받게 되었고, 인류 최초로 유령과의 공식적인 대화가 이루어졌다는 사실이 알려지면서 심령주의자들의 순례지가 되어버렸다.

그러던 중 결정적인 제보자가 나타났다. 살인 혐의를 받고 있는 존 벨이 그 집에 살 때 가정부로 일했다는 루크레샤 펄바Lucretia Pulva라는 여성은 5년 전 그 집에 행상인이 들른 적이 있었으며, 그때 며칠간의 휴가를 받았다고 폭로했다. 거기에 덧붙여 그녀는 자신이 휴가에서 돌아오니 그 행상인은 그 집에 더 이상 없었다고 말했다.

유령과의 대화는 계속되었고, 살해당한 행상인은 찰스 로스마Charles Rosma인 것으로 밝혀졌다. 3개월 뒤에 지하실의 물이 빠지자 시신 발굴이 재개되었으며, 두꺼운 판자 안에서 생석회가 섞인 사람의 머리털과 뼛조각 일부가 발견되었다. 하지만 당시 집 주인이었던 존 벨은 범행 사실을 완강히 부인했으며, 증거불충분으로 재판조차 받지 않았다.

이 사건은 폭스 일가족이 모두 죽고 난 뒤인 1904년 지하실 벽 쪽에서 행상인의 나머지 시신으로 추정되는 유해가 발견되면서 재조명되었으나, 그 시신의 신분은 여전히 밝혀지지 않았다.[32]

이로 말미암아 전 세계에 심령주의에 대한 관심이 폭증했고, 1882년 케임브리지 대학의 교수들이 주축이 되어 세계 최초의 심령연구학회가 설립되었다는 점에서 이 사건은 매우 큰 의미를 지닌다. 하지만 정작 사건의 본질은 베일에 가려져 있다. 그 본질은 과연 무엇이었을까?

— 케이트 폭스가 일으키는 폴터가이스트 현상

심령주의를 배격하는 학자들은 이 사건이 모두 폭스 일가의 두 소녀가 벌인 장난에서 시작되었다고 주장한다. 몸의 일부에서 소리를 내는 방법을 터득하고서 이런 일을 꾸며냈다는 것이다. 이런 주장에는 그럴듯한 배경이 존재한다.

케이트와 매기는 나중에 전문 영매로 명성을 떨치며 30여 년간 국제적인 명사 행세를 하게 되지만 1880년대 말에 접어들어 화려했던 명성을 뒤로하고 병마와 곤궁에 시달린다. 특히 케이트는 알코올 중독으로 몹시 피폐해졌는데, 이때 한 언론사가 그동안 그들이 행한 심령술이 모두 조작된 것이라고 폭로하면 1,500달러를 주겠다고 그들에게 제의해왔다.

당시에 1,500달러는 상당히 큰돈이었으니 두 여인에게는 대단히 매력적인 제안이었을 것이다. 결국 그들은 대중 앞에서 자신의 심령 능력이 모두 조작된 것이며, 특정 신체 부위에서 소리가 나도록 함으로써 마치 죽은 자의 유령과 대화하는 것처럼 꾸민 속임수였다고 고백했다. 후에 이들은 자신들의 고백을 번복했지만, 당시 언론에서 표현했듯 그것은

그들에게 '치명타'가 되었다.[33]

그런데 이들이 신체의 일부를 사용하여 속임수를 썼다는 가정은 초기의 사건들과 나중에 일어났던 일들을 종합해볼 때 수긍하기 어렵다. 만일 그들이 속임수를 사용했다면 마을 사람들이 하이즈빌의 집에 모여 그 마을에 사는 사람들에 관한 사항들을 물어보았을 때 어떻게 그렇게 정확한 답을 들을 수 있었을까? 그때 두 소녀는 마을에 막 이사 온 터라 그 모든 사항을 제대로 알고 있었을 리가 없다. 또 나중에 케이트와 연관되어 일어난 여러 폴터가이스트 현상에는 단지 신체의 일부를 이용해 소리를 내는 정도가 아니라 멀리 떨어지는 물체를 움직이는 등 단순한 속임수로는 흉내 낼 수 없는 것들이 포함되어 있었다.

■ 폴터가이스트 사건을 겪은 후 전문적인 영매로 나선 폭스 자매

실제로 하이즈빌 사건은 앞의 예와 같은 전형적인 폴터가이스트 현상이었는데, 로젠하임 사건과 비슷하게 하이즈빌 사건에서도 10대의 여자아이가 깊이 관련되어 있었고, 그는 다름 아닌 막내딸 케이트였다. 이런 사실을 처음 눈치 챈 사람은 그녀의 어머니 폭스 부인이었다. 폭스 부인은 아이들, 특히 케이트가 그 집에 없으면 두드림 현상이 일어나지 않는다는 사실을 깨달은 것이다. 당시 큰언니 리Leah는 결혼해서 인근의 로체스터에 살고 있었는데, 어머니 폭스 부인에게서 이런 얘기를 듣고 매기와 케이트를 따로 떼어서 다른 집에 살게 하면 그 집에서 더 이상 문

제가 일어나지 않을 거라고 조언했다. 결국 매기는 오번Auburn에 있는 사촌 데이비드의 집으로 가고, 케이트는 로체스터에 있는 리의 집에서 살게 된다. 그런데 이번에는 한밤중의 소동이 리의 집에서 일어나기 시작했다. 폴터가이스트는 케이트를 쫓아다녔던 것이다.

로체스터에서의 첫날 밤 케이트는 언니 리와 조카 리지Lizzie와 함께 잠자리에 들었는데, 불을 끄자마자 케이트와 리지가 비명을 질러댔다. 리지는 누군가의 차가운 손이 자신의 얼굴을 더듬고 있고, 또 다른 손이 어깨를 지나 등을 쓰다듬고 있다고 소리쳤다. 딸이 발작을 일으키는 것은 아닌가 하고 리가 걱정했을 정도로 그녀는 크게 소리를 질러댔다. 케이트 역시 심한 공포에 떨고 있었다. 이런 소동은 새벽에 그들이 모두 지쳐 잠들 때까지 계속되었다.

그 다음날 밤에는 새로운 사건이 벌어졌다. 방에 있는 테이블과 가재도구들이 저절로 움직이기 시작했고, 문이 제멋대로 열리고 닫히면서 큰 소리가 났다고 한다.

이런 현상은 독일 로젠하임이나 영국 홀브룩스에서 일어난 것과 거의 동일한 전형적인 폴터가이스트 현상이다. 그런데 로체스터에서 있었던 지금까지의 일은 모두 리의 증언에 의존해 기록되었다. 리는 나중에 두 여동생 케이트와 매기의 매니저가 되어 수많은 교령회를 개최한 인물로, 그녀의 증언을 액면 그대로 받아들이기엔 문제가 있다. 하지만 그녀 말고도 케이트 주변에 있었던, 폴터가이스트 현상에 대해 비교적 객관적으로 증언한 매우 신뢰할 만한 사람들이 더 있다.

뉴욕 주 웨스트포드Westford에 사는 레무엘 클락Lemuel Clark이라는 목회

자는 케이트가 로체스터에 머무는 동안 그곳에 사는 친분 있는 사람들을 만나러 왔다가 소문을 듣고 케이트를 조사했는데, 그는 두드림 소리뿐 아니라 테이블이 저절로 움직이는 현상까지도 목격했다. 리와 케이트, 그리고 자신의 친구들과 함께 테이블 주위에 앉아 있던 클락 목사는 모두에게 의자를 30cm씩 뒤로 물리라고 한 다음, 그들의 발을 의자 다리의 가로대에 올려놓게 하고 두 손을 모두 들도록 했다. 그리고 테이블이 자신 쪽으로 오게 하도록 하자 그 무거운 테이블이 마치 누군가가 미는 것처럼 클락 목사 쪽으로 미끄러져 왔다고 한다. 다시 원위치로 가도록 시키자 그 테이블은 원위치로 돌아갔다. 클락 목사는 혹시 그 테이블에 바퀴나 끈 같은 도구가 달려 있지는 않은지 조사했으나 그런 것들을 발견하지 못했다.[34]

이와 비슷한 또 다른 예로 영국 심령연구학회 창립 멤버인 윌리엄 크룩스 교수의 실험실에서 행해진 교령회를 들 수 있다. 케이트 폭스는 신뢰할 만한 증인들을 모아놓고 행해진 이 교령회에서 무거운 탁자가 저절로 움직이거나 탁자 위의 접시가 저절로 공중에 떠오르고, 밝은 광구가 발생하며 보이지 않는 손이 참석자들을 만지도록 하는 시연으로 그 자리에 모인 사람들을 경악하게 했다.

크룩스 교수의 실험은 여러 측면에서 의미가 있는데, 클락 목사의 사례에서는 속임수가 발견되지 않았지만 그 장소가 리의 집이었다는 점에서 조작의 여지를 완전히 배제할 수는 없다. 마술사들이 미리 무대에 갖가지 장치를 해놓고 관중들이 눈치 채지 못하도록 주의하며 마술을 하는 것과 마찬가지로 사전에 모종의 준비가 이루어졌을지도 모르니 말이다. 하지만 크룩스 교수의 실험은 그가 만들어 놓은 환경에서 시연이 이루어졌기 때문에 결과를 어느 정도 신뢰할 수 있다.[35]

— 하이즈빌 사건의 초심리학적 설명

이런 증거들 때문에 케이트 폭스를 사기꾼으로 몰아붙이기는 힘들어 보인다. 그렇다면 이 사건도 로젠하임의 경우와 마찬가지로 진짜 폴터가이스트 사례로 봐야 하지 않을까? 만일 그것이 전형적인 폴터가이스트 현상이라면 하이즈빌의 집에서 대화를 나눈 무형의 존재는 누구란 말인가?

앞에서 전형적인 폴터가이스트 현상은 10대 소녀에게 주로 일어난다고 했는데, 하이즈빌 사건도 정확히 이 범주에 든다. 또 심리기능 장애이론에 의하면 폴터가이스트 현상은 죽은 자의 영혼이 아니라, 주로 심하게 억제된 분노나 적개심 또는 성적 긴장 상태로 고통받는 10대 여성들에 의해 일어난다. 그런데 하이즈빌의 경우에는 죽은 자의 영혼이 등장해서 자신의 억울함을 호소하고 범인까지 지목하지 않는가? 이를 어떻게 설명해야 하나?

하이즈빌 사건을 굳이 심리기능 장애이론으로 설명하자면 여러 가지 가정이 필요하다. 우선 그 유령이 케이트의 초능력에 의해 만들어졌다고 가정해야 하며, 케이트가 사이코메트리 능력으로 그 집안의 내력을 파악한 후 시신에 관한 얘기를 하기 시작했다고 가정해야 한다. 또 그 동네 사람들이 모여서 그들의 비밀을 알아맞히도록 할 때에는 텔레파시가 작용했을 수 있다. 사실 죽은 유령이 마을 사람들의 사소한 이야기를 다 알고 있다는 것은 좀 이상하다. 그가 살아 있을 때 외지에서 잠시 들른 행상인이었다면 어떻게 이 마을의 그런 소소한 일들을 알고 있을까?

이를 정당화하기 위해서는 사람이 죽고 나면 모두 전지전능해진다고 가정해야 하는데, 글쎄다. 또 하이즈빌에 나타난 무형의 지성체가 유령이라고 보기 어려운 점은 그 행상인의 이름이 수상하다는 사실과도 연관이 있다. 미국의 언론사들이 그런 이름을 가진 실종자를 찾았지만 끝내 찾지 못했던 것이다. 그래서 결국 존 벨은 무혐의가 되었다. 이 사건을 회의적으로 바라보는 프랭크 포드모어Frank Podmore는 자신의 저서 《근대의 심령주의Modern Spiritualism》에 '살해되었다고 추측되는 인물의 존재에 대한 확증이 일절 없었다'라고 기록하며 지하실에서 발견된 시신 일부 말고는 살인에 대한 어떤 구체적인 근거도 없었음을 지적했다.[36]

그렇다면 그 무형의 지성체가 말한 행상인의 이름이 엉터리라고 의심할 수 있는데, 어떻게 동네의 소소한 일들은 모두 알면서 그 행상인의 이름은 몰랐던 것일까? 그것은 아마도 대부분의 정보가 거기 모인 동네 사람들의 머릿속에서 나왔기 때문이 아닐까? 그들에게서 마을에 대한 많은 정보가 나왔지만, 정작 행상인의 존재나 이름을 정확히 아는 사람은 아무도 없었기 때문에 중요한 피살자의 이름은 알지 못했을 수도 있다. 이처럼 하이즈빌 사건은 심리기능 장애이론으로 설명이 가능한 것 같긴 하다. 그렇다면 결국 사후에 영혼이 존재한다는 증거는 찾을 수 없는 것일까?

실험적으로 입증된 영매들의 능력

—— 그런데 그녀가 최면상태에 빠져들자 계획이 틀어지기 시작했다. 생각지도 못했던 사람의 영혼이 끼어든 것이다. 갑자기 흐느껴 울기 시작한 그녀는 자신의 지도령인 우바니의 목소리로 '급히 만나야 할 영혼이 있다'며, 그 영혼의 이름이 어빈이라고 말했다. 어빈은 사고로 죽은 비행선의 선장이었고, 제대로 규명되지 않은 사고 원인을 세상에 밝히기 위해 그 자리에 뛰어든 것이었다.

— 추락한 비행선 선장의 영혼이 메시지를 보내다

폴터가이스트 현상으로 시작된 사건이 폭스 자매에게는 평생직업을 만들어주었다. 처음부터 영매로서 뛰어난 자질을 보여주었던 케이트와 함께 마가렛도 점차 놀라운 자질을 보이기 시작했다. 매니저로 나선 큰언니 리를 따라서 이 소녀들은 저명인사들 앞에서 행한 교령술을 통해 자신들의 영매적 자질을 유감없이 발휘했다. 폴터가이스트 현상이 자신이 영매적 자질을 갖고 있는 줄 모르는 사람들에게 우연히 발생하는 것이라면, 교령회에서 행해지는 영매술은 영매적 자질을 갖춘 이들이 사람을 모아놓고 그 능력을 시연하는 것이다.

교령회와 유사한 형태의 심령적인 행사는 오래전부터 있었던 것으로 보인다. 하지만 이런 행사가 근대 사회, 그것도 상류 계층에서 유행하게 된 것은 폭스 자매의 활약 덕분이었다. 근대 과학의 발전으로 고리타분한 기성종교가 쇠퇴의 길을 걷고, 실험적으로 무언가를 보여주는 새로운 형태의 종교운동에 대한 관심이 싹트고 있던 당시에 교령회는 아주 매혹적인 종교행사였다. 유물론적인 사고방식으로 죽음 이후의 삶이 불가능하다고 단정했던 사람들은 이 운동에서 불멸에 대한 새로운 희망을 찾았다. 물론 그들이 교령회에서 본 것이 정확히 무엇이었으며, 그것들이 사후의 생존을 증명하느냐 하는 문제에는 여러 가지 해석과 논란의 여지가 있지만.

그런데 면밀한 조사를 거친 영매들 중 몇몇이 죽은 자와의 교류를 통하지 않고는 도저히 알아낼 수 없는 놀라운 지식을 털어놓는 경우가 있어 사후의 생존이 가능하다는 가설에 힘을 실어주고 있다. 1930년 10월 7일에 열린 에일린 가레트Eileen Garrett 부인의 교령회가 그 대표적인 사례다.

그날 가레트 부인은 영국의 심령 연구가 해리 프라이스Harry Price가 주관하는 교령회에서 아서 코난 도일Arthur Conan Doyle의 영혼을 접촉하도록 예정되어 있었다. 셜록 홈즈Sherlock Holmes를 주인공으로 내세운 탐정 소설의 저자이자 심령주의의 열렬한 옹호자였던 아서 코난 도일은 생전에 전 세계를 돌아다니며 사후의 생존에 대한 가능성을 전도한 것으로 유명하다.

에일린 가레트 부인의 교령회가 열린 10월 7일은 그가 사망한 지 꼭 3개월이 되는 날이었기에, 과연 가레트 부인이 그의 영혼과 접촉할 수 있을 것인가에 모든 참석자의 관심이 집중되었다. 영혼의 존재를 확인함으로써 죽음 뒤의 세계가 실재함을 증명할 수 있는 좋은 기회였기 때문이다. 생전에 그렇게 열심히 사후세계의 존재를 설파했던 코난 도일이야말로 이에 대한 놀라운 정보를 제공해줄 가장 확실한 적임자가 아니겠는가?

그런데 그녀가 최면상태에 빠져들자 계획이 틀어지기 시작했다. 생각지도 못했던 사람의 영혼이 끼어든 것이다. 갑자기 흐느껴 울기 시작한 그녀는 자신의 지도령인 우바니Uvani의 목소리로 '급히 만나야 할 영혼이 있다'며, 그 영혼의 이름이 어빈Irvin이라고 말했다.

교령회가 열리기 사흘 전인 10월 4일 새벽, 영국을 출발해 인도로 향하던 비행선 R-101이 프랑스의 한 언덕에 충돌해 폭발하면서 48명이 사망하는 대형참사가 일어나 매스컴을 장식했다. 어빈은 그 사고로 죽은 비행선의 선장이었고, 제대로 규명되지 않은 사고 원인을 세상에 밝히기 위해 그 자리에 뛰어든 것이었다. 예의 바른 유령인 그는 먼저 자신이 다른 목적의 교령회에 예고 없이 뛰어든 것을 정중히 사과하며, 가레트 부인의 입을 통해 사고 원인이 비행선 엔진의 수용 능력에 비해 비행선 기구가 너무 무거웠기 때문이었다고 말했다.

그는 엔진 자체도 무거웠고, 짐의 무게도 잘못 계산되어 과적된 데다가 엘리베이터는 작동도 제대로 되지 않으면서 쓸데없이 무겁기만 했다고 불평을 늘어놓았다. 결국 비행선은 높이 올라가지 못했고, 프랑스 아치Achy에 도달해서는 거기 있는 집들의 지붕을 벗겨냈다고 했다. 아치는 당시 영국에서 구할 수 있던 보통의 지도에는 나오지도 않는 작은 마을로, R-101의 실제 항로상에 위치해 있었다.

뜻밖의 영혼이 등장하면서 교령회의 초점은 코난 도일에서 R-101 사건의 진실 규명으로 옮겨갔다. 곧이어 합류한 영국 항공부의 정보장교 올리버 G. 빌리어스Oliver G. Villiers 소령은 어빈에게 사고 원인을 물어보았고,

어빈은 매우 전문적인 지식을 동원하여 사고 과정을 상세히 설명했다.

그런데 그 후 얼마 지나지 않아 영국 항공부 정보장교 2명이 가레트 부인을 찾아와 조사를 벌였다. 그들은 가레트 부인이 영국군에서 군사 기밀로 분류해놓은 항공 기술을 너무 정확하고 세세하게 알고 있다고 생각했다. 그래서 그녀가 R-101 승무원과의 부적절한 관계를 통해 군사 기밀을 빼돌린 것은 아닌지 의심했던 것이다. 하지만 조사 결과 그런 의심은 기우였던 것으로 드러났다.

가레트 부인은 TV를 켤 줄도 몰라 누군가가 켜줘야 할 정도로 전형적인 기계치였다고 하는데, 그런 그녀가 어떻게 이런 놀라운 정보를 얻을 수 있었을까?[37] 영매들에게는 범상치 않은 방법으로 놀라운 정보를 습득하는 재능이 있다. 그들은 그런 정보를 죽은 사람들에게서 얻는다고 말한다.

앞서 소개한 폭스 자매의 경우 자신의 집에 나타난 유령에게서 하이즈빌 주민들의 대소사에 관한 정보를 전해 받았다고 했다. 하지만 그의 정체도, 그가 동네의 일들을 어떻게 세세히 알고 있었는지도 분명치 않았다. 그래서 케이트 폭스가 그런 정보를 획득한 방법이 텔레파시였을 가능성도 제기되었다. 반면 가레트 부인의 경우 책임자인 선장의 유령이 등장해서 너무도 정확히 사고의 원인을 설명해주었다. 정말로 당사자의 영혼이 나타나 가르쳐주지 않았다면 이 일을 어떻게 설명할 수 있을까?

폴터가이스트 현상은 어쩌다 한 번씩 우연히 일어나는 일이기에 면밀한 조사가 어려웠지만, 교령회는 마치 실험을 하듯 오랜 시간에 걸쳐 지켜보며 조사해볼 수 있어 그 본질을 자세히 탐구하는 일이 가능했다.

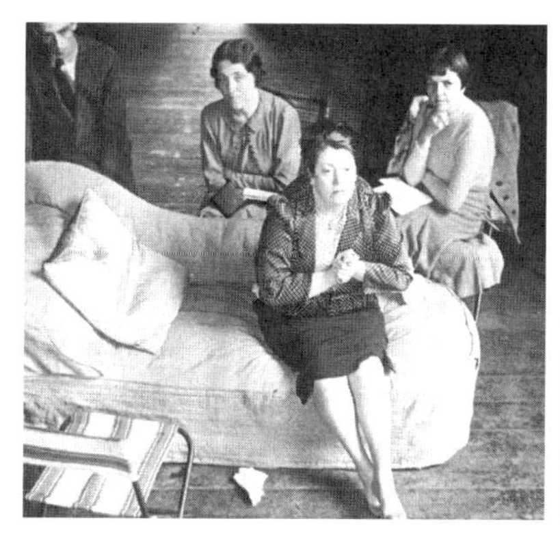

■ 교령회에서 죽은 선장의 영혼과 접촉한 에일린 가레트 부인(오른쪽에서 2번째)

■ 폭발사고를 일으킨 비행선 R-101의 잔해

실제로 윌리엄 크룩스나 샤를 리셰 등은 자신들이 꾸며놓은 실험실에 영매들을 불러다놓고 면밀한 관찰력을 가진 사람들을 시켜 영매들의 행태를 조사했다. 심령주의를 배척하는 입장과 받아들이는 입장 모두 감정적인 요소를 강하게 내포하고 있기 때문에 증거에 대한 공정한 평가를 내리기는 어렵다. 하지만 보다 객관적 입장에서 심령적인 현상을 관찰했던 석학들의 기록에서 그 본질적인 부분을 어느 정도 엿볼 수는 있다.

— 물리적 영매와 정신적 영매

1913년 알레르기 반응에 관한 연구로 노벨 생리의학상을 수상한 샤를 리셰는 영국 심령연구학회의 발족 당시부터 객원 멤버로 활동했을 정도로 초심리학의 열렬한 옹호자였다.

그는 1882년에 윌리엄 바렛William Barrett 등이 실시한 텔레파시 실험 자료를 통계적으로 재분석하는 논문을 발표했고, 이는 향후 미국에서 조지프 라인 등에 의해 주도된 통계적인 초심리학 연구의 효시가 되었다. 하지만 그의 주요 관심사는 영매들을 통한 실험에 있었다. 그는 1923년 스탠리 드브래스Stanley DeBrath와 공동 저술한 《30년간의 심령 연구Thirty Years of Psychical Research》에서 유자피아 팔라디노Eusapia Palladino와 레오노라 파이퍼Leonora Piper를 대상으로 수행한 자신들의 체계적인 연구결과를 소개했다.[38]

그 연구결과에 따르면 유자피아 팔라디노는 염력에서, 레오노라 파이퍼는 초감각 지각에서 뛰어난 능력을 보이며 서로 다른 영역에서 두각을 나타냈다. 물론 대다수의 영매는 케이트 폭스의 사례와 같이 염력과 초감각 지각을 모두 발휘할 수 있지만, 실험이나 연구에서는 연구자들이나 스폰서의 요구에 따라 그중 한 가지만을 집중적으로 보여주곤 한다.

초심리학에서는 팔라디노처럼 염력이 뛰어난 영매를 '물리적 영매', 파이퍼처럼 초감각 지각이 뛰어난 영매를 '정신적 영매(mental medium)'라고 한다. 물리적 영매는 자가최면 상태에서 손을 대지 않고 물건을 움직이거나 신체에서 엑토플라즘이 나오도록 해서 죽은 자의 모습을 만들어내는 능력을 보여준다. 정신적 영매의 경우 자가최면 상태에서 죽은 자의 영혼이 그를 통해 이야기하며, 때로는 자동기술(automatic writing, 무의식 상태에서 손이 움직이는 대로 글을 쓰는 일)을 통해 죽은 자와의 대화가 이루어지기도 한다.

— 유물론자를 심령론자로 개종시킨 영매 유자피아 팔라디노

유자피아 팔라디노는 이탈리아 나폴리Napoli 출신의 영매로, 19세기 말에 이탈리아, 프랑스, 독일, 폴란드, 러시아 등 다양한 국적의 학자들 앞에서 물리적 영매로서 보여줄 수 있는 모든 것을 시연했다.

그녀는 자기 자신과 탁자를 공중부양시키고, 엑토플라즘을 이용해 꽃이나 유령을 출현시켰으며, 유령의 손이나 얼굴 모습이 진흙에 찍히도록 하거나 손을 대지 않고 악기를 연주하는 등 갖가지 묘기를 보여주었다. 정신적 영매 능력도 있었던 그녀는 이따금 존 킹John King이라는 지도령을 통해 유령과 대화하기도 했다. 그녀는 이런 시연을 통해 후원자들에게서 많은 돈을 받았다.

실증범죄학(positive criminology)이라는 분야를 창시한 이탈리아의 범죄학자이자 철저한 유물론자였던 케사레 롬브로소Cesare Lombroso는 자신이 심령론에 맞서 싸울 최적의 인물이라고 자처했다. 물론 팔라디노를 만나기 전의 이야기이지만.[39]

그는 1909년에 쓴 자신의 저서 《사후—무슨 일이 일어날까? 최면술적, 심령적 현상에 대한 연구After Death-What? Researches in Hypnotic and Spiritualistic Phenomena》에서 1892년 이탈리아 밀라노Milano에서 열린 팔라디노의 놀라운 교령회에 대해 묘사했다. 그녀는 두 차례에 걸쳐 공중부양을 보여주었는데, 9월에 열린 첫 시연에서 그녀는 의자에 앉아 롬브로소와 리셰의 손을 잡은 상태에서 갑자기 최면상태에 빠지더니 굵직한 목소리로

▬ 1892년 밀라노에서 열린 교령회에서 탁자를 공중으로 띄우는 유자피아 팔라디노

"이제 내 영매를 탁자 위에 올려놓겠다."고 했다. 그러자 그녀가 의자와 함께 공중으로 뜨더니 탁자 위로 올라갔다가 다시 제자리로 돌아왔다.

이때 롬브로소와 리셰는 그녀의 손을 잡은 채로 그녀와 함께 움직였지만, 그녀를 들기 위해서 힘을 쓰지는 않았다고 말했다. 이 교령회 이후 롬브로소는 철저한 유물론자에서 심령주의로 완전히 돌아섰고, 사후의 삶이 실재한다고 믿게 되었다.[40]

노벨상을 두 차례나 수상한 방사능 연구의 선구자 마리 퀴리Marie Curie 또한 초심리학에 관심을 가지고 있었다. 그녀는 1906년 파리에서 열린 한 교령회에 샤를 리셰와 함께 참석하기도 했다. 그날 팔라디노가 보여줄 시연 내용은 팔라디노의 뒤쪽에 설치된 이중커튼을 보이지 않는 손이 밀쳐내도록 하는 것이었다. 각각 팔라디노의 왼쪽과 오른쪽에 앉은 퀴리와 리셰는 그녀의 손을 하나씩 잡고 탁자 위에 올려놓았다.

교령회가 시작되자 커튼 뒤쪽에서 어떤 물체가 밀치듯 커튼이 부풀어 올랐다. 자가최면 상태에 빠진 팔라디노의 커튼을 만져보라는 말에 리셰가 커튼에 손을 댔는데, 거기서 그는 누군가의 손을 느낄 수 있었다. 그는 퀴리가 팔라디노의 손을 제대로 잡고 있는지 확인했고, 자신도 그녀의 손을 잡고 있음을 확인했다.

약 30초 동안 커튼 뒤의 손을 잡고 있던 리셰는 '손가락에 반지가 끼워져 있었으면…' 하고 생각했는데, 그 순간 손가락에 끼워진 둥근 반지의 감촉을 느끼고 깜짝 놀랐다. 그는 자신의 체험이 너무나도 객관적이고 생생해서 '이보다 더 확실한 실험을 생각해낼 수는 없을 것'이라고 주장했다. 이 현상에 대한 퀴리의 반응은 아쉽게도 기록으로 남아 있지 않다.[41]

이 교령회를 포함해 팔라디노를 수차례 조사한 리셰는 그녀가 염력을 발휘할 때 반투명한 물질이 그녀의 몸에서 흘러나오는 것을 발견하고 이 물질에 엑토플라즘이라는 이름을 붙였다. 이런 물질이 영매 주변에서 나오는 현상은 헨리 지드윅Henry Sidgwick이나 물리학자 올리버 로지Oliver Lodge 경 등도 목격했다고 증언했다. 리셰는 이런 물질이 실제로 물체를 들어 올리는 도구로 사용된다고 생각했다.[42]

물리적 영매가 여러 능력을 발휘할 때 엑토플라즘이 물리적인 힘을 유지하는 버팀목처럼 쓰인다고 본 리셰의 견해는 초심리학적 견지에서 보았을 때 적절하지 않은 듯하다. 엑토플라즘은 염력에 의해 만들어지는 형상을 눈에 보이도록 만드는 일종의 보조적인 재료가 아닐까?

어찌되었든 엑토플라즘이 실제로 존재한다면 사진이나 비디오에 찍히는 유령의 정체도 설명 가능하다. 영매가 스스로 방출하는 것이든, 죽은 자의 영혼이 자신의 모습을 드러내려고 방출되도록 유도하는 것이든 간에 영매 능력을 가진 누군가의 몸에서 엑토플라즘이 발산되어 인간의 모습으로 형상화된다면 사진에도 찍힐 수 있다. 잠재적인 영매들이 있는 곳에 유령도 있다는 이야기다.

레인험 홀의 유령이나 이승환의 뮤직비디오에 등장한 유령도 비슷한 식으로 설명할 수 있다. 전자는 기자들 중 한 명에게서 나온 엑토플라즘이 사진에 찍힌 것일 수 있고, 후자는 옆에 서 있던 역무원에게서 나온 엑토플라즘이 동영상에 찍힌 것인지도 모른다.

— 놀라운 정보력을 과시한 영매 레오노라 파이퍼

정신적 영매들은 일반적으로 하나 또는 여럿의 죽은 영혼과 교류하며 이승에서 용이하게 얻지 못하는 놀라운 정보를 제공받는다. 폭스 자매 못지않게 학계의 주목을 받은 영매로 미국 출신의 레오노라 파이퍼 부인이 있었다. 그녀의 지도령은 핀위Phinuit라고 하는 죽은 프랑스 의사의 영혼이었다. 미국 실용주의 철학을 창시한 하버드 대학의 윌리엄 제임스William James 교수는 영매술이 매우 중요하다고 생각했고, 영매술 연구에 많은 시간을 할애했다. 파이퍼는 그가 행한 영매술 연구에 가장 많이 참여한 실험대상이었다.

■ 윌리엄 제임스 교수

윌리엄 제임스가 그녀를 직접 조사해보니 그녀는 제임스 가족 내의 일들을 놀라울 만큼 소상히 알고 있었으며, 심지어 양탄자를 잃어버렸다거나 고양이를 에테르로 안락사시킨 일 등 가족 간에 있었던 아주 내밀한 사건들까지도 정확히 알아맞혔다. 그래서 윌리엄 제임스는 "처음에는 그 영매가 맞춘 사실들이 단지 우연의 일치일 뿐이라고 생각했지만, 결국 그녀가 아직 규명되지 않은 어떤 능력을 갖고 있다고 믿을 수밖에 없었다."고 토로했다.[43]

■ 레오노라 파이퍼 부인

그녀는 1889년 영국 런던에서 심령연구학회의 창립자들이 참석한 교령회를 88번이나 열었다. 여기에 참석한 올리버 로지 경은 그녀에게 특별한 관심을 갖고 적극적인 조사를 시작했다. 그는 그녀의 지도령이 로지 경 자신도 잘 모르는 그의 두 숙부가 겪은 어린 시절 일들을 묘사하는 것을 보고 사립탐정을 시켜 두 숙부가 어린 시절을 보낸 시골 마을에 가서 그런 일들이 실제로 있었는지 조사하도록 했다. 나중에 그 사립탐정은 파이퍼 부인이 자신보다 훨씬 뛰어난 정보력을 갖고 있음에 놀라며, 그녀가 마을의 기록보관소 담당자나 살아 있는 지역 노인을 통해 얻을 수 있는 것 이상의 정보를 갖고 있어 보인다고 고백했다.

도대체 그런 정보력은 어디서 오는 것일까? 하이즈빌 사건에서 폭스 자매의 집에 나타난 유령은 그 동네 사람들의 정보를 자세히 알고 있었다. 나는 초능력자인 케이트 폭스가 텔레파시 능력으로 거기 모인 마을 사람들의 마음을 읽음으로써 그런 정보를 얻었을 가능성을 제시했다. 그런데 로지 경이 행한 조사에서는 자신도 잘 모르는 두 숙부의 어린 시절에 대한 정보가 파이퍼 부인의 지도령인 핀위로부터 나왔다. 결국 로

지 경은 그녀가 텔레파시로 정보를 입수한다는 가설을 배제했다.[44]

파이퍼 부인의 교령회 결과는 1890년 프레드릭 마이어스Frederic Myers와 올리버 로지, 그리고 윌리엄 제임스 등이 공동으로 작성한 보고서 〈파이퍼 부인의 최면 상태에서 관찰된 몇 가지 현상에 대한 기록A record of observations of certain phenomena of trance-Mrs. Piper〉에 정리되었다. 이 보고서의 도입부에서 프레드릭 마이어스는 파이퍼 부인이 알려준 많은 정보는 실력 있는 탐정도 알아내기 쉽지 않은 것들이며, 그 밖의 정보도 입수하려면 많은 돈과 시간을 투자해야 하는데 그녀에게는 그런 재력이 없다고 지적했다.[45]

그렇다면 파이퍼 부인의 정보력은 죽은 후 전지전능해진 영혼의 힘에 의해 발휘되는 것인가? 최면상태에서 나타나는 지도령 핀위는 그렇다고 주장한다. 자신이 영매임을 그녀가 처음으로 깨달은 것은 8세 때라고 한다. 갑자기 뭔가가 내리친 것처럼 한쪽 귀가 아프더니 그 후로 어떤 목소리가 들리더라는 것이다. 그 목소리는 "사라 고모는 죽은 것이 아니라 너와 함께 있다."고 말했고, 그녀는 너무 무서워서 이 사실을 어머니에게 얘기했다. 며칠 후 사라 고모가 죽었다는 소식이 전해졌는데, 놀랍게도 고모의 사망 시각이 그녀가 그 목소리를 들었던 때와 정확히 일치했다. 이 대목만 보면 파이퍼 부인의 체험은 변형된 일종의 '위기 유령 체험'이라고 할 수 있으며, 결국 이런 체험을 하는 사람들은 모두 잠재적인 영매라고도 볼 수 있다.

— 영매는 정말로 죽은 이들과 교류하는가?

앞에서 설명했듯 파이퍼 부인은 미국인으로, 주요 활동무대가 미국이었으며 특히 윌리엄 제임스와 많은 시간을 보냈다. 이후 자신의 주 학문 분야인 심리학의 저술 작업에 몰두하느라 시간을 내기 어렵게 된 제임스는 심령연구학회에 연락해 리처드 호드슨Richard Hodgson을 미국으로 불러들여 그녀를 조사하게 했다.

사실상 미국 심령연구학회의 결성을 돕는 간사 역할을 겸했던 리처드 호드슨도 영매술에 대해서는 매우 비판적이었다. 그런데 그의 절친한 친구로 32세에 요절한 조지 펠햄George Pelham을 파이퍼 부인과의 교령회를 통해 만나면서 생각이 180도 바뀌었다. 최면상태에서 파이퍼 부인에게 빙의하여 나타난 영혼은 영락없이 호드슨이 알고 있던 친구 펠햄이었던 것이다.

그래서 1898년 심령연구학회에 제출한 보고서에서 그는 "파이퍼 부인을 통해 교류하는 영혼들은 살아생전에 존재했던 사람들이 맞으며, 그들은 우리가 '죽음'이라고 일컫는 변화를 극복하고 살아남아 우리와 직접적으로 대화를 시도하는 것이다."라고 주장했다.[46] 이런 주장에 대해 제임스 먼브스James Munves는 그가 당시 생소한 개념이었던 무의식적 동기에 대해 무지했고, 의식적인 부분에만 집착했기 때문에 당시의 상황을 제대로 파악하지 못했을 것이라고 지적했다. 조지 펠햄의 영혼은 무의식적으로 제공된 정보의 발현일지도 모른다는 이야기다.[47]

하지만 아이러니하게도 파이퍼 부인은 '유령 가설'을 그만큼 강하게 지지하지는 않았다. 그녀는 1901년 10월 20일자 〈뉴욕 헤럴드New York Herald〉 지에서 자신이 얻는 정보는 죽은 사람들로부터 나오지 않고, 자신이 최면상태에 빠져 있을 때 텔레파시가 작용해서 입수된다는 가설이 훨씬 매력적이라고 '고백'했다. 또 이에 덧붙여 그녀는 자신이 최면상태에 빠져 있을 때 죽은 사람들의 영혼이 자신을 통해 얘기하는 것은 사실이 아니라고 믿는다고 했다.

그런가 하면 불과 닷새 뒤인 10월 25일에는 〈보스턴 애드버타이저Boston Advertiser〉 지와의 인터뷰에서 〈뉴욕 헤럴드〉 지에 실린 인터뷰 내용이 잘못되었다고 하면서, 자신이 죽은 자들의 영혼에 의해 조종되는 것이 아니라고 말한 적이 없다고 했다. 그리고 그런 죽은 자들의 영혼이 자신을 조종한 것일 수도 있고 아닐 수도 있다며 중립적인 태도를 견지했다.

1905년 호드슨 박사가 심장마비로 죽자 컬럼비아 대학의 논리학 교수였던 제임스 히슬롭James Hyslop이 그녀에 대한 연구를 총괄하게 된다. 히슬롭은 1906년부터 보스턴에 설립된 미국 심령연구학회의 회장을 맡았으며, 이 학회가 가장 중점적으로 연구한 대상이 바로 파이퍼 부인이었다. 히슬롭도 호드손처럼 최초에는 영매술에 대해 회의적이었다가 파이퍼 부인과의 교령회를 통해 태도가 완전히 바뀌었다. 그는 1918년에 쓴 《죽음 후의 생Life after Death》에서 다음과 같이 말했다.

"나는 죽은 다음에 생존해 있는 무형의 영혼들이 과학적으로 증명되었다고 생각한다. 나는 더 이상 회의론자들이 이 문제에 대해 언급할 권한이 없다고 말하고 싶다. 무형의 영혼들의 존재와 그에 대한 증거를 받아들이려 하지 않는 사람은 무식자이거나 윤리적으로 겁쟁이다. 나는 그런 사람들에게 짧은 사죄의 시간을 줄 것이며, 그들이 이 분야에 대해 전혀 아는 것이 없다고 간주하고 더 이상 이에 대한 논쟁을 요구하지 않을 것이다."[48]

이처럼 파이퍼 부인을 조사·연구한 로지 경과 호드슨, 히슬롭, 그리고 심지어 마이어스까지 그녀가 보여준 놀라운 능력에 세계관이 바뀌어 무형 존재 이론을 믿게 되었다. 하지만 윌리엄 제임스는 이를 좀 더 철학적으로 고민하여 '우주적 심령 저수지 가설(cosmic psychic reservoir hypothesis)'을 세웠다.

— 우주적 심령 저수지 가설과 슈퍼 ESP 가설

윌리엄 제임스는 1909년 영국 심령연구학회 취임식에서 '심령 연구자로서의 긍지(The Confidences of Psychical Researcher)'라는 제목으로 취임연설을 했다. 그는 여기서 20년 동안 심령현상을 연구해왔지만 아직도 '당황스럽다'고 소회를 표현했다. 그는 '많은 속임수 사례가 있음에도 여전히 초정상적인 인식이 발현하는 경우가 존재함을 믿는다'고 하면서 텔레파시나 투시 등을 '우주적 의식의 한 연속성을 말해주는 증거'로 보았다. 그리고 우리 개개인은 이 우주의식에 대해 장벽을 쌓아올리고 있지만, 우리 인간 중 특별한 능력을 지닌 영매들은 마치 바다나 저수지 속으로 풍덩 뛰어드는 것처럼 그 우주의식 속으로 쉽게 뛰어들 수 있는 것 같다고 말했다.[49]

우주적 심령 저수지 가설이란 우주에서 발생한 모든 일이 우주에 기록되며 영매 능력을 지닌 이들이 이런 기록을 활용할 수 있다는 이론이다. 동양의 이른바 '아카식 레코드(akashic records)'와 비슷한 개념인데, 이런 가정엔 문제가 있다.

심령현상은 지극히 동적이며 물리적인 특성도 함께 동반하기 때문이다. 앞서 언급했듯 영매들은 죽은 자로부터의 메시지뿐 아니라 물리적인 힘도 보여준다. 따라서 정적인 의미에서 단지 우주에 정보가 저장되어 있어서 영매가 단순히 이를 습득한다는 식의 이론으로는 이런 현상을 설명할 수 없다.

그렇다면 제임스가 제안하는 '심령적 저수지'는 단지 수동적인 저수지라기보다 스스로 어떤 의지를 갖고 움직이는 작동자(operater)이며, 그 원천은 카를 융이 말하는 집단적 무의식일지도 모른다.

유령 체험이나 폴터가이스트 현상을 슈퍼 ESP 가설로 설명하려는 시도가 있듯이, 영매술을 슈퍼 ESP 가설로 설명하려는 이들도 있다. 그들은 영매들이 죽은 자의 영혼들과 교류하는 일은 없으며, 지구상에 존재하는 모든 원천에서 정보를 얻을 뿐이라고 주장한다. 텔레파시를 활용해 교령회에 모인 사람들에게서 정보를 얻어냄은 기본이고, 다른 곳에 있는 사람들의 마음도 읽어내며, 모든 사물에도 투시적으로 접근하여 정보를 빼냄은 물론, 교령회에 참석한 사람들의 반응까지 예지 능력으로 미리 알아낸다는 것이다.

슈퍼 ESP 가설이라는 용어는 1959년 호넬 하트Hornell Hart가 처음 제안했지만, 그 개념 자체는 이전에 프랭크 포드모어나 샤를 리셰의 영매 연구에서 이미 제안된 바 있다. 이렇게 영매술을 ESP의 연장으로 보려는 이유는 초심리 상태와 유사하게 영매들도 일종의 최면상태에서 능력을 발휘하기 때문이다. 이처럼 서로 작용하는 방식이 비슷하다면 그 밑바닥에는 하나의 공통된 원리가 자리한다고 볼 수 있지 않겠는가?

실제로 실험적 측면에서 초심리 현상을 연구한 라인 교수는 영매들이 일종의 초능력자이며, 이들이 여러 종류의 초감각 지각과 염력을 비교적 자유자재로 활용하여 일반적으로 실험실에서 발휘되는 것보다 훨씬 강력한 능력을 발휘한다고 보았다.[50]

영국 버밍엄 대학의 그리스 고전학 교수를 지내고 1961년 영국 심령연구학회의 회장을 맡았던 E. R. 도즈E. R. Dodds 교수는 한발 더 나아가 슈퍼 ESP 가설이 모든 종류의 최면상태에서 행해지는 정보 습득을 일목요연하게 설명해낼 수 있다고 주장했다.[51]

현재로서는 슈퍼 ESP 가설이 영매술에 대한 가장 매력적인 설명처럼 보이지만 여전히 의문은 남는다. 정말로 슈퍼 ESP가 작동한다면 실험실에서 활동하는 다른 초능력자들처럼 주어진 과제에 답만 주면 되는데, 마치 죽은 자의 영혼이 말하는 듯한 장면을 연출하는 이유는 무엇일까?

그리고 무엇보다 주목해야 할 점은 지금까지 실험실에서 행한 어떤 종류의 초심리학적 실험결과도 양이나 질 측면에서 영매술로부터 나온 결과와 비교할 수 없을 만큼 보잘것없다는 사실이다. 결국 슈퍼 ESP 가설이 입증되려면, 뛰어난 초능력자가 실험실에서 죽은 영혼으로부터의 도움을 언급하지 않고 스스로 영매들이 보여주는 것과 동일한 수준의 정보 습득이나 염력을 시연하는 방법밖에는 없어 보인다.

어쩌면 통제된 실험실에서의 초능력자들과 달리 영매들이 뛰어난 능력을 발휘하는 이유는 강력한 자기 암시 때문일지도 모른다. 자기 자신이 아닌 다른 누군가의 힘을 빌려 초능력을 발휘한다는 신념 때문에 정말로 엄청난 능력이 발휘되는 것이다. 그리고 영매들은 실제로 그런 '정보와 힘의 원천'에 쉽게 접근해서 이를 활용할 수 있는 능력을 가지는 듯하다.

그 원천은 앞서 소개한 정적인 저수지가 아니라 우주적 지능으로 볼 수 있다. 또 여기서 작동자로 나타나는 유령이나 영매를 통해 말을 걸어오는 존재는 시공간을 초월하여 발현되는 새로운 종류의 에너지 또는 실체로, 파울리가 카를 융과의 교류를 통해 생각하게 된 '사이코이드 원형(psychoid archetype)'일지도 모른다. 파울리는 이런 존재를 '보이지 않는 잠재적인 형태의 실체(invisible, potential form of reality)'로 보고, 그러한 존재는 그것이 끼치는 영향을 통해 간접적으로밖에 추측할 수 없다고 생각했다.[52]

■ 카를 구스타프 융의 저서 《카를 융 기억 꿈 사상》의 한국어판 표지 ⓒ 김영사

하지만 카를 융은 이런 사이코이드 원형과 결부되지 않은 진정한 사후세계가 존재할 가능성을 열어두었다. 저서 《카를 융 기억 꿈 사상》에서 그는 "죽은 자가 유령으

로든 영매를 통해서든 자신을 나타내고, 자기만 알고 있는 일들을 전해 준다. 충분히 증명될 수 있는 사례들이 있기는 하지만, 유령이나 목소리가 죽은 자와 동일한 것인가 아니면 심리적인 투사인가, 또는 그 말들이 정말 죽은 자로부터 나오는지, 어쩌면 무의식에 존재하는 지식에서 나오는 것은 아닌지 하는 의문은 여전히 풀리지 않은 채 남아 있다." 라고 말했다.[53]

전생을 생생히 기억하는 아이들

—— 세월이 흘러 3세가 된 어느 날, 윌리엄은 충동적으로 소란을 피우기 시작했고, 도린은 여느 어머니처럼 가만히 있지 않으면 매를 들겠다고 아들에게 주의를 주었다. 그러자 갑자기 그 아이는 "엄마가 어린애였고 내가 엄마의 아빠였을 때 엄마는 말썽을 자주 피웠지만 난 한 번도 엄마를 때린 적이 없어!"라며 소리쳤다.

— 환생에 대한 오랜 믿음이 되살아나다

환생(還生, reincarnation)은 사후의 생존을 증명하는 듯한 또 하나의 예다. 환생이란 죽은 후에 영혼이 새로운 육신에 깃들여 인간이나 동물, 또는 초목으로 태어나는 현상, 혹은 그런 믿음이다.

이런 믿음은 먼 옛날부터 주로 인도를 비롯한 불교 국가에서 종교적 신조로 전해 내려왔다. 하지만 기독교나 유대교, 이슬람교에는 이런 개념이 존재하지 않았기 때문에, 19세기 들어 쇼펜하우어나 니체 등이 서구에 이를 소개하기 전까지 서양인들에게는 환생이라는 개념 자체가 없었다. 하지만 20세기에 미국의 윌리엄 제임스 교수가 종교적 체험에 나타나는 심리학을 연구하면서 환생은 학문적 관심의 대상이 되기 시작했다. 카를 구스타프 융 또한 환생을 본격적으로 연구한 서구의 학자 중 하나였다. 그는 환생을 잠복기억(cryptomnesia, 과거에 체험한 사실을 새롭고 독창적인 것으로 느끼는 심리 현상)의 일종으로 보면서, 사후에도 기억이나 자아가 지속되는 현상의 중요성을 강조했다.[54]

환생에 관한 문제는 종종 신문이나 방송에 해외토픽으로 등장하기도 했다. 티베트 불교의 종교 지도자인 달라이 라마는 대를 거듭하여 계속 환생한다고 알려져 있다. 그래서 티베트 불교에서는 달라이 라마가 죽으면 그가 환생해서 태어난 아이를 찾는 것이 예로부터 아주 중요한 종교행사였다. 티베트 불교에 의하면 환생한 아이는 전생에서 자신이 달라이 라마였다는 사실을 또렷이 기억한다. 따라서 그를 찾아간 사람들은 그가 정말 달라이 라마의 환생인지를 최종적으로 확인하기 위해 그에게 여러 가지 물건을 제시하고 생전에 그가 아끼던 물건을 선택하도록 한다.

이와 같은 일은 티베트 불교라는 특수한 종교 집단에 한해서만 일어난다고 알려졌으며, 과학적 잣대를 들이댄 엄밀한 연구가 아직 이루어지지 않은 상황이었기에 서양인들은 환생의 실재에 대해 반신반의하고 있었다. 그런데 이런 환생의 문제를 학문적 차원에서 본격적으로 연구한 학자가 있었으니, 버지니아 대학 정신의학과 교수를 지낸 이안 스티븐슨Ian Stevenson이 바로 그다.

— 태국의 어린 소년이 전생을 증명하다

한때 주류 정신학 분야에서 잘나가는 전문가였던 스티븐슨은 1958년 죽음 이후의 삶과 관련된 비정상적 정신 현상에 대하여 미국 심령연구학회가 주최한 논문 경연 콘테스트에 〈이전 삶에서의 기억들로부터 도출된 죽음 후의 삶에 대한 증거들(The Evidence for Survival from Claimed Memories of Former Incarnations)〉이라는 논문을 제출해 당선되면서 인생에 새로운 전기를 맞는다.

이 논문은 사실 스티븐슨 자신이 직접 연구한 내용이 아니라 이전에 기담으로 잡지나 책 등에 소개되었던 내용을 모아 패턴을 분석해내고 그 결과를 쓴 것이었는데, 자신도 막상 그런 작업을 하면서 매우 일관된 패턴이 존재함에 놀랐다고 한다.[55]

이 논문이 출판되어 널리 알려지자 그에게 환생에 관련된 제보들이 들어오기 시작했고, 결국 그는 환생 연구에 발 벗고 나서게 된다. 그가 대학에 소속된 자신의 신분을 유지하면서도 주류 학계의 비판을 받을 만한 내용을 안정적으로 연구할 수 있었던 데에는 후원자의 도움이 큰 역할을 했다. 그 후원자는 초심리학에 관심이 많았던 발명가 체스터 찰슨Chester Charlson으로, 스티븐슨의 논문을 읽고 그를 적극 후원하기로 결심했다고 한다.

체스터 찰슨은 '제록스Xerox'라는 회사를 탄생하게 해준 복사기 원리를 최초로 발명해 엄청난 돈을 벌어들인 발명가였다. 그는 버지니아 대학에 조건부 기부를 하면서, 스티븐슨 교수가 그 학교에서 환생에 대해 안정적으로 연구할 수 있는 연구 부문을 설립할 것을 요구했다. 처음에 학교 당국은 망설였으나 어쨌든 학교로 들어오는 기부금을 놓칠 수 없어 마지못해 승낙했다고 한다. 정신분석학과 학과장을 맡고 있던 스티븐슨 교수는 1967년 자리에서 물러나 인격 연구 부문장으로서 본격적인 환생 연구를 시작했다.

그는 이후 40여 년간 자신의 전생에 대해 이야기하는 어린 아이들의 사례를 2,500건 이상 수집, 연구하고 정리했다. 그는 1966년 저술한 자신의 처녀작 《환생을 암시하는 20가지 사례들Twenty Cases Suggestive of Reincarnation》과 1987년에 쓴 자신의 대표작 《전생을 기억하는 아이들Children Who Remember Previous Lives》에 2~7세의 아이들이 자신의 전생에 대해 이야기하는 내용을 직접 인터뷰하여 정리했다.

거기서 그는 아이들이 묘사하는 전생의 성격이나 그 밖의 세부사항이 실제로 과거에 존재했던 인물과 일치하는지 여부를 조사했다. 또한 전생에서 죽을 때 난 상처가 종종 현생에서 탄생표식(birthmark)이나 흉터(birth defect)로 남는다는 사실도 발견했다. 그는 이에 착안하여 1997년 전생의 인물에 대한 의료적 자료들을 현생 인물의 탄생표식이나 흉터들과 대조하거나 비교하여 그 관련성을 보여주는 내용을 담은 책 《환생과 생물학Reincarnation and Biology》을 펴내기도 했다.

그 책에는 1967년 태국의 시골지역에서 태어난 차나이 추말라이웅에 관한 신비로운 이야기가 등장한다. 너무도 가난했던 그의 부모는 그가 어렸을 적에 일을 찾아 도시로 떠났고, 할머니가 그를 맡아 기르게 되었다. 그는 3세가 되었을 때부터 아이들과 놀면서 선생 역할만 고집하더니, 말문이 트이자 할머니에게 자신이 전생에 '부아 카이'라는 이름의 선생이었으며 학교로 가는 길에 총에 맞아 죽었다는 충격적인 이야기를 했다.

그리고 전생에서 자신의 부모 이름은 '키안'과 '용'이었고, 부인은 '수

안'이었으며, 쌍둥이 딸 '토이'와 '팀'이 그의 가족이었다고도 했다. 그는 자신이 전생에 '반 카오 프라'라는 마을에 살고 있었다며, 아직도 그의 가족들이 거기에 살고 있으니 자신을 데려다 달라고도 했다.

할머니는 처음에는 어이없어 하며 그 말을 무시했지만, 차나이는 집요하게 자신을 '자신의 마을'로 데려다 달라며 떼를 썼다. 결국 할머니는 어쩔 수 없이 그를 반 카오 프라로 데려갔다. 그런데 버스에서 내리자마자 그는 마치 그곳이 자기가 살고 있는 동네인 것처럼, 한 치의 망설임도 없이 할머니의 손을 이끌고 어떤 집을 향해 걸어가기 시작했다.

그 집에 도착해보니 그곳에는 놀랍게도 키안과 용이라는 노부부가 살고 있었다. 차나이는 자신을 부아 카이라고 소개하며 그들을 각각 아버지, 어머니라고 불렀다. 자신이 8년 전 살해된 아들이라는 그의 말에 노부부는 당혹스러워했으나, 시간이 지나자 차츰 그에게 호기심을 갖게 되었고, 며칠 후 다시 한 번 방문해달라고 요청했다.

차나이가 다음번에 그곳에 갔을 때, 그 집에는 호기심에 가득 찬 가족들이 모두 모여 있었다. 그들은 차나이의 기억을 시험하기 시작했다. 누군가가 가족 중 한 여인을 가리키며 그녀가 누군지 묻자 차나이는 그녀가 부아 카이의 미망인 수안이라고 대답했다. 또 가족들은 그를 시험하기 위해 부안 카이가 학교에서 집으로 돌아오는 길에 총에 맞았다고 우겼지만, 소년은 이에 굴하지 않고 자신은 집에서 학교로 가는 길에 총에 맞았다고 대답했다.

마지막으로 부아 카이의 어머니는 벨트 6개를 꺼내 와서 소년에게 어떤 것이 부아의 벨트였는지 고르라고 했다. 그러자 차나이는 주저 없이 곧바로 벨트 하나를 골라서 "엄마, 이것이 내 거예요."라고 말했다. 소년이 모든 질문을 정확히 알아맞히자, 가족들은 눈물을 흘리며 부안 카이가 차나이로 환생했음에 감격해 마지않았다.[56]

— 비불교권의 환생 사례, 아들로 태어난 아버지의 혼

스티븐슨의 연구결과는 서구권에 상당한 반향을 일으켰다. 하지만 초기에 조사한 그의 사례는 주로 남아시아의 힌두교나 불교권 국가, 레바논과 터키의 시아파 교도, 그리고 서아프리카 원주민과 북미 인디언 부족처럼 환생에 대한 오랜 믿음이 존재했던 지역에 치우쳐 있었다.

이에 비판가들은 환생 문제가 특정 문화나 전통을 배경으로 하는 종교적 신념에 불과한 것이 아니냐며 의문을 제기했다. 후에 스티븐슨은 이런 지적을 받아들여 서양의 사례를 위주로 연구를 진행했고, 그 결과로 2003년 《환생 유형의 유럽 사례들European Cases of the Reincarnation Type》이라는 책을 출간했다.

네덜란드 불멸 연구재단(Athanasia Foundation)의 티투스 리바스Titus Rivas도 네덜란드에서 환생으로 보이는 3건의 사례를 수집하여 보고한 바 있으나, 이안 스티븐슨의 사례처럼 전생에 대한 철저한 확인 작업은 이루어지지 않았다. 진술을 한 아이들이 관련된 지명이나 인명 등을 정확히 기억하지 못했기 때문이다.[57]

환생 사례가 왜 힌두교나 불교권에 압도적으로 많은지에 대해서는 논란의 여지가 있다. 어쩌면 환생은 강렬한 신조나 의지와 관련된 것인지도 모른다. 하지만 2007년 이안 스티븐슨이 타계한 후 버지니아 대학에서 그의 후임으로서 연구에 매진하고 있는 짐 터커Jim Tucker 교수는 다른 해석을 내린다.

실제로 그는 환생을 믿지 않는 지역에서는 환생을 체험한 아이들이 정신이상자 취급을 받을까 두려워 자신의 체험을 이야기하지 않으려고 하는 경향이 있음을 밝혀냈다. 환생을 믿는 지역에서 어느 아이가 자신의 전생을 이야기하면 동네방네 소문이 나고, 자연스럽게 연구자들이 접근할 수 있는 분위기가 조성되었던 것과 대조적이다. 터커 교수는 서구권의 환생 사례가 상대적으로 드문 이유가 이 때문이라고 생각한다. 실제로 미국 등 서구권에서 드물게 보고된 몇몇 사례들을 살펴보면, 아이의 부모가 전생에 대한 믿음을 갖고 있을 때 주로 연구자들의 접근이 가능했다.

터커 교수는 2005년에 《생 이전의 생Life before life》라는 책을 저술했는데, 여기에는 주로 환생을 체험한 서양 아이들에 대한 조사 내용이 담겨 있다.

터커 교수가 조사한 사례 중 다음과 같은 흥미로운 것이 있다. 1997년 미국 뉴욕 시에서 도린Doreen이라는 여성이 한 아이를 낳았는데, 그 아이는 폐동맥이 제대로 형성되지 않아 폐에 혈액이 공급되지 않는 폐쇄증(pulmonary valve atresia)으로 태어나자마자 숨을 멈추었다. 응급조치로 겨우 살려낸 그 아이는 폐쇄증 이외에도 우심방이 제대로 형성되지 않은 장애를 안고 태어났다. 이 때문에 여러 차례의 외과수술을 거친 후에야 겨우 목숨을 부지할 수 있었다.

세월이 흘러 3세가 된 어느 날, 윌리엄은 충동적으로 소란을 피우기 시작했고, 도린은 여느 어머니처럼 가만히 있지 않으면 매를 들겠다고 아들에게 주의를 주었다. 그러자 갑자기 그 아이는 "엄마가 어린애였고 내가 엄마의 아빠였을 때 엄마는 말썽을 자주 피웠지만 난 한 번도 엄마를 때린 적이 없어!"라며 소리쳤다고 한다.

이 말을 들은 도린은 처음엔 어안이 벙벙했지만, 윌리엄이 자기가 도린의 아버지였던 시절에 무슨 일이 있었는지를 몇 가지 더 말해주자 그녀는 정말로 자신의 아버지 존 맥코넬John McConnell이 윌리엄으로 환생했다고 믿게 되었다.

윌리엄은 도린에게 그녀가 어렸을 때 키우던 고양이의 이름이 무엇이었는지 물었다. 도린이 '매니악'이라고 답하자 윌리엄은 그 고양이 말고 하얀 고양이의 이름을 말하라고 했다. 그는 도린이 키우던 고양이가 두 마리라는 사실을 알고 있었던 것이다. 도린은 이 질문에 다시 '보스턴'이라고 답했고, 그러자 윌리엄은 자신이 전생에서 그 고양이를 '보스'라는 별명으로 불렀다는 사실을 지적했다. 이는 도린의 기억과 정확히 일치하는 내용이었다. 그녀는 엄청나게 놀라면서도 윌리엄이 자기 아버지의 환생이라고 믿을 수밖에 없었다.

그런데 윌리엄의 환생에는 한 가지 비밀이 있었다. 도린의 아버지는 뉴욕의 퇴역 경찰 출신 경비요원이었는데, 1992년 어느 날 근무 도중 한 전자상가에 쳐들어온 강도들과 대치하다가 6발의 총알을 맞고 죽었다. 그 6발 중에서 그에게 치명상을 입힌 총알은 폐와 우심방을 관통하고 이들을 연결하는 동맥을 파열시켰는데, 윌리엄이 선천적으로 타고난 폐혈관과 우심방의 장애는 도린의 아버지가 입었던 치명상과 놀랍게도 일치했던 것이다.[58]

— 환생의 증거에 나타나는 공통점들

환생을 했다고 주장하는 아이들은 자신의 전생에서 일어난 일을 상당히 상세하고 정확하게 기술한다. 수년 전에 연예인들을 대상으로 실시된 역행최면에 의한 전생 체험이 방송을 탄 일이 있는데, 이와는 달리 환생을 주장하는 아이들은 최면의 도움 없이도 자신의 전생을 막힘없이 이야기하는 것이다.

그들이 보여주는 이른바 '행동기억(behavioral memories)' 또한 그들의 환생을 증명해준다. 자신이 환생했다고 주장하는 아이들은 종종 가족들 사이에서 보편적이지 않은 자신만의 특징적인 행동을 보여주는데, 이 행동은 자신이 전생에 살았던 환경을 반영한다.

예를 들어 인도의 한 불가촉천민 집안에서 태어난 아이는 자신이 전생에 브라만 승려였다고 주장하면서, 자기 가족들이 먹는 음식을 더럽다고 거부했다. 또 자신이 줄로 목을 매달아 자살한 사람의 환생이라고 믿는 한 아이는 로프를 매듭지어 고리를 만들어 가지고 노는 습관을 가지고 있었다. 그런가 하면 전생에 자신이 학교 선생이었다고 주장하는 한 아이는 친구들을 모아놓고 가르치는 놀이를 즐기기도 했다.

또한 지금까지 조사된 환생 사례의 1/3 정도에서 전생의 죽음에 관련된 공포가 발견되었다. 이 또한 행동기억의 일종인데, 자신이 물에 빠져 죽은 사람의 환생이라고 주장하는 아이는 물을 두려워했고, 총에 맞아 죽은 경우에는 총기류와 큰 소리에 대한 공포를 가지고 있었다. 그리고 교통사고를 당해 죽은 경우에는 자동차에 대한 두려움을 나타내 보였다.

어떤 이들은 전생에 자신이 지금과 다른 성별이었다고 주장한다. 이런 아이들은 복장도착적인 습관을 보이고, 자신과 다른 성별의 아이들이 즐기는 놀이를 한다. 이런 경향은 나이를 먹어가면서 차차 사라지지만, 몇몇 경우엔 성별이 뒤바뀐 삶을 영위하거나 양성애자가 되기도 한다. 어쩌면 오늘날의 성전환자들은 비록 전생에 대한 뚜렷한 기억은 없어도 전생의 습관이 남아서 그런 삶을 살고 있는 것인지도 모르겠다.[59]

환생을 주장하는 아이들은 단지 전생을 기억하고 전생의 모습대로 행동할 뿐 아니라, 윌리엄의 사례처럼 태어날 때부터 전생의 참혹한 죽음과 관련된 모반, 즉 흉터를 지니고 태어나기도 했다. 스티븐슨은 환생 사례를 연구하면서 전생의 사람이 죽었을 때 입은 상처에 대한 정보를 검시 보고서나 병원기록 등을 통해 확보했고, 많은 경우 그 상처의 위치가 환생한 아이들의 흉터와 같음을 확인했다. 예를 들어 총에 맞아 관통상을 입고 죽은 사람의 환생이라고 주장한 어떤 아이는 그 사람이 총알에 관통상을 입은 부위와 동일한 부위에 모반을 갖고 태어났다. 물론 죽음과 관련된 상처가 항상 모반으로 나타나는 것은 아니다. 예를 들어 전생 때 실수로 한 손가락을 절단 당했지만, 이와는 무관한 질병으로 사망한 사람의 환생이었던 아이가 해당 손가락이 없는 상태로 태어난 경우도 있다.

— 슈퍼 ESP 이론으로 환생을 설명할 수 있을까?

스티븐슨은 개인적으로 환생의 존재를 믿었다. 하지만 그는 과학자로서 자신이 40여 년간 수집한 사례를 매우 조심스럽게 분석했으며 어떠한 단정적인 결론도 내리지 않았다. 하지만 그는 자신의 조사결과에서 조작의 가능성이 보이는 사례를 모두 제외했음에도 불구하고, 과학적으로 매우 신뢰할 만한 사례가 2,500건 이상이나 남았다는 사실을 발견했다.

환생 체험은 어쩌면 일종의 텔레파시에 의해 일어나는 것일 수도 있는데, 이는 죽은 사람들의 과거 행적을 초일류 탐정보다도 더 소상히 알아내는 정신적 영매들의 능력과도 유사하다. 영매들은 그런 정보를 죽은 사람의 영혼으로부터 얻었다고 주장한다. 마찬가지로 자신이 환생했다고 주장하는 아이들도 전생에 살았던 사람들의 생에 대해서 소상히 설명한다. 그들이 영매와 다른 점은 자신이 바로 그 죽은 사람의 영혼을 가지고 태어났다고 주장한다는 점이다.

우주적 심령 저수지 가설이나 슈퍼 ESP 이론으로 영매들의 능력을 설명하려는 시도가 있듯이, 환생을 주장하는 아이들의 체험을 이런 이론으로 설명하려는 이들도 있다. 그러나 영매들은 초능력을 빈번하게 발휘하지만, 자신이 환생했다고 주장하는 아이들은 지금껏 그런 능력을 발휘한 예가 없다.

따라서 초능력자인 영매가 과거의 일들을 소상히 설명하고 유령을 나타나게 하는 현상은 슈퍼 ESP 이론으로 어느 정도 설명 가능해 보이지만, 자신이 환생했다고 주장하는 아이들의 경우는 이에 해당하지 않아 보인다.

— 이승에 미련을 가진 영혼만이 다시 태어날 수 있다

고대 이집트인들은 사람이 죽으면 육신은 썩어 없어지지만, 그 뒤에도 살아남아 인격을 유지하는 무형의 요소들이 존재한다는 믿음을 가지고 있었고, 그런 무형의 요소에는 카, 바, 그림자 등 여러 종류가 있다고 보았다. 그들은 이런 무형의 존재들이 적절한 주술적 조치에 의해 다시 살아 있는 인간에 깃들일 수 있다고 생각했다. 불교나 힌두교 문화에서도 사후에 살아남은 무형의 인격이 환생을 통해 이 세상으로 다시 돌아오는 일이 반복된다는 윤회輪廻에 대한 신조가 오랫동안 지켜져 왔다. 하지만 현대 주류 과학계는 지금까지 알려진 어떤 과학적 메커니즘도 죽음 후에 인격이 살아남아서 다른 육체로 이동하는 현상을 설명할 수 없다며 환생을 부정적으로 본다.

환생이 과학적 논리에 맞지 않는다고 주장하는 이들은 대부분의 사람들이 자신의 전생을 기억하지 못한다는 사실을 적절히 설명할 수 있는 방법은 없다고 지적한다. 이에 대해 이안 스티븐슨은 원래 자신의 전생을 기억하지 못하게 하는 메커니즘이 존재하며, 이 메커니즘에 가끔씩 이상이 생겨 나타나는 것이 전생의 기억이라고 대응했다.

한편 그와는 반대로 사후에는 영혼이 다른 세계로 가는 것이 정상이지만, 간혹 이승에 미련이 있어 환생하는 아주 예외적인 경우가 있다는 식의 설명도 가능하다. 이때 죽은 영혼이 타인의 영혼이 깃들여야 할 새로 태어나는 신체를 가로채는 빙의 현상이 일어날 수 있는데, 환생은 그러한 빙의 현상의 일종으로 볼 수도 있다. 물론 일반적인 빙의 현상과 아이들이 진술하는 환생에서 드러나는 증상 자체가 너무 다르다는 이유로 짐 터커 교수는 이에 동의하지 않는다.

어쨌든 위의 두 가지 설명 모두에서 알 수 있다시피 전생을 기억하는 환생이 매우 특별한 경우라는 점은 확실한데, 스티븐슨이 조사한 결과 전생을 기억하는 아이들은 대부분 전생에 큰 고통을 받으며 죽거나 부적절한 시기에 죽었다고 한다. 다시 말해 이승에 미련이 남을 만한 일을 전생에 겪었기 때문에 저승으로 갔다가도 바로 이승으로 돌아온다는 이야기다. 달라이 라마의 환생도 이승의 티베트 불교 전통을 유지하기 위한 강한 의지 때문에 가능한 것일까?

환생에 대해 비판적인 입장이었던 칼 세이건은 1991년 달라이 라마를 만나 티베트 불교의 가장 근본적인 신조인 '환생'이 과학에 의해 부정된다면 어떻게 할 것이냐고 물었다. 그 질문에 달라이 라마는 '그렇게 된다면 티베트 불교가 환생의 신조를 버려야겠지만, 현대 과학은 그런 결정적 증거를 내놓을 수 없을 것'이라고 답했다.[60]

그 후 세이건은 환생에 대해 다소 덜 비판적인 태도를 보였는데, 그는 이른바 '사이비 과학과 미신'들에 온갖 저주를 퍼부은 그의 1995년 저서 《악령이 출몰하는 세상The Demon-haunted World》에서도 "나는 비록 마이크로 염력이나 환생을 믿지는 않지만, 이와 관련해 어느 정도 실험적인 지지 정황이 있음에는 유의한다."라고 말했다.[61] 여기서 세이건이 말하는 '환생에 관한 실험적 지지'란 이안 스티븐슨의 업적을 이르는 것임에 틀림없어 보인다.

— 인구 증가와 환생, 범우주적으로 일어나는 환생

환생에 대한 또 다른 반론은 환생이 인류의 인구 증가와 모순된다는 것이다. 과거의 모든 사람들이 현재에 반복해서 태어난다면 어떻게 인구가 증가할 수 있느냐는 이런 의문에 대해서는 생명체들끼리의 상호 환생이 가능하다는 식으로 답할 수 있다. 즉 인간이 다른 동물로 태어날 수도 있고 그 반대도 가능하며, 심지어는 환생이 지구에만 국한되지 않고 우주의 다른 영역과도 연결되어 일어날 수 있다는 것이다.

실제로 존 맥 교수가 조사한 사례들에서 역행최면을 통해 자신이 전생에 외계인이었음을 확인한 경우가 있는 것을 보면,[62] 이런 식의 설명이 그저 황당무계하다고만 말할 수는 없다. 어떤 이는 새로운 영혼이 우주의 지고자至高者에 의해 계속 만들어지고 있다고 주장하기도 한다. 앞서 소개했듯이 우주의 모든 것이 원자 이하의 레벨에서 모두 연결되어 있다는 양자역학적인 주장도 제기된 바 있다. 어쩌면 이런 우주적인 네트워크를 통해 우주 전체의 정보가 공유되면서 범우주적인 환생이 일어나고 있는지도 모른다.

스티븐슨에 의하면 이제껏 발견된 중요 사례들은 환생이 정말로 존재한다는 증거일 수밖에 없다. 또 이런 증거는 우리 인간의 마음이나 영혼이 뇌나 육체와는 별개로 일종의 '정신계' 또는 '무형의 영역'에 존재함을 시사한다. 그는 나아가서 모반 등의 표식에 대한 기억을 수정란이나 태아의 신체, 태도나 기호 등에 전달하는 비물질적인 정신 요소가 존재한다고 가정하고 이를 '정신 전달자(psychopore)'라 명명했다.[63] 과연 그의 연구결과처럼 죽음 뒤의 삶은 실제로 존재할까? 그래서 저승에 살아남은 인격체가 환생을 통해 다시 이 세상으로 돌아오고 있는 것일까?

근사 체험, 죽었다가 다시 살아난 사람들

—— 잠시 후, 그는 평온과 정적에 휩싸였다. 그가 아래를 내려다보니 자신의 육신이 침대에 누워 있었다. 신발에서는 연기가 나고 있었으며, 손에 쥔 전화기는 녹아내려 있었다. 그의 여자 친구가 부엌에서 황급히 뛰어와 그를 살리기 위해 심폐소생술을 시도했지만, 이 모든 것을 내려다보고 있던 그에게 그 모습은 마치 탤런트들이 연기하는 TV 드라마처럼 보였다.

— 육체를 벗어난 또 한 명의 나

환생을 주장하는 아이들은 전생과 현생 사이에서 겪은 일들을 이야기하지 않지만, 앞서 소개한 윌리엄은 예외였다. 그는 전생이 끝나고 여러 단계를 거쳐 천국에 갔다며, 거기서 동물들을 보았지만 그들은 전혀 물거나 덤벼들지 않았다고 말했다. 또 그는 인간뿐 아니라 동물들도 환생을 한다고 했다. 무엇보다 재미있는 것은 그가 신을 만났으며, 신에게 이승으로 되돌아가기를 청해서 다시 왔노라고 진술했다는 사실이다.[64]

이쯤 되면 어디까지가 진실이고 어디까지가 거짓인지 헷갈린다. 윌리엄은 확고한 태도를 가지고 자신의 전생을 매우 정확하게 기술했다. 천국 체험을 얘기할 때도 그의 확고한 태도는 전혀 달라지지 않았다. 앞서 우리는 전생에 대한 그의 묘사가 매우 정확했음을 알아보았는데, 그렇다면 천국에 대한 그의 이야기도 확실하다고 믿을 수 있을까?

임상학적인 죽음에 이르렀다가 다시 살아난 사람들은 윌리엄이 말한 것과 유사한 체험을 고백한다. 이를 '근사 체험'이라고 하는데, 영화 '사랑과 영혼'에서 주인공이 사후에 체험하는 여러 단계들은 근사 체험자들의 증언을 토대로 만든 장면이다. 근사 체험자는 비교적 일관된 체험을 하는데, 그 공통적인 패턴은 다음과 같은 7단계로 나뉜다.

1단계는 육체와 분리된 또 다른 자신이 존재함을 자각하는 단계다. 일반적으로 '체외이탈(out of body experience)'이라고 하는 이런 체험은 보통 다음과 같은 형태를 취한다. 자신의 육신이 침대에 누운 채 죽어 있고, 그 옆에서 육신을 쳐다보는 또 다른 자신은 공중으로 부양되는 느낌을 받으며 실제로 공중에 떠오른다.

2단계에서는 자신이 저승으로 갈 입구에 동굴 또는 회오리바람 같은 깔때기가 존재함을 자각한다. 이를 보통 '터널 체험'이라고 하는데, 그 광경이 너무나도 이상해서 정확히 묘사할 표현을 찾을 수 없을 정도다.

3단계는 어두운 터널을 벗어나 빛나는 경관이 펼쳐진 '천국의 입구'에 도달하며, 자신의 몸이 빛으로 이루어져 있음을 자각하고 또 주변의 다른 이들도 빛나고 있음을 목도하는 단계다.

이어서 4단계에서는 위대한 빛의 존재들과 조우하며, 이들로부터 무한한 사랑의 세례를 받고, 5단계에서는 이승에서 보낸 자신의 삶을 파노라마처럼 회고하며 부끄러움과 후회의 감정을 느끼지만 그 내용에 의해 자신이 단죄될 것이라는 공포를 느끼지는 않는다.

6단계가 되면 그대로 저승 또는 천국으로 가고 싶지만 자신이 이승에서 마무리해야 할 임무가 있음을 깨닫고 마음을 고쳐먹는다. 마지막 7단계에서 체험자는 다시 살아나서 맡겨진 임무를 수행하는 데 정진하며 근사 체험을 하기 전과는 아주 다른 삶을 살아간다.[65]

— 벼락을 맞고 죽었다 살아난 사나이

대니언 브링클리Dannion Brinkley는 벼락을 맞고 죽었다 살아난 행운의 사나이다. 어찌나 벼락이 셌는지 그가 신고 있던 신발에 박힌 못이 녹아버릴 정도였다.

1975년 9월, 25세의 대니언은 저녁식사 후 자신의 휴대전화로 걸려 온 전화를 받기 위해 침실로 향했다. 침실에서 열심히 통화를 하고 있던 그는 갑자기 고막이 터질 정도로 큰 소리를 들었고, 곧바로 머리에 엄청난 충격을 느꼈다. 집 안에서 벼락을 맞은 것이다. 그 직후 그는 온몸에 극렬한 통증을 느꼈다.

하지만 잠시 후, 그는 평온과 정적에 휩싸였다. 그가 아래를 내려다보니 자신의 육신이 침대에 누워 있었다. 신발에서는 연기가 나고 있었으며, 손에 쥔 전화기는 녹아내려 있었다. 그의 여자 친구가 부엌에서 황급히 뛰어와 그를 살리기 위해 심폐소생술을 시도했지만, 이 모든 것을 내려다보고 있던 대니언에게 그 모습은 마치 탤런트들이 연기하는 TV 드라마처럼 보였다.

여자 친구의 심폐소생술 덕에 그는 잠시 자신의 육체로 되돌아왔으나 극심한 고통을 느끼면서 다시 몸 밖으로 빠져나왔다. 곧이어 그의 친구와 앰뷸런스가 집에 도착했고, 그의 육신은 응급요원들에 의해 앰뷸런스에 실려 병원으로 이송되었다. 자신의 육신이 실려 가는 동안 그는 옆에 앉아서 무덤덤하게 자신의 육신을 내려다보았다.

■ 대니언 브링클리

그의 육신이 응급실에 도착하자 의사들이 심폐소생술을 실시했는데, 그 힘이 어찌나 강했는지 갈비뼈가 부러질 정도였다. 그래도 대니언이 깨어나지 않자 의사들은 그의 몸에 전기충격을 가하고 아드레날린을 주사했다. 하지만 아무 소용이 없었다. 그는 의학적으로 사망한 것이다. 주임 의사는 응급실에서 나와 대기실에 모여 있던 그의 가족과 친구들에게 대니언이 죽었다고 선언했다.

모든 일이 일어나는 동안 대니언의 영혼은 터널 같은 곳을 지나면서 아주 황홀한 체험을 했다. 그의 앞쪽에는 밝은 빛이 있었는데, 그 빛이 점점 가까이 다가오자 그것은 어떤 강력한 존재로 인식되었다. 그는 그 존재로부터 나오는 빛이 무한정한 사랑이며, 자신에게 어떤 단죄나 징벌도 내리지 않을 거라고 확신했다. 이제 대니언은 자신이 정말로 영혼이 되었다는 사실을 온몸으로 느끼면서 자신의 몸이 가볍게 빛나고 있음을 자각했다. 주위를 둘러보니 자신처럼 빛나는 존재들이 더 있었고, 그들은 아주 높은 주파수로 떨리고 있었다.

대니언은 빛나는 위대한 존재가 내뿜는 빛에 휩싸여 자신의 일생을 돌아보았다. 그는 자신이 잘못된 삶을 살았다는 것을 깨달았으며, 특히 매우 이기적으로 살아왔다는 사실이 몹시 부끄럽고 후회되었다. 하지만 그로 인해 심판받지 않을 것이라는 확신이 있었기에 고뇌나 공포는 없었다. 그는 수정의 도시에서 13명의 빛나는 위대한 존재를 만났고, 그들은 그에게 미래에 대한 여러 가지 영상을 보여주었다. 마침내 그는 지구상에 인류의 스트레스를 해소해주는 센터를 설립하라는 사명을 부여받고 육신으로 다시 돌아오게 되었다. 대니언은 육중하고 고통스러운 육신으로 다시 돌아가고 싶지 않았지만, 이승에서 그에게 주어진 임무를 수행하기 위해 기꺼이 육신으로 돌아와 죽음에서 깨어났다.[66]

— 근사 체험, 헛것인가 진짜인가

근사 체험자와 매우 유사한 체험은 약물로도 유도 가능하다. 정신분석학자 스타니슬라브 그로프Stanislav Grof와 인류학자 조안 핼리팩스Joan Halifax가 환각제인 LSD를 사용해 피실험자의 인식구조 변화를 관찰한 결과, 근사 체험과 매우 유사한 상황을 경험하는 것으로 밝혀졌다. LSD를 복용하여 환각에 빠진 사람은 어두운 터널에서 밝은 빛으로 향하는 듯한 상황을 체험하는데, 이는 근사 체험자가 겪는 상황과 비슷하다.[67]

그렇다면 인간은 임종 순간에 죽음의 고통을 잊으려는 본능이 작용해 환각을 일으키는 물질을 분비하여 근사 체험자들의 경험과 같은 일련의 과정을 겪는 것일까? 연구자들은 이런 작용을 일으킨다고 추정되는 물질로 엔도르핀endorphin이나 케타민ketamine, 펜사이클리딘phencyclidine, NMDA 수용체, 세로토닌serotonin 등 강력한 환각작용을 일으키는 약물들을 꼽는다.

그중 가장 유력한 후보는 케타민이다. 임종 직전에 인체는 뇌에 해독을 끼치는 글루타민산염이라는 물질을 다량으로 분비하는데, 이때 글루타민산염의 작용을 방해하는 케타민 또한 분비된다. 그러면 외부 감각을 인지시키는 글루타민산염의 작용이 차단되면서 잠재된 기억이나 지

각이 느껴진다. 연구자들은 그것이 바로 근사 체험이라고 주장한다.[68]

하지만 근사 체험이 사후세계의 증거라고 믿는 이들은 이런 주장에 반론을 제기한다. 그들은 무엇보다도 죽기 직전에 글루타민산염이 다량으로 방출된다는 임상적 증거가 없으며, 있다 하더라도 위와 같은 메커니즘으로 근사 체험을 설명할 수는 없다고 말한다. 외부 감각을 인지시키는 글루타민산염의 작용이 차단되면서 일어나는 현상이 근사 체험이라면, 근사 체험 중에는 체험자가 외부에서 일어나는 일들을 전혀 알 수 없어야 한다. 그러나 오히려 근사 체험 중에 유체이탈을 통해 주변의 일들을 소상히 알게 되는 경우도 많다. 앞서 소개한 대니언의 근사 체험도 이런 예에 속한다. 그가 정말로 유체이탈을 통해 외부의 일들을 파악했는지 의문스럽긴 하지만 말이다.

그런가 하면 근사 체험이 죽어가는 뇌에서 발생하는 환각이라고 주장하는 이들도 있다. 뇌가 죽어가면 주변의 영상을 인식하는 기능이 저하되며, 따라서 뇌가 인식하는 영상이 중앙의 밝은 부분으로 한정되고 주변부는 어둡게 느껴진다. 이것이 근사 체험자들이 보았다고 말하는 터널에 대한 합리적인 설명이라고 그들은 주장한다.

하지만 죽어가는 사람들은 실제로 눈을 뜬 상태에서 영상을 보지 않는다. 게다가 눈을 감은 상태에서 과거의 기억을 바탕으로 환각을 일으킨다 해도 주변부가 보이지 않을 수는 없다. 또 뇌가 죽어가면서 기능이 떨어진다면 머릿속에 떠오르는 모든 것은 매우 복잡하고 혼란스러워야 할 것이다. 하지만 근사 체험자들의 보고를 들어보면 그들이 나름대로 질서정연하고 논리적인 체험을 했다는 것을 알 수 있다.

그리고 결정적으로 그러한 주장은 근사 체험을 마친 사람들이 깨어나서 곧바로 정상적인 활동을 시작한다는 사실에 정면으로 배치된다. 뇌가 손상되어 죽어가기 시작하면 그 상태를 정상으로 되돌릴 방법은 없다. 따라서 그 주장이 사실이라면 근사 체험자들은 모두 치명적인 뇌 손상으로 인해 말도 제대로 할 수 없어야 정상이다. 이런 사실을 종합해보면 근사 체험은 결코 뇌가 죽어가면서 생기는 환각이 아니라는 것을 알 수 있다.

— 뇌 기능이 멈춘 상태에서 일어난 근사 체험

팸 레이놀즈Pam Reynolds라는 여성은 두개기부 동맥류(basilar artery aneurism)를 수술받기 위해 뇌에서 피를 모두 뽑아내야 했다. 이 경우 뇌가 정상적으로 작동하면 혈액 결핍으로 인해 돌이킬 수 없는 손상을 받기 때문에, 뇌 기능을 의도적으로 정지시킬 필요가 있었다. 그래서 수술진은 그녀의 심장을 멈추고 체온을 매우 낮게 유지시킨 후에 뇌의 피를 뽑아냈으며, 수술은 그 상태에서 진행되었다.

수술이 진행되는 도중, 팸은 근사 체험을 했다. 그녀는 터널을 지나 빛이 비추는 곳으로 향했고, 거기서 돌아가신 할머니와 친척들을 만났다. 그들은 그녀가 빛 쪽으로 나아가려고 하자 더 이상 다가오면 다시 돌아갈 수 없다고 만류했다. 그녀는 자신이 고인들로부터 보호와 도움을 받고 있음을 깨닫고, 고인이 된 한 아저씨의 안내를 받아 수술실로

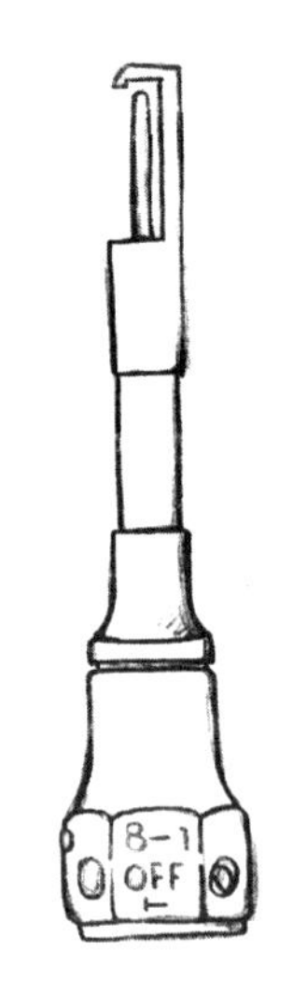

■ 팸 레이놀즈가 수술 도중 유체이탈을 통해 보았다고 주장하는 톱의 형태

돌아왔다. 하지만 만신창이가 된 자신의 몸을 보자 그녀는 다시 이승으로 돌아오기가 끔찍이도 싫어졌다. 아저씨는 포기하지 말라며 그녀를 독려했고, 결국 그녀는 자신의 몸 안으로 다시 들어가기로 결심했다. 그녀는 자신의 신체로 되돌아올 당시의 느낌을 마치 얼음이 가득 찬 풀장에 뛰어드는 것 같은 느낌이었다고 묘사했다.

여기까지가 이야기의 끝이라면 그녀가 망상이나 환각에 빠져 이야기를 꾸며낸 것에 불과하다고 주장해도 할 말이 없다. 하지만 팸은 근사 체험이 시작되자마자 의료진이 '미다스 렉스 톱(midas rex bone saw)'으로 자신의 두개골을 자르는 장면을 목격했다. 이는 그녀의 근사 체험에 있어 대단히 중요한 단서다. 이전에 그런 종류의 톱을 본 적이 없던 그녀가 그 형태를 아주 세밀하게 묘사해냈기 때문이다.

그뿐 아니라 그녀는 의료진이 나누었던 대화도 기억해냈다. 그리고 나중에 조사한 결과, 수술 중에 그런 대화가 오갔음이 확인되었다. 혹시 그녀가 잠시 정신을 차리고 그들의 대화를 엿들기라도 한 것일까? 근사 체험을 부정하는 사람들은 심장이 멈춘 후에도 뇌는 잠시 동안 작동하며, 특히 청각기관은 가장 마지막까지 기능을 유지하기 때문에 외견상 죽은 것처럼 보이는 환자도 어느 정도는 주변의 대화를 들을 수 있다고 주장한다.[69]

하지만 팸의 청각기관은 수술 중에 주변의 대화를 감지할 수 없었다. 그녀의 귀에는 청각신호와 뇌의 반사신호를 모니터하기 위한 두터운 이

어폰이 끼워져 있었기 때문이다. 설령 이어폰이 끼워져 있지 않았다고 해도 그녀는 어떤 소리도 들을 수 없었다. 수술 중에는 뇌에 혈액이 전혀 흐르지 않았고, 따라서 뇌 피질의 전기화학적 활동이 완전히 멈추어 의식이 돌아올 틈이 없었기 때문이다. 이는 수술 당시 기록된 내용이다.[70]

이처럼 팸의 체험은 종교가나 명상가들에 의해 묘사되는 유체이탈과 같은 신비한 초월적 경험에 비견된다.[71] 그렇다면 근사 체험은 정말로 사후세계의 존재를 보여주는 증거일까? 나는 초능력으로서의 유체이탈 체험에 대해서는 비교적 우호적인 입장이다. 즉 임종하는 그 순간만큼은 강렬한 충격을 받아 잠시 투시 능력을 발휘할 수 있다고 생각한다. 하지만 그 후에 일어나는 일련의 사건들을 천국에 관한 객관적 증거로 보기에는 미심쩍은 구석이 있다. 민족이나 종교적 신조에 따라 근사 체험의 양상이 조금씩 다르기 때문이다. 어쩌면 근사 체험의 특정 단계부터는 집단적 무의식이 작동하며, 그때부터 체험자는 원형으로서의 사후세계를 경험하는 것일지도 모른다. 실제로 카를 융은 사후의 세계가 무의식의 세계라고 주장했다.

그런데 뇌의 전기화학적 작용이 완전히 멈춘 상황에서 투시가 작동된다면 그런 활동의 주체는 과연 누구일까? 뇌 자체가 의식과 동일하다고 주장하는 유물론자들은 이런 문제에 아무 대답도 할 수 없을 것이다.

마음과 의식의 정체는 과연 무엇일까?

—— 저명한 신경의학자 와일더 펜필드는 저서《마음의 신비》에서 의식 또는 마음이 우리 신체 내부의 특정 장소에 있는 것이 아니라며 신경생리학적 고찰에 따른 자신의 결론을 소개했다. 몸 안이 아니라면 대체 마음은 어디에 있는 것일까? 마음은 우리가 살고 있는 물질세계와는 전혀 다른 차원의 세계에 속한 것일까?

— 마음이 머무는 장소

지금까지 논의되어온 유령, 영매술, 환생, 근사 체험 등은 의식 또는 마음이 도대체 어떤 것인가 하는 근본적인 물음과 관련된다. 이런 현상들에 대한 믿음은 인간의 의식 또는 마음이 육체를 벗어나서도 존재할 수 있다는 믿음을 전제로 하기 때문이다. 따라서 이 시점에서 우리는 '도대체 마음이란 무엇인가?'라는 근본적인 질문을 던져볼 필요가 있다.

이와 관련해 뇌 정신과학자인 서울대 의대 권준수 교수는 마음과 뇌는 다르지 않다고 말한다. 우리는 '마음'이라고 알고 있지만, 실제로는 '뇌'라는 이야기다.[72] 그는 뇌가 마치 컴퓨터 CPU의 메모리처럼 국소적으로 기억, 감각처리, 판단 등을 맡고 있다고 생각한다.

이는 철저히 유물론적인 내용을 교육받고 그러한 내용을 연구 주제로 삼는 하버드 대학의 케네스 헤이워스Kenneth Hayworth 같은 뇌과학자의 주장을 대변하는 것으로, 인간의 의식은 뇌의 신경세포들이 상호작용해 만들어내는 물리적인 개체에 불과하다는 입장이다.[73]

그런데 그들은 기억과 의식을 구분하지 않는 오류를 저지른다. 기억이 뉴런의 연결구조라는 형태로 저장된다는 주장도 일리는 있다. 그러나 이런 저장된 기억을 활용하는 의식 또는 마음을 뉴런에 속한 국소적 물질로 생각하는 데는 문제가 있다. 또한 그들은 무의식은 전혀 고려하지 않고 의식만으로 이론을 전개한다. 그들의 물질적 틀로 보면 의식은 중요하지만, 무의식엔 큰 의미가 없다. 하지만 그게 정말 사실일까?

캐나다 맥길 대학 몬트리올 신경학 연구원(Montreal Neurological Institute)의 창립자이자 초대 원장이었던 저명한 신경의학자 와일더 펜필드Wilder Penfield는 저서 《마음의 신비The Mystery of Mind》에서 마음이 신체 내부의 특정 장소에 있는 것이 아니라며 신경생리학적 고찰에 따른 자신의 결론을 소개했다.[74] 몸 안이 아니라면 대체 마음은 어디에 있는 것일까?

최근 미국 스탠퍼드 대학 신경심리학과 교수 칼 프리브람Karl Pribram 박사가 답을 제시했다. 그는 데이비드 봄과의 공동연구를 통해 마음은 뇌의 특정 부분에 머물지 않고 홀로그램처럼 존재한다는 '홀로그램 뇌 이론(hologramic brain theory)'을 내놓았다. 이 이론에 의하면 마음은 일종의 양자역학적 파동이며, 봄이 제시한 내재적 질서를 따른다. 그는 또 마음이 우리의 물질적 차원과는 다른 차원에 속한다고 주장했다.[75]

양자역학적 파동은 우리의 물리적인 3차원 공간 어디에나 존재 가능하며, 그 위치는 오직 확률에 의해서만 결정된다. 그런 확률을 토대로 따져보면 마음이 주로 우리의 신체 영역에 머무는 듯한 결과가 도출된다. 하지만 지금까지 소개한 여러 가지 신비로운 체험은 무의식이 이따금 우리 신체 영역을 크게 벗어나 존재함을 가리키는 것이 아닐까? 이런 주장은 영혼의 문제에 매우 고무적인 아이디어를 던져준다. 마음 또는 영혼이 반드시 신체 내부의 특정 장소에 머물 필요는 없다는 것이다.

— 물질과 마음을 움직이는 제3의 질서

프로이트와 융은 마음의 구성요소로서 의식보다 무의식의 중요성을 강조했다. 특히 융은 종교적 현상을 설명하기 위해 원형이라는 개념을 도입하고, 이를 신체 바깥에 존재하는 물체들에 집단적으로 투사된 인류의 무의식적인 마음이라고 설명했다.

그런데 이 '바깥으로 투사된 마음'이란 무엇일까? 정신분석학자로서 그에겐 분명 한계가 있었으며, 유물론자인 물리학자들이 그의 사상을 제대로 이해하기는 어려웠다. 그러나 파울리는 예외였다. 그는 융의 사상을 어느 정도 이해하고 그 사상을 물리학적 모델로 승화시켰다. 그는 원형을 단순히 외부 물체에 투사된 마음의 구조물이 아니라, 마음과 물질을 동시에 구성하는 제3의 질서에 속한 인자들로 생각했다. 그는 이를 '정신물리적 실체'라 부르며, 그 실체는 간접적인 방법으로만 확인될 뿐 우리의 물질세계에서 직접적으로 확인할 수는 없다고 말했다.[76]

파울리가 말하는 제3의 질서는 다른 차원에 존재하면서 현실세계의 신체와 사고(뇌 속의 뉴런에 저장된 기억을 작동시키는 행위)를 매개하는 듯 보인다는 점에서 데이비드 봄의 내재적 질서와 매우 닮았다. 봄은 자신이 제안한 양자역학의 인과적 해석 모델로 마음과 물질의 관계를 설명하려

했다. 그에 의하면 우리가 입자라고 생각하는 것들은 사실 물리적 장과 함께 묶여 별도로 구분할 수 없는 상태에 있으며, 이런 장에는 고전적으로 해석되어오던 장과 달리 객관적이고 활성화된 정보가 있다. 또 이런 정보는 우리의 주관적 체험과 관계된다. 마음과 물질도 이와 마찬가지이며, 이 둘은 '서로 반응'한다기보다 '함께 참여'한다고 봐야 한다.[77]

프리브람은 자신의 마음 이론을 전개하면서 데이비드 봄의 이론을 도입했지만, 이 이론이 잠재적으로 신체 바깥에 마음이 존재할 가능성을 내포한다는 사실은 미처 생각하지 못했다. 하지만 융의 이론은 마음, 특히 무의식적 차원의 마음이 신체 바깥에 영향을 끼친다는 것이며, 파울리는 이런 이론에 물리적 배경을 만들어주었다.

따라서 파울리의 이론을 도입하면 지금까지 지구상에 대대로 살아온 인류의 마음은 죽음과 함께 사라지는 것이 아니라 제3의 질서에 의해 작동하는 일종의 에너지 형태로 존속하며, 이런 것들이 모여 원형 또는 집단적 무의식을 형성한다고 설명할 수 있다. 훗날 융은 이런 이론이 인간뿐 아니라 하등동물과 식물에도 적용된다는 식으로 이론의 확장을 꾀했다. 고대 애니미즘의 현대판 부활 그 자체라 할 수 있는 주장이다.[78]

— 다윈 지능의 한계

최근 이화여대 석좌교수 최재천 박사가 《다윈 지능》이라는 책을 출간했다. 그는 다윈 이론이 걸어온 궤적이 '집단 지능(collective intelligence)'의 전형을 보여주기 때문에 이 같은 제목을 지었다고 말한다. 이는 다윈 이론이 후대 학자들에 의해 계승, 발전하면서 현대인의 사회 생태학적 행동을 풀이하는 중요한 잣대가 되고 있다는 뜻이다.[79]

사실 진화론은 다윈의 단독 작품이 아니다. 우리에게는 잘 알려지지 않았지만 알프레드 러셀 월러스Alfred Russel Wallace 또한 그와 함께 진화론을 주창한 학자다. 진화론에 관한 자신의 논문을 완성한 그는 논문을 공표하기 전에 초고를 다윈에게 보냈고, 다윈은 그 내용이 자신의 연구결과와 너무나 똑같다는 사실에 한참 동안 고민하다가 학계 친구들의 힘을 빌려 그 논문을 월러스와 공동으로 발표했다.

그런데 왜 다윈이 우리에게 진화론의 단독 주창자처럼 알려지고 월러스는 역사 속에 묻힌 것일까? 그 이유는 심령 현상 때문이다. 진화론 연구 이후 심령 현상에 많은 관심을 갖게 된 그는 영매들의 옹호자 역할을 하기도 했는데, 그의 이런 행동들로 인해 이전까지 그에게 매우 호의적이었던 학계가 그에게 등을 돌렸고, 결국 학자로서 그의 명성은 후대에 제대로 전해지지 못한 것이다.

■ 진화론의 공동 주창자 알프레드 러셀 월러스

그는 마음과 신체의 관계를 제대로 이해하려면 심령 현상에 주목해야 한다고 믿었다. 그는 다윈과 함께 발표한 유물론적 진화론은 그 자체로는 불완전하며, 여기에 심령론적 진화론이 접목되어야 한다고 주장했다. 월러스는 이 두 가지가 분리 가능한 것이 아니라 항상 동반되는 것이며, 진화론이 '어떻게'뿐 아니라 '왜'라는 질문에도 답할 수 있어야 한다고 생각했다.[80] 후대의 석학 볼프강 파울리 또한 이런 사상을 그대로 이어받아 자연계의 정신적 요인은 처음부터 물질과 생명의 구성요소로 내재되어 있었고, 그들과 상호작용하며 진화해 왔다고 주장했다.[81]

월러스는 한때 진화론의 공동 주창자로서 학계의 비상한 주목을 받았고, 지구상의 지정학적 위치에 따른 초목과 짐승들의 분포를 유물론적으로 매우 근사하게 설명해서 명성을 떨치기도 했다. 하지만 그는 더 이상 그런 식으로 설명할 수 없는 사례들이 존재함을 깨달았다. 실제로 다윈의 진화론을 신봉하는 사람들의 주장을 살펴보면 유물론적 진화론으로는 도저히 설명이 되지 않는 내용들이 허다하다.

예를 하나 들어보자. 다윈론자 요제프 H. 라이히홀프Josef H. Reichholf는 얼룩말의 줄무늬가 체체파리에게서 보호받기 위한 진화의 산물이라고 말한다. 체체파리는 눈의 구조상 큰 덩어리는 잘 파악하지만 줄무늬는 전혀 인식하지 못한다. 따라서 체체파리의 눈에 얼룩말은 존재하지 않는 것이나 마찬가지다. 그렇다면 영양이나 다른 초식동물은 왜 이렇게 진화하지 않았을까? 그는 그 이유가 다른 동물들은 오랜 세월 동안 체체파리와 함께 살면서 면역력을 키웠지만, 얼룩말은 빙하기 이후에 아프리카로 들어왔기에 다른 동물들처럼 체체파리에 대한 면역력이 없었기 때문이라고 했다. 그래서 유전인자가 체체파리가 줄무늬를 인식하지 못한다는 점을 이용해 스스로를 지키도록 진화했다는 이야기다.[82]

그런데 그의 주장에는 뭔가 이상한 구석이 있다. 체체파리의 눈이 줄

무늬를 인식하지 못한다는 것은 과학자들의 거듭된 연구 끝에 최근에야 발견된 사실이다. 만일 라이히홀프의 주장이 옳다면, 얼룩말의 유전인자는 어떻게 이런 놀라운 사실을 알아낼 수 있었을까?

이는 얼룩말의 진화 과정에서 물질적 진화 말고도 전지全知적인 성격의 무언가가 개입된 또 다른 종류의 진화가 함께 이루어졌음을 의미한다. 다시 말해 얼룩말의 진화에는 다윈 지능으로 이해할 수 없는 초월적 지능이 개입되었다고 봐야 한다. 결국 진화의 본질적인 영역을 이해하려면 앞서 소개한 모든 생명체를 포괄하는 융과 파울리의 원형 또는 집단적 무의식을 염두에 두어야 한다.

— 전 우주를 지배하는 초월적 지성

앞서 우리는 마음 또는 영혼의 존재를 양자역학적 파동이라는 개념으로 설명했다. 아더 쾨슬러 또한 그의 저서 《우연의 본질Roots of Coincidence》에서 초심리 현상을 양자역학과 비교하며 그 실체적 유사성을 지적했다. 하지만 그는 초심리 현상을 순전히 양자역학으로만 설명해낼 수 있다고 생각하지는 않았다.[83] 이는 정신이 양자역학적 통로를 이용할지는 몰라도, 정신 자체가 양자역학적 물질이라고 생각해서는 안 된다는 뜻이다. 그렇다면 마음과 영혼을 과학적으로 설명하기 위해서는 새로운 물리학 이론이 필요한 것일까?

프린스턴 공학 비정상 현상 연구 프로그램에 참여한 공학 및 응용과학부 로버트 얀 교수 등은 원격투시 등의 초감각 지각 실험을 통해 초능력 현상의 실재를 인정하게 되었고, 이를 계기로 이런 현상을 일으키는 마음 또는 의식에 대한 새로운 과학체계가 필요하다고 역설했다. 그는 정체가 규명되지는 않았지만 은유적으로 존재하는 개념인 마음의 원자, 마음의 분자와 마음의 에너지 레벨에 대해 논했다. 다시 말해 정신 현상에 관해서는 현재의 물질과학 체계와는 전혀 다른, 하지만 동등한 체계가 새로이 구축되어야 한다는 것이다.[84]

그러한 체계가 확실히 존재한다고 가정하면 전자기적이며 전기화학적인 육체의 죽음(심장박동이 정지하고 뇌 속의 뉴런 이온이 변화함에 따른 신호 전달 능력의 정지)은 마음의 죽음과 직접적인 관계가 없다고 봐야 할 것이다. 이는 그동안 종교계나 신비주의자들이 주장해온 정신, 혹은 영혼의 세계가 실재한다고 인정해야 한다는 뜻이다. 서울대 임지순 교수가 영혼불멸의 믿음을 종교를 넘어 학문적으로도 인정하려면 이런 점에 대해서도 충분히 고찰해봐야 할 것이다.

존 맥 교수도 이와 비슷한 생각을 가지고 있었다. 그는 기계적이고 이분적인 방법론의 가장 기본적인 신조 중 하나는 의식을 인간의 뇌에서 일어나는 복잡한 생화학적 현상의 부산물이나 부수적 현상으로 취급하는 것이라고 강조했다. 그러면서 그는 신비로운 영역 또는 미묘한 영역을 탐지하려면 이런 신조에 의문을 제기해야 한다고 주장했다. 의식 그 자체뿐 아니라 의식과 물질계의 관계까지 고려해야 한다는 뜻이다. 그는 우리의 의식, 즉 정신, 자아, 영혼이 모두 육체와 독립적인 생명을 가진다고 주장했다. 그는 이런 결론에 도달하는 것이 한때는 자신에게 커다란 의식적 도약이었다고 고백하며 다음과 같이 말했다.

"서구적 세계관은 물질적 세계가 실재하는 것의 전부라고 하면서 찬란한 과학적 업적을 이룩한 인간을 우주적 지성의 꼭대기로 승격시켰다. 이런 세계관은 신, 심지어 영적인 존재조차 우리 세계에서 제거하면서 초상현상이 존재하지 않는다고 단언한다. 이런 서구적 세계관 때문에 유리 겔러가 이런저런 쇼 프로그램에나 나오는 볼거리로 전락하고, 물질세계와 허구로 낙인찍힌 영적 세계를 구분하는 경계선을 부정하려고 하는 사람들은 이 사회에서 조롱거리가 되곤 했다. 17세기 이전까지는 신학자나 다른 영적 능력을 지닌 사람들에게 영적 세계를 통치하는 권한이 주어졌고, 과학자들에게 물질세계를 관할하는 권한이 주어졌다. 오늘날 신학자들의 권위는 과학의 성취로 인해 크게 약화되었고, 이른바 초상현상이 경계를 넘어 물질세계로 침범할 경우 이를 해석하는 권능은 과학자들에게 주어지나 그들은 이를 애써 무시하려 한다. 물질계로 침투하는 대표적인 초상현상에는 근사 체험, 물질화, 염력, UFO 피랍 등이 있다. 이런 것들은 매우 물질적이어서 기존의 이분법적인 과학에 의해 그 베일이 벗겨질 것으로 기대되곤 하지만 그런 일은 결코 일어나지 않는다. 이런 현상들은 우리가 물질세계와 보이지 않는 세계 사이에 세워놓은 '신성한 벽'을 허무는 특성을 보이며 서구 사상의 기본적인 세계관을 뿌리째 흔들어놓는다."[85]

이 주장의 핵심을 살펴보면 다음과 같다. 지금까지의 유물론적 세계관은 실재라는 것이 신체 감각이 인식하는 전자기적이고 전기화학적인 신호라는 생각에 기반을 두어왔다. 따라서 이런 관점에서 보면 지성이라는 개념을 인간이나 다른 고등생물의 뇌에서 일어나는 현상으로 국한하여 생각할 수 있다. 그러나 우주에는 이를 초월하는 지성이 존재하여 종종 우리가 생각하는 국소적 지성을 압도하는 힘을 발휘한다.[86]

재미있는 것은 UFO나 초심리 현상에 전혀 관심이 없었던 물리학자 에르빈 슈뢰딩거 또한 이런 관점을 가지고 있었다는 점이다. 그는 저서 《생명이란 무엇인가What is Life?》의 에필로그에서 우주에는 유일한 '의식'이 존재하고 우리들은 그것이 발현되는 '창窓'이라는 이론을 제안했다.[87] 그의 이런 고민은 생명 현상을 우리가 알고 있는 화학적, 물리적 체계만으로는 도저히 설명할 수 없다는 결론에서 나온 것이다.

텔레파시를 실험하고 있던 영국 심령연구학회 연구원 와틀리 캐링턴Whately Carington도 비슷한 결론에 도달했다. 그는 우주의 모든 현상이 여러 사람의 마음이 아닌 오직 하나의 마음에 의해 일어난다는 것, 그것이 바로 초심리학이 가리키는 바라고 느꼈다.[88]

— 이승 너머의 독립적 존재, 영혼

지금까지 우리는 유령, 폴터가이스트, 영매술, 환생, 근사 체험 등 육체를 떠나서 존속하는 마음(의식, 무의식), 또는 영혼이 개입되어 있는 것처럼 보이는 대표적인 사례들과 이를 합리적으로 설명하려는 제반 가설들을 살펴보았다. 그리고 현재의 과학 패러다임 안에서 이 현상들을 설명하려는 시도가 대부분 합당하지 않음을 확인했다.

그러면서 우리는 사후의 생존을 반박하며 초심리 현상으로 제반 현상을 설명하려는 초심리학자들의 시도들도 살펴보았다. 나는 이러한 초심리적인 설명이 사후의 생존을 지지해줄 수 있다고 본다. 초심리 현상이야말로 생명의 기저에 도사리고 있는 근본적인 힘이라고 생각하기 때문이다. 현재 우리가 살고 있는 시공간을 지배하는 갖가지 힘들과 전혀 다른 특성을 보이는 초심리적 힘들이 생명 현상과 관련되어 있다면, 이를 특징짓는 생명적 요소의 핵심인 마음 또는 의식은 우리와 친숙한 시공간이 아닌 보이지 않는 다른 차원과 연결되어 있을지도 모른다. 따라서 현재 우리 공간에서 일어나는 뇌 속 신경세포의 전자기적, 전기화학적 활동은 마음 또는 의식의 활동과 전혀 별개일 가능성이 충분하다.

나는 물질적 체계와 동등한 지위를 가진 정신적 체계가 존재한다고 주장하는 카를 융이나 볼프강 파울리, 로버트 얀, 그리고 존 맥 교수의 견해에 전적으로 동의한다. 물론 이는 원칙적인 수준에서다. 그들도 아직 정신적 현상을 기술할 과학체계에 대한 구체적인 아이디어를 가지고 있지는 않기 때문이다.

하지만 결국 이런 접근법은 육체를 지배하는 물질적인 힘과 근본적으로 다른 차원의 힘이 작용하는 독립적 존재인 정신, 혹은 영혼이 있어야 한다는 결론으로 이어질 수밖에 없다. 아마도 이승 너머의 또 다른 차원에 속하는 저승에 그런 존재의 근원이 도사리고 있지 않겠는가 하는 것이 나의 개인적인 믿음이다.

10여 년 전 어느 날이었다. 다음날 아침 중요한 조찬 모임에 참석해야 했던 나는 아침 7시에 맞춰 일어나기 위해 새벽에도 몇 번씩이나 깨어 시각을 확인하면서 잠을 설쳤다. 하필이면 그때 자명종이 고장 났기 때문이다. 그렇게 날이 밝기 시작했고, 일어나야 할 때가 다 되어 나는 비몽사몽간에 시계를 보기 위해 몸을 일으켰다. 그런데 몸을 일으키기도 전에 머리맡의 전축에 붙은 디지털시계의 6:40이라는 숫자가 눈앞에 떠올랐다. 다음 순간 나는 내가 아직 일어나지 않았다는 사실을 깨달았고, 너무 놀라서 벌떡 일어나 전축의 시계를 확인했더니 시계는 정확히 6시 40분을 가리키고 있었다. 이게 어떻게 된 일일까? 몸은 분명히 누워 있었고 눈까지 감은 상태였는데 어떻게 시계의 숫자를 볼 수 있었던 것일까?

그로부터 3년 후에도 비슷한 일이 있었다. 당시 나는 서울에서 유성으로 버스를 타고 가면서 열심히 졸고 있었는데, 어느 순간 지금이 몇 시인지 몹시 궁금해졌다. 그러자 눈앞에 3시 30분을 가리키는 시침과 분침이 또렷이 나타났다. 깜짝 놀라 눈을 뜨고 소매를 걷어 시계를 보니 역시 시계바늘은 3시 30분을 가리키고 있었다.

그 후 한동안 그런 일이 생기지 않았지만 최근 2011년 12월 말에 나는 또 한 번 그런 일을 경험했고, 이렇게 똑같은 체험을 세 차례나 하고 나니 '혹시 나에게도 초능력이 있는 게 아닐까?'라는 생각이 들었다.

나에게 이런 신기한 일들이 발생하는 이유는 어쩌면 내가 지금껏 초상현상에 큰 관심을 두고 살아왔기 때문인지도 모른다. 이 책을 쓰면서 수많은 신기한 사례들을 놓고 어떤 것을 실을지 고민할 때만 해도 나는 초상적 사건의 실재를 반신반의했지만, 원고를 마쳐갈 즈음엔 더 이상 그런 의심을 하지 않게 되었다. 30년 가까이 UFO를 연구해온 전문가로서 이미 초상적 체험의 존재는 믿고 있었지만 말이다.

대학교 4학년, 졸업할 때가 다 되어서 나는 뒤늦은 방황을 하고 있었다. 물리학이라는 학문에 매료되어 공부를 시작하긴 했지만, 그 분야는 내 평생을 바치기에 뭔가 부족하다는 막연한 느낌이 절정에 달했기 때문이다. 나는 결국 주변 사람들이 따라가는 정상적인(?) 길에서 벗어나 하고 싶은 일을 마음껏 탐닉하는 삶을 살기로 결심했다. 그 후로 나는 주류 학계에 몸담고 있으면서도 마음은 이곳저곳으로 자유롭게 떠돌았으며, UFO에서 초고대 문명, (주류 신화학을 확 뒤집는) 이집트 신화, 그리고 초심리학에 이르기까지 이른바 '사이비 학문'들을 두루 섭렵했다. 그러다 보니 어느덧 이런 분야에서 전문가 대접을 받게 되었다.

그렇게 시나브로 '사이비 학문'의 전문가가 되고 보니 머릿속에 한 가지 의문이 떠올랐다. 사이비 학문들은 앞으로도 계속 사이비 학문에 머물러야만 하는 운명일까? 주류 과학자들은 대부분 자신과 자신의 동업자들이 뚫어놓은 작은 열쇠 구멍을 통해서만 세상을 보려고 한다. 과거에도 그랬고, 현재도 그러하며, 앞으로도 그럴 것이다. 하지만 세월이 흐르고 시대가 변함에 따라 주류 과학 또한 항상 변화의 길을 걸어왔다. 모든 분야가 그렇게 되진 않겠지만, 오늘날 사이비 학문으로 취급받는 것들 중 일부는 언젠가 주류 과학으로 대접받으리라고 나는 확신한다.

19세기 말, 당시 아주 잘나가던 한 물리학자가 유럽에서 개최된 국제학회를 통해 인류가 더 이상 발견할 진리는 없다며 단정적인 발언을 했다. 그 후 얼마 지나지 않은 20세기 초, 상대성 이론과 양자역학이 등장하면서 그 이전의 고전적 세계관은 완전히 뒤집어져버렸다. 그때까지의 과학으로 세상의 모든 것을 완벽하게 설명할 수 있다고 선언했던 그 물리학자는 자신이 맹신했던 고전 물리학의 세계가 연기처럼 사라지는 광경을 보면서 경악을 금치 못했을 것이다.

또 21세기에 접어든 요즘, 상대성이론과 양자역학의 근간을 뒤흔드는 듯한 실험결과로 인해 주류 과학계가 대혼돈을 맞이하는가 싶더니, 곧이어 유물론적 세계관의 완성을 의미하는 '힉스 입자(higgs boson, 모든 소립자에 질량을 부여하는 입자)'의 발견이 가시화되면서 인류의 유물론적 세계관이 정점에 가까워진 것 같은 들뜬 분위기가 일고 있다. 하지만 유물론적 세계관이 정점에 도달한다고 해서 우주의 모든 진리가 밝혀진다고 단정할 수 있을까?

근대의 대표적인 과학 철학자 토마스 쿤Thomas Kuhn은 '패러다임'이라는 용어로 과학적 사상의 전환 또는 도약을 설명한다. 패러다임이라는 용어가 내포하는 중요한 메시지는 이른바 주류 과학이라 불리는 학문은 우리가 암암리에 주입받고 있는 것처럼 만고불변의 진리가 아니라, 지지 세력 간의 다툼으로 생겨난 결과물이라는 것이다. 즉 현재의 주류 과학도 새로운 실험적 발견이나 사상에 의해 충분히 도전받을 수 있고, 그렇게 되면 주류 과학계는 이를 물리치기 위해 발버둥 치겠지만, 새로운 체계를 수용하는 학자들이 늘어나서 대세가 기울면 한순간에 학문의 패러다임 자체가 바뀌게 된다는 것이다. 그의 말대로라면 주류 과학의 패러다임이 정점에 다가섰다는 사실은 주류 과학이 새로운 패러다임의 도전을 받을 시기가 임박했음을 뜻하기도 한다.

아직은 현재 주류 과학의 패러다임이 언제 어떤 패러다임으로 전환될지 누구도 예측할 수 없다. 하지만 나름대로 견고한 학문적 틀을 갖춰온 초심리학이 암시하는 바를 살펴볼 때, 나는 유물론적인 세계관이 그 자체로는 완전한 진리가 될 수 없다고 본다. 그리고 유물론적 세계관만을 추구하는 자세를 포기하는 것이 다가오는 패러다임 전환의 핵심이 되리라고 예상한다.

이제 대학교 4학년 때 나를 불편하게 했던 점이 무엇인지 알 것 같다. 현대 물리학의 기반을 이루는 유물론 자체에 결함이 있다는 어렴풋한 느낌이 싹트고 있었던 것이다. 이 책에서 나는 유물론에 기초한 오늘날의 모든 주류 과학에 도발적인 화두를 던지며 선언하고자 했다. 영원한 주류 과학은 없다고.

맹성렬

맹성렬 교수는 대한민국 최초이자 최고의 비주류 과학 전문가이며, UFO 분야의 권위자로 널리 알려져 있다. 우석대학교 전기전자공학과 교수로서 주류 과학계에서도 범상치 않은 업적을 남기고 있지만, 가끔씩 자기도 모르게 발휘되는 투시 능력에 자기 스스로 놀라곤 하는 초(민망한)능력의 소유자이기도 하다.

서울대학교 물리학과 학사과정, KAIST 신소재공학과 석사과정을 거쳐 영국 케임브리지 대학교에서 공학 박사학위를 받은 그는 대학 시절 교내 게시판에 'UFO 연구 동호회원 모집'이라는 인쇄물을 붙여 '너 좀 이상하구나'라는 소리를 들었고, 1995년 영국 유학을 떠나기 직전에는 《UFO 신드롬》이라는 책을 펴내 국내에 말 그대로 UFO 신드롬을 불러일으키기도 했다. 그리고 2년 후 유학 생활 도중, 실험결과가 잘 나오지 않아 케임브리지 대학 도서관과 서점을 들락거리다 신화학과 고대문명에 빠져들어 《초고대문명》이라는 책을 펴내면서 그는 본격적으로 비주류 과학 연구에 착수하게 된다.

이후 그는 세계 최대의 UFO 연구단체 MUFON의 한국대표와 한국UFO연구협회의 회장을 맡고 영국 심령연구학회(SPR, Society for Psychical Research)의 회원이 되면서 비주류 과학 전문가로서의 입지를 굳혔다. 이제 국내에서 촬영된 UFO의 사진과 동영상의 진위를 가리기 위해 많은 사람들이 그를 찾아올 정도다.

한편 그는 50편이 넘는 SCI(과학기술논문인용색인)급 논문을 발표하고 30건 이상의 국제특허를 출원하며 주류 과학자로도 맹활약하고 있다. 이밖에도 그는 2007년

특허청이 수여하는 특허 부문 최고상 '세종대왕상' 수상, 2006~2007년 세계 인명사전 《마르퀴즈 후즈 후Marquis Who's Who》에 세계적인 과학기술인으로 등재, 2011년 IT 및 반도체 관련 유력지 〈ETRI 저널Journal〉이 선정·시상하는 우수논문상 수상 등의 화려하고 다채로운 경력을 보유하고 있으며, 2010년 화학을 전공하지 않은 학자로서는 이례적으로 미국 화학회(ACS, American Chemical Society) 정회원이 되고 이어 2012년에는 미국 과학진흥협회(AAAS, American Association for the Advancement of Science) 전문가 회원이 되었다.

이처럼 주류 과학과 비주류 과학, 물질과 비물질의 경계를 넘나들며 우주의 모든 것을 구석구석, 마음껏 탐험하는 맹성렬 교수는 '21세기형 르네상스인'의 모범이라 할 수 있다.

저서로는 《UFO 신드롬》, 《초고대문명》, 《오시리스의 죽음과 부활》, 《우주와 인간 사이에 질문을 던지다》(공저) 등이 있고, 역서로 《어떻게 외계인을 만날까?》, 《우주》, 《재미있는 이야기 세계사》 등이 있다.

PART 1

1. 맹성렬, 2011, pp.423~424.
2. 맹성렬, 2011, pp.421~422.
3. Stevens, W. C(ed). 1993. pp.249～263.; 이사 라시드 · 에드바르트 빌리 마이어 독역, 1994.
4. Korff, Kal. K. 1995. pp.109~231.
5. Stevens, W. C(ed). 1993. pp.14～46.
6. Kinder, Gary. 1987. pp.113~114.
7. Kinder, Gary. 1987. pp.249~253.
8. Watson, L. 1979. p.282.; Brown, M. H. 1976.
9. Geller, Uri. 1975. p.95.
10. Geller, Uri. 1975. pp.100~103.
11. 같은 글.
12. Geller, Uri. 1975. p.220.
13. Geller, Uri. 1975. pp.234～235.
14. Geller, Uri. 1975. pp.220~223.
15. Clarck, Jerome. 1988. p.66.
16. Ellwood, Robert S. 1985. p.307.
17. Vallee, Jacques. 1979.
18. Jordan, Debbie. & Mitchell, Kathy. 1995.
19. Hopkins, Budd. 1987. pp.54~56.
20. Hopkins, Budd. 1987. p.67.
21. Hopkins, Budd. 1988.
22. Druffel, Ann. 1991.
23. Lyncker, Karl. 1854. pp.45~47.
24. Yeats, William B(ed). 2003. pp.53~66.
25. Ewing, J. E. 1871. pp.82~91.
26. Fowler, Raymond E. 1979. p.91.
27. Fowler, Raymond E. 1996.
28. Jordan, Debbie. & Mitchell, Kathy. 1995. p.80.
29. 맹성렬, 2011, pp.418~431.
30. Kerrick, Joseph. 1997.
31. Ring, Kenneth. 1989.
32. Fowler, R. 1997. pp.12~14.
33. Strieber, Whitley. 1988.; Jacobs, David M. 1993. p.33.
34. Randles, J. 1988. pp.206~208.
35. Jordan, D. et al. 1995. p.199.
36. Jordan, D. et al. 1995. pp.67~85.
37. Fowler, Raymond E. 1997.; Fowler, Raymond E. 1982. p.3.; Casteel, Sean.
38. Schwarz, Berthold E. 1980. pp.267~280.
39. Owen, George. & Iris. 1982.
40. 같은 글.
41. Maccabee, Bruce S. 1979.
42. Fowler, Raymond E. 1982.

pp.170~171.

43. Jung, C. G. 1979. p.151.

44. Randles, Jenney. 1993.

45. Warren, Larry. & Robbins, Peter. 1997. p.34.

46. Huneeus, Antonio. 1993.

47. Ridpath, Ian. 2010.

48. Ridpath, Ian. 1985.

49. Ridpath, Ian. 2011.

50. Good, Timothy. 1996. pp.52~77.

51. Warren, Larry. & Robbins, Peter. 1997. pp.46~48.

52. Howe, Linda Moulton. 1998.

53. History Channel. 2011.

54. Randles, Jenny. 1995. p.146.

55. Ring, Kenneth. 1992. pp.203~214.

56. Persinger, M. A. 1979. pp.396~433.; Long, Greg. 1990. p.76.

57. Miller, Arthur I. 2010. p.244.

58. Lindoff, David. 2004. p.238.

59. Hynek, J. Allen. 1972. pp.70~85.

60. 같은 글.

61. Callahan, P. Serena. & Mankin, R. W. 1978. pp.3355～3360.

62. Epstein, Jack. 1974.; Maccabee, Bruce S. 1976.

63. Ashpole, Edward. 1995. pp.37~43.

64. Redfern, Nick. 1995.

65. Randles, Jenny. 1998. pp.163~165.

66. 맹성렬, 2011, pp.190~193.

67. McCampbell, James M. 1977. pp.98~100.

68. 맹성렬, 2011, pp.118~121, pp.190~191.

69. Sigma, Rho. 1996. p.95.

70. Petit, Jean Pierre. & Geffray, Julien. & David, Fabrice. 2009.; Bityurin, V. A. & Bocharov, A. H. & Lineberry, J. T. 1999.

71. Petit, J. P. 2003.

72. Ross, Mike. 1996.

73. 맹성렬, 2011, pp.95~97.; 정수연, 1992, pp.460～462.

74. 유용원, 2012, 조선일보.

75. Schuessler, John L. 2002.

76. Major General L. C. Craigie. 1969. pp.896～897.

77. Ruppelt, Edward J. pp.27～45.

78. COMETA. 1999.; 맹성렬, 2007, pp.190~199.

79. 맹성렬, 2011, p.522.; Fowler, R. E. 1994. p.195.

80. Kammerer, Maxim. 2011.

81. Mack, John E. 1995. pp.16~18.

PART 2

1. 맹성렬, 2011, pp.75~78.

2. Mouland, Bill. 1996.

3. Delgado, Pat. & Andrews, Colin. 1991. p.27.

4. Delgado, Pat. & Andrews, Colin. 1991. pp.11~13.

5. Hesemann, Michael. 1996.

pp.19~25.

6. Schnabel, Jim. 1994. pp.164~175.
7. Watts, Alan. 1996. p.173.
8. Anderhub, Werner. & Roth, Hans-Peter. 2002. p.23.
9. Thomas, Andy. 2002. pp.132~134.
10. Michaels, Susan. 1996. pp.99~100.
11. Devereux, Paul. 1990. pp.57~61.
12. Meaden, George Terence. 1990.
13. Ridley, Matt. 2002.
14. Savill, Richard. 2008.
15. Leach, Monte. 1992.
16. Hawkins, Gerald S. 1996.
17. Corn Circle of the Chaotic Kind. New Scientist, Issue. 1783(Aug 24th, 1991). p.16.
18. Collins, Nick. 2011.
19. http://terms.co.kr/GPS.htm
20. Levengood, W. C. 1994.
21. Hoskins, George. 2005.
22. 데이비드 사우스웰, 2007, pp.296~301.
23. Mayell, Hillary. 2002.
24. Hesemann, Michael. 1996. pp.70~71.
25. Levengood, W. C. & Talbott, N. P. 1999.; Haselhoff, E. H. 2001. pp.78~81.
26. Delgado, Pat. 1992. pp.145~150.
27. Michaels, Susan. 1996. pp.100~101.
28. Michaels, Susan. 1996. pp.104~105.
29. Howe, Linda Moulton. 2000. pp.215~219.
30. Silva, Freddy. 2002. p.137.
31. Michaels, Susan. 1996. pp.102~104.
32. Glickman, Michael. 2009. p.58.
33. Pringle, Lucy. 2009.; Andrews, Colin. 2009.

PART 3

1. Alexander, John B. et al. 1990.
2. Ronson, Jon. 2005.
3. 존 론슨, 2009.
4. Randi, James. 1982.
5. Carroll, Robert T. 1994~2012.
6. Koestler, Arthur. 1972.
7. Jung, C. G. & Jaffé, A. 1963. p.152, p.333.
8. Jung, C. G. & Jaffé, A. 1963. pp.107~109.
9. Gamow, George. 1959.
10. Enz, C. P. 2002. p.150.
11. Pauli, W. et al. 1993. p.763.
12. Pauli, W. et al. 1996. p.37.
13. Geister, 2005. pp.94~96, p.285.
14. Pauli, W. & Jung, C. G. & Meier, C. A(ed). 2001. pp.179~ 196.; Peat, F. D. 2000, 2012.; Atmanspacher, H. & Primas, H. 2006.

15. Pauli, W. & Jung, C. G. 1955.
16. Mishlove, J. 1975. p.164.
17. Kettlekamp, L. 1977. pp.16~17.; Nostbakken, F. 2003. pp.179~180.; Parodi, A. 2005. p.233.
18. Stein, D. 1988. p.126.
19. Krippner, Stanley(ed). 1977. p.44.
20. Dubrov, A. P. & Pushikin, V. N. 1982. pp.119~125.
21. Truzzi, Marcello. 1995.
22. Byrd, Eldon. 1976. pp.72~73.
23. Franklin, Wilbur M. 1976. pp.83~106.
24. Hasted, John B. & Bohm, David. & Bastin, Edward W. & O'Regan, Brendan. 1976. pp.183~196.
25. Gardner, Martin. 2000.
26. Hasted, John B. & Bohm, David. & Bastin, Edward W. & O'Regan, Brendan. 1976. p.194.
27. Rhine, L. E. 1967.
28. Mundle, C. W. K. 1950.
29. Rhine, J. B. & Pratt, J. G. 1974(orginally 1957). pp.70~76.
30. Schmidt, Helmut. et al. 1986.
31. Feynman, Richard P. 1999. pp.68~71.
32. Radin, Dean. 1997. p.xv.
33. Sagan, Carl. 1995. pp.208~212, p.302.
34. Kaku, Michio. 2008. pp.92~93.
35. Begley, Sharon. 1996.
36. Jahn, Robert G. et al. 2000.
37. Radin, Dean. 1997. p.182.
38. Kant, I. 1970.; Gerdin, J. L. F. 2005. p.7.; Woofenden, W. R. 1980.
39. Woofenden, W. R. 1980.; Kant, I. 1969.
40. Targ, Russell. & Puthoff, Harold. 1974.
41. 같은 글.
42. Osis, Karlis. 1972. pp.2~4.
43. Christopher, Milbourne. 1979.; Puthoff, Harold E. & Targ, Russell. 1975.
44. Marks, D. & Kamman, R. 2000.
45. Targ, Rusell. & Puthoff, Harold. 1977. pp.29~30.
46. Swan, Ingo. 1995.
47. McMoneagle, J. 2002.
48. McMoneagle, J. 1998. p.21.
49. Utts, Jessica. 1995.
50. Hyman, Ray. 1995.
51. Radin, Dean. 1997. pp.214~215.; Schoenmann, Joe. 2009.
52. Murray, Gilbert. 1916. pp.46~63.
53. Sidgwick, Eleanor. 1924.
54. Sinclair, Upton B. 2001. p.xi.
55. Rhine, J. B. 2003. p.81.
56. Schopenhauer, A. 1974. pp.225~310.
57. Schopenhauer, A. 1851. pp.306.;

Gerdin, J. L. F. 2005. p.7.

58. Coover, J. E. 1917.
59. Soal, S. G. 1956. pp.9~11.
60. Palmer, John. 1978. p.78.
61. Schumidt, Helmut. 1990.
62. Jahn, Robert G. & Dunne, B. J. 1987. pp.162~173.
63. Geiser, Suzanne. 2005. p.306.
64. Alvarado, Carlos S. 1987. pp.101~102.
65. Sidgwick, Henry and Eleanor. & Smith, G. A. 1889~1890.
66. Dubrov, A. P. & Pushikin, V. N. 1982. pp.133~134.
67. Honorton, Charles. 1985.
68. Hyman, Ray & Honorton, Charles. 1986.
69. Bem, Daryl J. & Honorton, Charles. 1994.
70. Rhine, J. B. 1937, 1974. pp.66~69.
71. Braud, William. 2010.
72. Thalbourne, Michael A(ed). & Storm, Lance(ed). 2004. p.190.
73. Dubrov, A. P. & Pushikin, V. N. 1982. p.121.
74. Rhine, J. B. 1946.
75. Chinese Academy of Sciences. 1982.; Xiaoping, Wu. 1989.
76. Hubbard, G. Scott. & May, Edwin C. & Puthoff, Harold E. 1986. pp.66~70.
77. Rhine, J. B. & Pratt, J. G. 1974(originally 1957). pp.70~72.
78. Thalbourne, Michael A(ed). & Storm, Lance(ed). 2004. p.227.; Krippner, Stanley(ed). 1978. pp.75~77.
79. Rhine, Louisa E. 1972. p.365.
80. Dubrov, A. P. & Pushikin, V. N. 1982. p.121.
81. Rhine, L. E. 1972. p.364.
82. Watson, Lyall. 1979. pp.17~20.
83. Aspect, A. & Grangier, P. & Roger, G. 1981. p.460.
84. Hemmick, Douglas L. & Shakur, Asif M. 2011.
85. Bohm, David. 1980.
86. Targ, Rusell. & Katra, Jane. 1998.
87. Dobbs, Adrian. 1967. pp.225~254.
88. Stevens, Paul. 2008. pp.301~304.
89. Josephson, Brian D. & Pallikari-Viras, Fotini. 1991. pp.19~207.; Hanlon, Michael. 2007. pp.165~166.
90. 같은 글.
91. Radin, Dean. 1997. pp.320~321.
92. Dubrov, A. P. & Pushikin, V. N. 1982. pp.172~181.
93. Crick, Francis. 1981.
94. Davies, Paul. 1989. pp.147~148.
95. Schrödinger, Erwin. 1951. p.79.
96. Jung, C. G. 1979. pp.144~145.

PART 4

1. 성시윤, 2011.
2. 맹성렬, 2009. p.86.
3. Fontana, David. 2005. p.26.
4. Sidgwick, Eleanor. et al. 1894.
5. Palmer, John. 1979. pp.221~251.
6. Gurney, Edmund. 1886.
7. Storm, Lance. et al(ed). 2006. pp.146~147.
8. Sidgwick, Eleanor M. & Gurney, Edmund. & Myers, Frederic W. & Podmore, Frank. 1918.
9. Green, C. & McCreery, C. 1975.
10. Jung, C. G. 1978.
11. Thalbourne, Michael A. & Storm, Lance(ed). 2006. p.147.
12. Heath, Pamela R. 2004.
13. Raudive, Konstantin. 1971.
14. Fontana, David. 2005. p.353.
15. Fontana, David. 2005. p.355.
16. 같은 글.
17. Mansfield, Victor. et al. 1998.
18. Righi, Brian. 2008. p.73.
19. Harding, David. 2003.; Eaton, James W. 2001.
20. BBC News Channel. 2003.
21. Eppig, Emily. 2008.
22. 세계일보 뉴스팀, 2011.
23. 홍제성, 2004.
24. Brunner, Paul. 1967.
25. Karger, Friedbert. & Zicha, Gerhard. 1967.
26. Budden, Albert. 1996.
27. Muir, Hazel. 2001.
28. Bender, Hans. 1968.;Bender, Hans. 1969.; Bender, Hans. 1975.
29. Heath, Pamela R. 2011. p.85.
30. Roll, William G. 2003. pp.75~86.
31. O'Shea, Gary. 2011.
32. Weisberg, Barbara. 2004. pp.1~29, p.266.;Conan Doyle, Arthur. 2009. pp.31~47.
33. Sadler, William S. 1923. pp.68~69.
34. Weisberg, Barbara. 2004. p.51.
35. Weisberg, Barbara. 2004. pp.224~225.
36. Podmore, Frank. & Gilbert, Bob. 2001.
37. Tart, Charles T. 2009. pp.264~266.
38. Richet, Charles. & DeBrath, Stanley. 1923. pp.496~497.
39. Lombroso, Cesare. 1909. p.1.
40. Lombroso, Cesare. 1909. p.50.
41. Richet, Charles. 1923. pp.496~497.
42. Richet, Charles. 1923. pp.430~440.
43. Blum, Deborah. 2006.
44. Fontana, David. 2005. p.122.
45. Myers, Frederic. et al. 1889~1890. pp.436~660.; Fontana, David. 2005. p.123.
46. Sage, Michael. 1904. pp.42~58.; Fontana, David. 2005. p.125.
47. Munves, James. 1997.

48. Schill, B. Brian. 2008. pp.48.; Hyslop, James H. 1918.
49. James, William. 1986. pp.361~375.
50. Fontana, David. 2005. p.104.
51. Hart, Hornell N. 1959.
52. Atmanspcher, Harald. & Primas, Hans. 1977.; Meier, C. A. 1992. p.100.
53. 카를 구스타프 융, 2007, p.534.
54. Jung, C. G. 1981(originally 1959). p.113.
55. Stevenson, Ian. 1961.
56. Stevenson, Ian. 1997. pp.300~323.
57. Rivas, Titus. 2003.
58. Tucker, Jim B. 2005. pp.1~3.
59. Stevenson, Ian. 2001. pp.115~120.
60. Rice, Melissa. 2007.
61. Sagan, Carl. 1995. p.302.
62. Mack, John E. 1994. p.17.; Thompson, James L. 1995. pp.161~162.
63. Stevenson, Ian. 2001. p.234.
64. Tucker, Jim B. 2005. pp.2~3.
65. 최준식, 2006.
66. Dannion.com.
67. Grof, Stanislav. & Halifax, Joan. 1977.; 최준식, 2006, p.87.
68. Jansen, K. L. R. 1990.
69. 찰스 윈, 아서 위긴스, 2001, pp.118~119.
70. near-death.com.
71. Geshwiler, J. E. 2010.; Sabom, Michael. 1998.
72. 최보식, 2011.
73. Hayworth, Kenneth J. et al. 2011.; 김신영, 2011.
74. Penfield, W. G. 1975. p.109.
75. Pribram, Karl H. 1987. p.367.
76. Geiser, Suzanne. 2005. pp.172~173.
77. Bohm, David. 1986, 1990.
78. Roth, Remo F. 2002.
79. 최재천, 2012.
80. Marchant, James. 1916. p.417.; Gottlieb, Anthony. 2006.
81. Geiser, Suzanne. 2005. p.306.
82. 요제프 H. 라이히홀프, 2012, pp.183~191.
83. Koestler, Arthur. 1972. pp.78~81.
84. Jahn, Robert G. & Dunne, B. J. 1987. pp.227~270.
85. Mack, John E. 1996. pp.143~144.
86. Mack, John E. 2000. pp.3~4.
87. Schrödinger, Erwin. 1951.
88. Wilson, A. J. C. 1946. pp.242~243.

가나다순

- 데이비드 사우스웰(안소연 역), 2007, 세계를 속인 200가지 비밀과 거짓말, 이마고.
- 맹성렬, 9월 4일 외계인 한국 집중방문?: 한국상공의 UFO출현사, 1995. 9. 28, 주간조선, pp.70~72.

  — 한국의 UFO목격자들, 신동아, 2000년 11월호, pp.626~637.

  — 프랑스 정부가 공개한 UFO파일, 2007. 5, 월간조선, pp.190~203.

  — 2009, 오시리스의 죽음과 부활: 고대 이집트 왕권신화의 본질을 찾아서, 르네상스.

  — 2011, UFO 신드롬(재증보판), 넥서스.
- 성시윤, [j Story] 임지순 "소통과 설득, 과학에서 배워라", 2011. 5. 21, 중앙일보. http://article.joinsmsn.com/news/article/article.asp?total_id=5520082&ctg=1603&cloc=joongang | article | thishour_news
- 요제프 H. 라이히홀프(박병화 역), 2012, 자연은 왜 이런 선택을 했을까, 이랑.
- 이사 라시드·에두아르트 빌리 마이어 독역(이재건·김경진 한역), 탈무드 임마누엘, 1994, 홍진기획.
- 정수연, 한국 공군 팬텀 편대의 UFO 추격, 1992. 2, 월간조선, pp.460~462.
- 존 론슨(정미나 역), 2009, 염소를 노려보는 사람들, 미래인.
- 찰스 윈, 아서 위긴스(김용완 역), 2001, 사이비 사이언스, 이제이북스.
- 최재천, 2012, 다윈지능:공감의 시대를 위한 다윈의 지혜, 사이언스북스.
- 최준식, 2006, 죽음, 또 하나의 세계, 동아시아.
- 카를 구스타프 융(조성기 역), 2007, 카를 융 기억 꿈 사상, 김영사.

A

- Alexander, John B. & Groller, Richard & Morris, Janet. 1990. The Warrior's Edge. New York: William Morrow Inc.
- Alvarado, Carlos S. 1987. Note on the use of the term subject in pre-1886 discussions of thought-transference experiments. American Psychologist, Vol.42, No.1(Jan). pp.101~102.

• Anderhub, Werner. & Roth, Hans-Peter. 2002. Crop circles: exploring the designs and mysteries. Lark Books.

• Andrews, Colin. 2009. Eye witness to the formation of a crop circle opposite Stonehenge.
http: //www.colinandrews.net/JuliaSetStory.html

• Ashpole, Edward. 1995. The UFO Phenomena. Headline Book Publishing.

• Aspect, A. & Grangier, P. & Roger, G. 1981. Experimental tests of realistic local theories via Bell's theorem. Physical review letters, Vol.47.

• Atmanspcher, Harald. & Primas, Hans. 1977. The Hidden Side of Wolfgang Pauli: An Eminent Physicist's Extraordinary Encounter With Depth Psychology. Journal of Scientific Exploration, Vol.11, No.3. pp.369~386.
http: //www.scientificexploration.org/journal/jse_11_3_atmanspacher.pdf

— 2006. Pauli's ideas on mind and matter in the context of contemporary science, Journal of Consciousness Studies, Vol.13, No.3. pp.5~50.
http: //www.igpp.de/english/tda/pdf/paulijcs8.pdf

B

• Begley, Sharon. 1996. Is There Anything To It? Evidence, Please. Jul 7th, Newsweek.
http: //www.thedailybeast.com/newsweek/1996/07/07/is-there-anything-to-it-evidence-please.html

• Bem, Daryl J. & Honorton, Charles. 1994. Does Psi Exist? Replicable Evidence for an Anomalous Process of Information Transfer. Psychological Bulletin, Vol.115, No.1. pp.4~18.

• Bender, Hans. 1968. Der Rosenheimer Spuk-ein Fall spontaner Psychokinese. Zeitschrift für Parapsychologie und Grenzgebiete der Psychologie. Aurum, Freiburg im Breisgau, Vol.11. pp.104~112.

— 1969. New Developments in Poltergeist Research. Proceedings of the Parapsychological Association, No.6. pp.81~102.

— 1975. Modern Poltergeist Research - A Plea for an Unprejudiced Approach. in Beloff, John(ed). 1975. New Directions in Parapsychology. Scarecrow Press, Inc. pp.122~143.

• Berendt, H. C. 1976. Dr. Puharich & Uri Geller. Journal of the Society for

Psychical Research, Vol.48, No.768. p.315.

- Bityurin, V. A. & Bocharov, A. H. & Lineberry, J. T. 1999. MHD Aerospace Applications. in Proceedings of the 13th International Conference on MHD Power Generation and High Temperature Technologies. pp.793~810. http://mhd.ing.unibo.it/Old_Proceedings/1999_Beijing/Beijing%201999/VOLUME3/Vol3Cap05.pdf
- Blum, Deborah. 2006. Ghost Hunters: William James and the Search for Scientific Proof of Life After Death. Penguin Press HC.
- Bohm, David. 1980. Wholeness and the Implicate Order. London:Routledge & Kegan Paul.
  — 1986. A new theory of the relationship of mind to matter. Journal of the American Society for Psychical Research, Vol.80, No.2. pp.113~135.
  — 1990. A new theory of the relationship of mind and matter. Philosophical Psychology, Vol.3, No.2. pp.271~286.
- Braud, William. 2010. Psi and Distance: Is a Conclusion of Distance Independence Premature? http://inclusivepsychology.com/uploads/Psi_and_Distance_-_A_Premature_Conclusion.pdf
- Brooks, Robin McCoy. 2011. Un-thought out metaphysics in analytical psychology:a critique of Jung's epistemological basis for psychic reality. Journal of Analytical Psychology, Vol.56, Issue.4. pp.492~513.
- Brown, M. H. 1976. PK. Steinerbooks: Blauvelt, New York.
- Brunner, Paul. 1967. Revisionsbericht Stadtwerke Rosenheim. 21.12, Abteilung E-Werk.
- Budden, Albert. 1996~1997. The Poltergeist Machine. NEXUS Magazine, Vol.4, No.1(Dec 1996~Jan 1997). http://bioenergeticspectrum.com/bioenergeticsframe.html http://bioenergeticspectrum.com/poltergeist_machine.html
  — 1998. Electric UFOs: Fireballs, Electromagnetics and Abnormal States. Sterling Publication Co. Inc.

C

- Callahan, P. Serena & Mankin, R. W. 1978. Insects as Unidentified Flying

Objects, Applied Optics, No.17(Nov 1st). pp.3355~3360.

- Carroll, Robert T. 1994~2012. Uri Geller. The Skeptics Dictionary. http://www.skepdic.com/geller.html
- Chippindale, Christopher. et al. 1990. Who owns Stonehenge? London: B. T. Batsford Ltd.
- Christopher, Milbourne. 1979. Search for the Soul. Thomas Y. Crowell Co.
- Clarck, Jerome. 1988. The Fall and Rise of the Extraterrestrial Hypothesis, MUFON 1988 International UFO Symposium Proceedings. p.66.
- Collins, Nick. 2011. Crop circles created using GPS, lasers and microwaves. Aug 1st, The Telegraph. http://www.telegraph.co.uk/science/science-news/8671207/Crop-circles-created-using-GPS-lasers-and-microwaves.html
- COMETA. 1999. Les Ovni Et La Défense: A quoi doit- on se préparer? http://www.bibliotecapleyades.net/sociopolitica/esp_sociopol_mj12_ 3i.htm
- Conan Doyle, Arthur. 2009(originally 1926). The History of Spiritualism. Cambridge Scholars Publishing.
- Condon, Edward U. & Gillmor, Daniel S(ed). 1969. Scientific Study of Unidentified Flying Objects. E .P. Dutton/University of Colorado.
- Coover, J. E. 1917. Experiments in Psychical Research at Stanford University. Palo Alto, CA: Stanford University Press.
- Crick, Francis. 1981. Life Itself. Simon & Shuster.

D

- Davies, Paul. 1989. The Cosmic Blueprint: The New Discoveries in the Nature's Creative Ability to Order the Universe. Touchstone Books.
- Delgado, Pat. 1992. Crop Circles: Conclusive Evidence? Bloomsbury Publishing PLC.
- Delgado, Pat. & Andrews, Colin. 1991. Circular Evidence:A Detailed Investigation of the Flattened Swirled Crops. Phanes Press.
- Druffel, Ann. 1991. "Missing Fetus" Case Solved. MUFON UFO Journal, No.283(Nov). pp.8~12.
- Dubrov, A. P. & Pushikin, V. N. 1982. Parapsychology and Contemporary

Science. New York & London: Consultants Bureau.

E

- Eaton, James W. 2001. The Ghost of Hampton Court! Submitted on the Ghoststudy message board.
  http: //www.ghoststudy.com/monthly/feb04/hampton.html
- Eppig, Emily. 2008. Hampton Court Ghost Caught on Tape: Evidence of a Ghost or Evidence of a Hoax? Nov 14th, Paranormal@Suite101.
  http: //www.suite101.com/content/hampton-court-ghost-caught-on-tape-a78449
- Epstein, Jack. 1974. Antimatter UFOs. Physics Today, No.27(Mar). p.15.
- Ewing, J. E. 1871. Amelia and the Dwarfs, The Brownies and Other Tales. pp.82~91.
  http: //www.mythencyclopedia.com/Dr-Fi/Dwarfs-and-Elves.html#b

F

- Feynman, Richard P. 1999. The Meaning of It All. Penguin.
- Fontana, David. 2005. Is There an Afterlife? A Comprehensive Review of the Evidence. O Books.
- Fowler, Raymond E. 1974. UFOs: Interplanetary Visitors. Exposition Press.
  — 1979. The Andreasson Affair: The Documented Investigation of a Woman's Abduction Aboard a UFO. Bantam.
  — 1982. The Andreasson Affair-Phase Two. Wild Flower Press.
  — 1996. The Watchers II: Exploring UFOs and the Near-Death Experience. Wild Flower Press.
  — 1997. The Andreasson Legacy. Marlowe & Co.
- Franklin, Wilbur. 1974. Theory of teleneural communication. Bulletin of the American Physical Society, Vol.19.

G

- Gamow, George. 1959. The Exclusion Principle. Scientific American, Vol.201,

No.1. pp.74~86.

- Gardner, Martin. 2000. David Bohm & Jiddo Krishnamurti. Skeptical Inquirer, Vol.24, No.4. pp.20~23.
  http://thinkg.net/david_bohm/martin_gardner_on_david_bohm_and_krishnamurti.html
- Geiser, Suzanne. 2005. The Innermost Kernel: Depth Psychology and Quantum Physics. Wolfgang Pauli's Dialogue with C.G. Jung. Berlin Heidelberg: Springer-Verlag.
- Geller, Uri. 1975. Uri Geller: My Strory. Praeger Publishers, Inc.
- Gerding, J. L. F. 2005. Philosophical implications of transcedent experiences: Inaugural Address, Special Chair Metaphysics in the Spirit of Theosophy. Philosophy Department, Leiden University, The Netherlands, Feb 4th.
  http://www.proklos.org/cmsdoc/Oratie%20Gerding%20in%20English.pdf
- Geshwiler, J. E. 2010. Pam Reynolds Lowery, noted for near-death episode. The Atlanta Journal-Constitution.
  http://www.ajc.com/news/pam-reynolds-lowery-noted-537512.html
- Glickman, Michael. 2009. Crop Circles: The bones of gods. Frog Books.
- Good, Timothy. 1996. Beyond Top Secret. Sidgwick & Jackson.
- Gottlieb, Anthony. 2006. "Raising Spirits". Aug 20th, The New York Times.
  http://www.nytimes.com/2006/08/20/books/review/20Gottlieb.html?pagewanted=1&_r=2&ei=5070&en=340d4589179fd468&ex=1159243200
- Green, C. & McCreery, C. 1975. Apparitions. London: Hamish Hamilton.
- Grof, Stanislav. & Halifax, Joan. 1977. The Human Encounter with Death. New York: E. P. Dutton.
- Gurney, Edmund. 1886. Phantasms of living. London: Trübner.

H

- Hanlon, Michael. 2007. 10 Questions Science Can't Answer (Yet). New York: Macmillan.
- Harding, David. 2003. The ghost of Hampton Court? London Evening Standard.
  http://www.thisislondon.co.uk/news/article-8268114-the-ghost-of-hampton-

court.do

- Hart, Hornell N. 1959. The Enigma of Survival: The Case For and Against an After Life.
  http: //www.spiritwritings.com/EnigmaSurvivalHart.pdf
- Haselhoff, E. H. 2001. The Deepening Complexity of Crop circles: Scientific Research & Urban Legends. Frog, Ltd.
- Hawkins, Gerald S. 1996. Crop Circles: Theorems in Wheat Fields. Oct 12th, Science News.
- Hayworth, Kenneth J. & Lescroart, Mark D. & Biederman, Irving. 2011. Neural encoding of relative position, Journal of Experimental Psychology: Human Perception and Performance, Vol.37, No.4. pp.1032~1050.
  doi:10.1037/a0022338
- Heath, Pamela R. 2004. The Possible Role of Psychokinesis in Place Memory. Australian Journal of Parapsychology, Vol.4, No.2. pp.63~80.
  — 2011. Mind-Matter Interaction: A Review of Historical Reports, Theory and Research. McFarland & Company, Inc.
- Heins, Richard F(ed). 1979. UFO Phenomena and the Behavioral Scientist. Metuchen, N. J.: The Scarecrow Press.
- Hemmick, Douglas L. & Shakur, Asif M. 2011. Bell's Theorem and Quantum Realism: Reassessment in Light of the Schrödinger Paradox. Springer.
- Hesemann, Michael. 1996. The Cosmic Connection. Gateway.
- Hiley, B. J. & Peat, F. David(eds). 1987. Quantum Implications: Essays in Honour of David Bohm. Routledge.
- Honorton, Charles. 1985. "Meta-Analysis of Psi Ganzfeld Research: A Response to Hyman", Journal of Parapsychology, Vol.49.
- Hopkins, Budd. 1987. Intruders: The Incredible Visitations at Copely Woods. Ballantine Books.
  — 1988. What They Are Doing to Us? Flying Saucer Review, Vol.33, No.2. pp.14~17.
- Hoskins, George. 2005. Crop-Circles: The Military Use of a Microwave Laser Beam Cannon.
  http: //www.ovnis-armee.org/5_crop_circles.htm
- Howe, Linda Moulton. 1998. Glimpses of Other Realities, Volume II: High

Strangeness. Paper Chase Press.
— 2000. Mysterious Lights and Crop Circles. Paper Chase Press.

- Huneeus, Antonio. 1993. Bentwaters, Part III : The Testimony of John Burroughs. Fate, Vol.46, No.9. pp.70~71.
- Hyman, Ray. 1995. Evaluation of Program on Anomalous Mental Phenomena, Sep 11th.
  http://anson.ucdavis.edu/~utts/hyman.html
- Hyman, Ray. & Honorton, Charles. 1986. "A Joint Communique", Journal of Parapsychology, Vol.50.
- Hynek, J. Allen. 1972. The UFO Experience: A Scientific Inquiry. Henry Regnery Company.
- Hyslop, James H. 1918. Life After Death: Problems of the Future Life and Its Nature. New York: E. P. Dutton.

J

- Jacobs, D. M. 1975. The UFO Controversy in America. Bloomington, Indiana:Indiana University Press.
- Jahn, Robert G. & Dunne, B. J. 1987. Margins of Reality: The role of Conciousness in the Physical World. A Harvest Book, Harcourt Brace & Company.
- Jahn, Robert G. & Dunne, B. J. et al. 2000. "Mind/Machine Interaction Consortium: Port REG Replication Experiments." Journal of Scientific Exploration, Vol.14, No.4. pp.499~555.
- James, William. 1986. Essays in psychical research. Harvard University Press.
- Jansen, K. L. R. 1990. Neuroscience and the near-death experience :roles for the NMDA-PCP receptor, the sigma receptor and the endopsychosins, Medical Hypotheses, Vol.31, pp.25~29.
- Jordan, Debbie. & Mitchell, Kathy. 1995. Abducted!: The Story of the Intruders Continues. Dell.
- Josephson, Brian D. & Fotini Pallikari-Viras. 1991. Biological Utilization of Quantum Nonlocality, Foundations of Physics, Vol.21, No.2.
- Jung, C. G. 1978. Psychology and the Occult. Princeton University Press.

— 1979. Flying Saucers: A Modern Myth of Things Seen in the Skies. Princeton University Press.

— 1981(originally 1959). The Archetypes and The Collective Unconscious. Princeton University Press(2nd edition).

- Jung, C. G. with Aniela Jaffé. 1963. Memories, Dreams, Reflections. London: Collins and Routledge & Kegan Paul. p.152, p.333.
- Jung, C. G. with Wolfgang Pauli, C. A. Meier(ed), David Roscoe(trans). 2011. Atom and Archetype: The Pauli/Jung Letters, 1932-1958. Princeton:Princeton University Press.

K

- Kaku, Michio. 2008. Physics of the Impossible: A Scientific Exploration of the World of Phasers, Force Fields, Teleportation and Time Travel. Penguin Books Ltd.
- Kammerer, Maxim. 2011. Wolfgang Pauli's Psychophysical Theory: Or What Do UFOs and Ghosts Have in Common? http://maximkammerer.blogspot.com/2011/11/wolfgang-paulis-psychophysical-theory.html
- Kant, Immanuel. & Manolesco, John(trans). 1969. Dreams of a Spirit Seer. New York:Vantage Press.
- Kant, Immanuel. 1970. Briefe. Herausgegeben und Eingeleitet von Jürgen Zehle, Göttingen: Vandenhoek & Ruprecht.
- Karger, Friedbert. & Zicha, Gerhard. 1967. Physical Investigation of Psychokinetic Phenomena in Rosenheim, Germany, 1967. Proceedings of the Parapsychological Association, No.5. pp.33~35.
- Karlis Osis. 1972. New ASPR Search on Out-of-the Body Experiences. ASPR Newsletter, No.14-Summer.
- Kerrick, Joseph. 1997. UFOs and the NDE. http://neardeathsite.com/ufo3.php
- Kettlekamp, Larry. 1977. Investigating Psychics: Five Life Histories. New York:William Morrow & Company.
- Kinder, Gary. 1987. Light Years: An Investigation into the Extraterrestrial Experiences of Edward Meier. Atlantic Monthly Pr.

- Koestler, Arthur. 1972. The Roots of Coincidence. Random House.
- Korff, Kal. K. 1995. Spaceships of the Pleiades. Prometheus Books.
- Krippner, Stanley(ed). 1977. Advances in Parapsychological Research, Vol.1. Psychokinesis. Springer.

  — 1978. Advances in Parapsychological Research, Vol.2. Extrasensory Perception. New York:Plenum Press.

L

- Leach, Monte. 1992. Music of the spheres? Interview with Gerald S. Hawkins. December 1992 issue of Share International.
  http://www.shareintl.org/archives/crop_circles/cc_ml-music-spheres.htm
- Levengood, W. C. 1994. Anatomical Anomalies in Crop Formation Plants, Physiologia Plantarum, Vol.92. pp.356~363.
- Levengood, W. C. & Talbott, N. P. 1999. Dispersion of energies in worldwide crop formations. Physiologia Plantarum, Vol.105. pp.615~624.
  http://www.rumormillnews.com/cgi-bin/archive.cgi?read=10918
  http://humansarefree.com/2011/08/scientific-studies-confirm-crop-circles.html
- Lindoff, David. 2004. Pauli and Jung: The meeting of great two minds. Quest Books.
- Lombroso, Cesare. 1909. After Death-What? Researches in Hypnotic and Spiritualistic Phenomena. Small, Maynard and Company.
- Long, Greg. 1990. Examining the Earthlight Theory: The Yakima UFO Microcosmos. CUFOS.
- Lyncker, Karl. 1854. "Die frau unter den Wichtelmännchen", Deutsche Sagen und Sitten in hessischen Gauen. Kassel: Verlag von Oswald Bertram, No.71. pp.45~47.

M

- Maccabee, Bruce S. 1976. More Lights in the Sky, Physics Today, No.29(Mar). p.90.

  — 1979. Photometric Properites of an Unidentified Bright Object Seen off the Coast of New Zealand, Applied Optics, Vol.18, No.15(Aug 1st). pp.2527~

2529.

- Mack, John E. 1995. Abduction: Human Encounters with Aliens(revised edition). Ballantine Books.
  - 1996. Studying Intrusions from the Subtle Realm: How Can we Deepen Our Knowledge? MUFON 1996 International UFO Symposium Proceedings, Greensboro, NC Jul 5～7th.
  - 2000. Passport to the Cosmos. Thorsons.
- Mansfield, Victor. & Rhine-Feather, Sally. & Hall, James. 1998. The Rhine-Jung letters: distinguishing parapsychological from synchronistic events(J. B. Rhine; Carl Jung). The Journal of Parapsychology, Vol.62(Mar 1st). http://www.highbeam.com/doc/1G1-21227885.html
- Marchant, James. 1916. Alfred Russel Wallace: Letters and Reminiscences. Harper & Bros.
- Marchant, Jo. 2010. Mechanical inspiration. Nature, Vol.468. pp.496~498. http://www.nature.com/news/2010/101124/full/468496a.html
- Marks, David. & Kamman, Richard. 2000. The Psychology of the Psychic(2nd edition). New York: Prometheus Books. Amherst.
- Mayell, Hillary. 2002. Crop Circles: Artworks or Alien Signs? Aug 2nd, National Geographic News. http://news.nationalgeographic.com/news/2009/09/090915-crop-circles-google-earth.html
- McCampbell, James M. 1977. Ufology. Millbrae, Calif.: Celestial Arts.
- McMoneagle, Joseph. 1993. Charlottescille, VA. Hampton Roads Publishing Co., Inc.
  - 1998. The Ultimate Time Machine:A Remote Viewer's Perception of Time, and the Predictions for the New Millennium. Hampton Roads Publishing Co., Inc.
  - 2002. Memoirs of a Psychic Spy:The Remarkable Life of U.S. Government Remote Viewer 001. Hampton Roads Publishing Co., Inc.
- Meaden, George Terence. 1990. The Goddess of the Stones:the language of the megaliths. Souvenir Press Ltd.
- Meier, C. A. 1992. Wolfgang Pauli und C. G. Jung. Ein Briefwechsel. Springer Verlag, Berlin/Heidelberg. p.100.

- Michaels, Susan. 1996. Sightings. Fireside.
- Miller, Arthur I. 2010. 137: Jung, Pauli, and the Pursuit of a Scientific Obsession. W. W. Norton & Company.
- Mishlove, Jeffrey. 1975. The Roots of Consciousness: Psychic Liberation through History, Science, and Experience. Random House.
- Mouland, Bill. 1996. Message from the stars or double bluff in the barley? Jun 29th, Saturday, Daily Mail.
- Muir, Hazel. 2001. Ball lightning scientists remain in the dark. Dec 20th, New Scientist.
  http://www.newscientist.com/article/dn1720
- Mundle, C. W. K. 1950. Professor Rhine's Views about PK. Mind, New Series, Vol.59, No.235. pp.372~379.
  http://www.jstor.org/stable/2251179
- Munves, James. 1997. Richard Hodgson, Mrs Piper and "George Pelham": A centennial reassessment. Journal of the Society for Psychical Research, Vol.62, Issue.849. pp.0~138.
- Murray, Gilbert. 1916. Presidential Address. Proceedings of the Society for Psychical Research, Vol.29.
- Myers, Frederic. & Lodge, O. & James, W. A record of observations of certain phenomena of trance. Proceedings of Society for Psychical Research, Vol.6(1889~1990). pp.436~660.

N~O

- Nostbakken, Faith. 2003. Reproduced, Understanding a Midsummer Night's Dream: A Student Casebook to Issues, Sources, and Historical Documents. Greenwood Publishing Group.
- O'Shea, Gary. 2011a. "Poltergeist wrecks house in Coventry…and kills the dog". Mar 29th, The Sun.
  http://www.thesun.co.uk/sol/homepage/news/3496768/Poltergeist-wrecks-house-in-Coventry-and-kills-the-dog.html

  — 2011b. "See you, Jimmy". Mar 30th, The Sun.
  http://www.thesun.co.uk/sol/homepage/news/3498708/TV-ghostbuster-Derek-Acorah-sends-spook-packing.html

- Osis, Karlis. 1972. New ASPR Search on Out-of-the Body Experiences. ASPR Newsletter, No.14.
- Owen, George. & Iris. 1982. The UFO Phenomenon and Its Relationship to Parapsychological Research, MUFON 1982 International UFO Symposium Proceedings. MUFON. pp.28~32.

P

- Palmer, John. 1979. A community mail survey of psychic experiences. Journal of the American Society for Psychical Research, Vol.73. pp.221~251.
- Panati, Charles(ed). 1976. The Geller Papers: Scientific observations on the paranormal powers of Uri Geller. Boston: Houghton Mifflin Company.
- Parodi, Angelo. 2005. Science and Spirit: What Physics Reveals about Mystical Belief. Pleasant Mount Press, Inc.
- Pauli, Wolfgang. et al. 1993. Wissenschaftlicher Briefwechsel mit Bohr, Einstein, Heisenberg u. a, Band 3 von Wolfgang Pauli, Karl von Meyenn, Herausgeber Karl von Meyenn, Verlag Birkhäuser.

  — 1996. Wissenschaftlicher Briefwechsel mit Bohr, Einstein, Heisenberg, u. a, Vol.4/I. ed. Karl von Meyenn. Berlin: Springer.
- Pauli, Wolfgang. & C. G. Jung. 1955. The Interpretation of Nature and the Psyche. Random House.
- Peat, F. David. 2000, 2012. Wolfgang Pauli: Resurrection of Spirit in the World. http://www.paricenter.com/library/papers/peat20.php
- Penfield, W. G. 1975. The Mystery of the Mind. Princeton: Princeton University Press.
- Petit, Jean-Pierre. & Geffray, Julien. & David, Fabrice. 2009. MHD hypersonic flow control for aerospace applications. AIAA-2009-7348, in 16th AIAA/DLR/DGLR International Space Planes and Hypersonic Systems and Technologies Conference (HyTASP), Bremen, Germany. http://www.jp-petit.org/science/mhd/breme_2009.pdf
- Podmore, Frank. & Gilbert, Bob. 2001. Modern Spiritualism: A History and Criticism. Routledge.
- Pringle, Lucy. 2009. Stonehenge Julia Set 1996-M's eye witness account. http://www.lucypringle.co.uk/news/stonehenge-julia-set-eyewitness.shtml

• Puthoff, Harold E. & Targ, Russell. 1975. "Physics, Entrophy, and Psychokinesis." In Proceedings of the Conference on Quantum Physics and Parapsychology, Geneva, Aug 26~27th, 1974. New York: Parapsychology Foundation.

R

• Radin, Dean I. 1997. The Conscious Universe: The Scientific Truth of Psychic Phenomena. HarperOne, Harper Collins Publishers.

• Randi, James. 1982. The Truth About Uri Geller. Buffalo, New York: Prometheus Books.

• Randles, Jenny. 1988. Alien Abductions: The Mystery Solved. Inner Light Publications.

— 1993. Bentwaters, Part I: Did a UFO Land Beside a NATO Base in England? Fate, Vol.46, No.9. pp.46~47.

— 1995. UFO Retrievals: The Recovery of Alien Spacecraft. Blandford Press.

— 1998. The UFO Conspiracy. Dorset House Publishing Co., Inc.

• Raudive, Konstantin. with Nadia Fowler(trans), Peter Bander(ed). 1971. Breakthrough: An Amazing Experiment in Electronic Communication with the Dead. New York: Taplinger.

• Redfern, Nick. 1995. The Green Fireball Mystery. UFO Magazine, Sep~Oct. pp.16~19.

• Rhine, J. B. 1937. The effect of distance in ESP tests. Journal of Parapsychology, Vol.1. pp.172~184.

— 1946. The psychokinetic effect: A review. Journal of Parapsychology, Vol.10. pp.5~20.

— 2003(originally1934). Extra-Sensory Perception. Kessinger Publishing.

• Rhine, J. B. & Pratt, J. G. 1974(orginally 1957). Parapsychology: Frontier Science of the Mind. Charles C Thomas Publisher.

• Rhine, L. E. 1967. ESP in Life and Lab: Tracing Hidden Channels. New York, New York: Collier-Macmillan.

— 1972. Mind over Matter. Collier Books.

• Rice, Melissa. 2007. Carl Sagan and the Dalai Lama found deep connections in 1991-92 meetings, says Sagan's widow. Oct 3rd. Cornell University Chronicle

Online.
http://www.news.cornell.edu/stories/Oct07/Sagan.Dalai.cover.MR.html

- Richet, Charles. 1923. Thirty Years of Psychical Research. New York: Macmillan.
- Ridley, Matt. 2002. Crop Circle Confession: How to get the wheat down in the dead of night. Scientific American, Vol. 287(Aug). p.25.
  http://www.scientificamerican.com/article.cfm?id=crop-circle-confession
- Ridpath, Ian. 1985. A Flashlight in the Forest. Jan 5th, The Guardian.
  http://www.ianridpath.com/ufo/rendlesham1a.htm
  – 2010. The 3 a.m. fireball.
  http://www.ianridpath.com/ufo/rendlesham1d.htm
  – 2011. What were the landing marks?
  http://www.ianridpath.com/ufo/rendlesham5.htm
- Righi, Brian. 2008. Ghosts, Apparitions and Poltergeists: An Exploration of the Supernatural through Hiustory. Llewellyn Publications.
- Ring, Kenneth. 1989. Near-Death and UFO Encounters as Shamanic Initiations, ReVision, Vol.11, No.3(Winter).
  http://www.near-death.com/experiences/articles011.html
  – 1992. The Omega Project: Near-Death Experiences, UFO Encounters, and Mind at Large. William Morrow & Company.
- Rivas, Titus. 2003. Three Cases of the Reincarnation Type in the Netherlands. Journal of Scientific Exploration, Vol.17, No.3. pp.527~532.
- Roll, William G. 2003. Poltergeists, Electromagnetism and Consciousness. Journal of Scientific Exploration, Vol.17, No.1. pp.75~86.
  http://www.scientificexploration.org/journal/jse_17_1_roll.pdf
- Ronson, Jon. 2005. The Men Who Stare at Goats. Simon & Schuster.
- Ross, Mike. 1996. Rider on the Shock Wave-Hypersonic Flying Saucers Driven by Microwaves: Not Science Fantasy but the goal of Serious Researchers in US. New Scientist, Feb 17th. pp.28~31.
- Roth, Remo F. 2002. Wolfgang Pauli and Parapsychology(part 3).
  http://paulijungunusmundus.eu/synw/pauli_parapsychology_p3.htm
- Ruppelt, Edward J. 1956. The Report on Unidentified Flying Object. New York: Doubleday.

S

- Sabom, Michael. 1998. Light and Death. Zondervan.
- Sadler, William S. 1923. The Truth about Spiritualism, Chicago: A. C. McClurg & Co.
  http: //www.ubhistory.org/Documents/HG19231101_ SadlerW_109.pdf
- Sagan, Carl. 1995. The Demon-Haunted World: Science as a Candle in the Dark. Headline.
- Sage, Michael. 1904. Mrs. Piper and the Society for Psychical Research(Translated & Slightly Abridged from the French of M. Sage by Noralie Robertson). New York: Scott-Thaw Co.
  http: //www.morningstarportal.com/sitebuildercontent/sitebuilderfiles/mpip.pdf
- Savill, Richard. 2008. Most complex crop circle ever discovered in British fields. Jun 17th, The Telegraph.
  http: //www.telegraph.co.uk/news/newstopics/howaboutthat/2144652/Most-complex-crop-circle-ever-discovered-in-British-fields.html
- Schill, B. Brian. 2008. Stalking Darkness: Survelliance and Investigation Techniques for Paranormal Investigator. An International Parapsychology Research Foundation Book(2nd Edition).
- Schmidt, Helmut. 1990. Correlations between Mental Processes and External Random Events. Journal of Scientific Exploration, Vol.4, No.2. pp.233~241.
  http: //www.scientificexploration.org/journal/jse_04_2_schmidt.pdf
- Schmidt, Helmut. & Robert, L. Morris. & Luther, Rudolph. 1986. Chaneling Evidence for a PK Effect to Independent Observers. Journal of Parapsychology, Vol.50. pp.1~16.
- Schnabel, Jim. 1994. Round in Circle: Physists, Poltergeists, Pranksters and the Secret History of the Cropwatchers. Prometheus Books.
- Schoch, Robert M. & Yonavjak, Logan. 2008. The Parapsychology Revolution: A Concise anthology of Paranormal and Psychical Research. Jeremy P. Tarcher/Penguin.
- Schoenmann, Joe. 2009. Retired colonel expects film to give short shrift to military's exploration of the paranormal. Jun 15th, Monday, Las Vegas Sun.
  http: //www.colinandrews.net/JohnAlexanderMovie.html
- Schopenhauer, A. 1851. Parerga und Paralipomena I. Sämtliche Werke Band

IV. Stuttgart:Suhrkamp. p.198.

—& E. F. J. Payne(trans). 1974(Originally 1851). Parerga and Paralipomena, Vol.I. Oxford University Press.
http://www.newworldencyclopedia.org/entry/Arthur_Schopenhauer#Schopenhauer_on_Spiritual_world

- Schrödinger, Erwin. 1951. What is life? Cambridge Univisity Press.
- Schuessler, John L. 2002. Statements About Flying Saucers And Extraterrestrial Life Made By Prof. Hermann Oberth, German Rocket Scientist. http://www.mufon.com/MUFONNews/znews_oberth.html
- Schwarz, Berthold E. 1980. Psychic-Nexus. Van Nostrand Reinhold Company.
- Sidgwick, Eleanor. 1924. Report on Further Experiments in Thought-Transference Carried Out by Professor Gilbert Murray, LL. D, Litt. D. in Proceedings of the Society for Psychical Research, Vol.34. http://www.answers.com/topic/gilbert-murray#ixzz1LhzxzZp0
- Sidgwick, Eleanor M. & Gurney, Edmund. & Myers, Frederic W. & Podmore, Frank. 1918. Phantasms of the Living. E. P. Dutton and Co.
- Sidgwick, Eleanor. & Johnson, Alice. et al. 1894. "Report on the Census of Hallucinations". Proceedings of the Society for Psychical Research, Vol.X.
- Sidgwick, Henry and Eleanor. & Smith, G. A. 1889~1990. Experiments in Thought-transference. Proceedings of Society for Psychical Research, Vol.6. pp.128~170.
- Sigma, Rho. 1996(originally1977). Ether-Technology: A Rational Approach to Gravity Control. Adventures Unlimited Press.
- Silva, Freddy. 2002. Secrets in the Fields: The Science and Mysticism of Crop Circles. Hampton Roads Publishing Company Inc.
- Sinclair, Upton B. 2001(Originally 1930). Mental Radio. Hampton Roads Publishing. Bell Publishing Co(4th edition).
- Smythies, J. R. & Beloff, J(eds). 1967. Science and ESP. London: Routledge & Kegan Paul. pp.225~254.
- Soal, S. G. 1956. On "Science and the Supernatural". Science, New Series, Vol.123, No.3184. pp.9~11.
- Stein, Diane. 1988. All Woman Are Psychics: Language of the Spirit. The Crossing Press.

• Stevenson, Ian. 1961. The Evidence for Survival from Claimed Memories of Former Incarnations(The Winning Essay of the Contest in Memory of William James). Postgraduate Medical Journal, Vol.37, No.429. pp.443~444.
http: //www.ncbi.nlm.nih.gov/pmc/ articles/PMC2482366/?page=1

– 1997. Reincarnation and Biology: A Contribution to the Etiology of Birthmarks and Birth Defects, Vol.I. Praeger Publishers.

– 2001. Children Who Remember Previous Lives: A Question of Reincarnation(revised edition). McFarland & Co., Inc.

• Stevens, W. C(ed). 1993. Messages from the Pleiades: The Contact note on Edward Billy Meier. UFO Photo Archives.

• Storm, Lance. & Thalbourne, Michael A(eds). 2006. The Survival of Human Consciousness: Essays on the Possibility of Life after Death. McFarland & Co., Inc.

• Story, R. D(ed). 1985. The Encyclopedia of UFO's. Times Mirror Press.

• Swann, Ingo. 1975. Cosmic Art. New York: Hawthorn Books.

– 1987. Natural ESP: A Layman's Guide to Unlocking the Extra Sensory Power of Your Mind. New York: Bantam.

– 1974. To Kiss Earth Good-bye. New York: Hawthorn Books.

– 1978. Star Fire. New York: Dell.

– 1993. Your Nostradamus Factor: Accessing Your Innate Ability to See into the Future. New York: Simon & Schuster.

– 1995. The 1973 Remote Viewing Probe of Planet Jupiter.
http: //www.biomindsuperpowers.com/Pages/1973JupiterRVProbe.html

T

• Tart, Charles T. 2009. The End of Materialism:How Evidence of the Paranormal is Bringing Science and Spirit Together. New Harbinger.

• Targ, Russell. & Katra, Jane. 1998. Miracles of Mind: Psychic Abilities and Healing Connections. New World Library(2nd Printing edition).
http: //www.espresearch.com/espgeneral/WhatWeKnow.shtml

• Targ, Russell. & Puthoff, Harold. 1974. Information transmission under conditions of sensory shielding. Nature, Vol.251(Oct 18th). pp.602~607.

– 1977. Mind-Reach:Scientists Look at Psychic Ability. A Delta book, Dell

Publishing Co., Inc.

- Thalbourne, Michael A. & Storm, Lance(eds). 2004. Parapsychology In The Twenty-First Century: Essays On The Future Of Psychical Research. McFarland & Co., Inc.

  — 2006. The Survival of Human Consciousness: Essays on the Possibilities of Life After Death. McFarland & Co., Inc.

- Thomas, Andy. 2002(originally 1998). Vital Signs: A Complete Guide to the Crop Circle Mystery and Why it is not Hoax. Frog Books.
- Thompson, James L. 1995. Alien encounters:the deception menace. Horizon Publishers & Distributors Inc.
- Truzzi, Marcello. 1995. An End to the Uri Geller vs. Randi & CSICOP Litigations?

  http://www.uri-geller.com/psir.htm

- Tucker, Jim B. 2005. Life Before Life: A Scientific Investigation of Children's Memories of Previous Lives. S. T. Martin's Press.

U~Y

- Utts, Jessica. 1995. An Assessment of the Evidence for Psychic Functioning. http://www.stat.ucdavis.edu/~utts/air2.html
- Vallee, Jacques. 1965. UFO's in Space: Anatomy of a Phenomenon. Chicago: Henry Regnery Co.

  — 1979. Messengers of Deception: UFO Contacts and Cults. Ronin Publishers.

  — 1989. Dimensions: A Case Book of Alien Contact. Ballantine Books.

  — 1992. UFO Chronicles of the Soviet Union: A Cosmic Samizdat. Ballantine Books.

- Warren, Larry. & Robbins, Peter. 1997. Left at East Gate: A First-Hand Account of the Bentwaters-Woodbridge UFO Incident, Its Cover-Up, and Investigation. Michael O'Mara Books Limited.
- Watson, Lyall. 1979. Lifetide: The Biology of the Unconscious. New York: Simon and Schuster.
- Watts, Alan. 1996. UFO Visitation: Preparing for the Twenty-First Centry. Blandford Press.

- Weiner, D. H. & Radin, Dean I(eds). 1986. Research in Parapsychology 1985. Metuchen, NJ: Scarecrow Press.
- Weisberg, Barbara. 2004. Talking to the Dead:Kate and Maggie Fox and the Rise of Spiritualism. HarperOne.
- Wilson, A. J. C. 1946. Review: Schrödinger, Erwin. WHAT IS LIFE? Journal of the Society for Psychical Research, Vol.33. pp.242~243.
- Wilson, Colin. 1996. From Atlantis to Sphinx: Recovering the Lost Wisdom of the Ancient World. Virgin Books.
- Woofenden, William Ross. 1980. Some Thought Affinities between Immanuel Kant and Emanuel Swedenborg. http: //www.newdualism.org/papers/W.Woofenden/Thought-Affinities.htm
- Yeats, William B(ed). 2003(Originally 1918). Irish Fairy and folk Tales. New York: The Modern Library.

김영사 | 330

맹성렬 | 82, 87, 94, 95, 105, 132

신종우 | 41, 49, 52, 66, 92, 121, 129, 133(아래), 136(아래), 356

허준 | 19

Colin Andrews | 128

Dean Radin* | 194

FIGU Switzerland | 24

Mary Evans Picture Library | 32, 59, 79, 80, 89, 102, 187, 188, 220, 237, 307, 317, 320, 322, 323, 363

NASA official website | 98

Steve Alexander | 130, 131, 133(위), 134, 135, 136(위)

Uri Geller | 27, 28, 182, 183, 184, 200, 203, 244, 292

Wendelle C. Stevens, Photo archives publishing | 23

176, 179페이지의 사진은 《Parapsychology and Contemporary Science》에서, 230페이지의 사진은 《Margins of Reality》에서 발췌했습니다.

TRUTH
BEYOND
SCIENCE